复杂结构井磁测距导向技术

李 翠　高德利　魏真真　吴志永　李文飞　著

中国石化出版社
·北京·

内 容 提 要

本书系统反映了磁测距导向钻井技术的最新研究进展，包括救援井与事故井连通探测技术和邻井随钻电磁防碰测距导向技术两部分，重点论述了磁测距导向系统的技术原理、测距导向算法及样机研制等关键技术，并介绍了磁测距导向系统在救援井及丛式井钻井防碰中的现场试验情况。现场试验结果表明，磁测距导向系统的最大测距、测量误差均能满足复杂结构井钻井导向的技术需求，磁测距导向系统最终将实现成果转化应用于工程实践，能够有效解决复杂结构井钻井作业的安全问题。

本书可供石油与天然气工程领域的科研人员及高等院校相关专业师生参考。

图书在版编目(CIP)数据

复杂结构井磁测距导向技术 / 李翠等著. — 北京 : 中国石化出版社, 2024. 12. — ISBN 978-7-5114-7682-1

Ⅰ. TE242

中国国家版本馆 CIP 数据核字第 2024YP8558 号

中国石化出版社出版发行

地址：北京市东城区安定门外大街 58 号

邮编：100011　电话：(010)57512500

发行部电话：(010)57512575

http://www.sinopec-press.com

E-mail:press@sinopec.com

北京捷迅佳彩印刷有限公司印刷

全国各地新华书店经销

*

710 毫米×1000 毫米 16 开本 12.25 印张 240 千字

2024 年 12 月第 1 版　2024 年 12 月第 1 次印刷

定价：78.00 元

前　　言

复杂结构井是以水平井为基本特征的系列井型，包括水平井、双水平井、大位移井、多分支井、U形井、连通井及多功能组合井等，在复杂地质条件下利用复杂结构井可以有效提高复杂油气田单井产量和最终采收率。随着油气资源勘探难度的增加，复杂结构井钻井技术成为高效开发低渗透、非常规及海洋油气等复杂油气田的关键技术，其中利用水平井、加密井和丛式井开发低渗透、页岩油气等低品位油气资源在国内外均取得了良好的开发效果。利用丛式井、加密井等复杂结构井开发低渗透油气藏或进行页岩油气二次开发时，磁测距导向钻井技术是复杂结构井钻井的核心技术之一。为了满足我国油气勘探开发的实际需求和打破国外技术垄断，亟须自主研发邻井距离随钻探测技术。

本书总结了著者近年来在磁导向钻井技术研究领域取得的主要研究成果，包括救援井与事故井连通探测系统、邻井随钻电磁防碰测距导向工具的相关主要研究成果。第一部分，推导了基于单电极和基于三电极系救援井与事故井连通探测系统测距导向算法，研制了具有自主知识产权的救援井与事故井连通探测系统样机并进行了模拟井试验，测试了样机的工作稳定性，分析了该探测系统探测精度的影响因素。第二部分，分别就基于磁场强度和基于磁场梯度的随钻电磁防碰测距导向技术进行了介绍，推导了随钻电磁防碰测距导向算法，根据推导和仿真结果，从机械结构、电路板和软件三个方面对邻井随钻电磁防碰系统进行了全面的设计。设计了一套模拟试验用探管、接口箱和数据采集软件，并进行了多次模拟试验，验证了邻井随钻电磁防碰系统原理的可行性，为进一步完善邻井随钻电磁防碰系统及工具提供了理论支持。

本书主要基于上述研究成果进行编撰，分为救援井与事故井连通探测技术和邻井随钻电磁防碰测距导向技术两部分，其中第二部分主要是在国家自然科学基金项目“考虑多邻井套管柱磁干扰影响的随钻电磁防碰测距导向机理及可信度评价研究”(项目编号：52104014)资助下完成的。

由于作者水平有限和时间仓促，书中错误和不妥之处在所难免，恭请广大读者批评指正。

目　　录

第一部分　救援井与事故井连通探测技术

第二部分 邻井随钻电磁防碰测距导向技术

第一部分

救援井与事故井连通探测技术

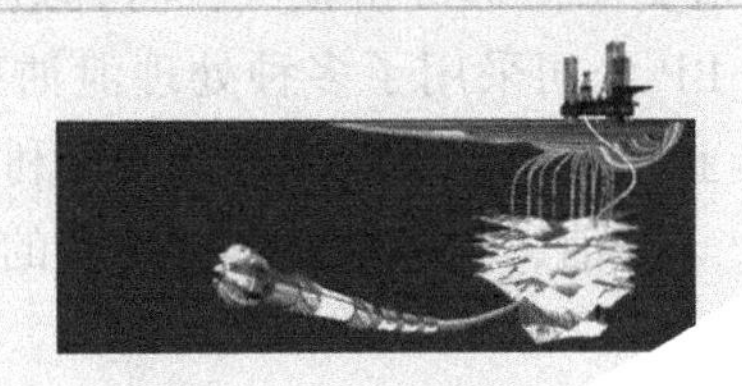

通过救援井应对海上和陆地钻井过程中发生的油气井着火或井喷事故是石油工程中一种最常用的方法，其基本原理为在事故井附近的安全区域打一口定向井，使该定向井的井眼轨迹与事故井的井眼轨迹在地层的某个层位汇合，然后通过救援井将高密度的钻井液或水泥浆注入事故井，从而达到油气井灭火或制服井喷的目的[1~3]。1992 年美国与伊拉克战争期间，在从科威特撤退时，伊拉克点燃了科威特油田的 700 多口油井。美伊战争结束后，被点燃油井的灭火作业成了科威特的首要任务。中国政府也派出了救援队伍，进行 10 口油井的灭火作业。在科威特油田的油井灭火过程中，打救援井是灭火的主要方法之一[4]。2010 年 4 月 20 日，墨西哥湾“深水地平线”钻井平台爆炸引发了长达数月的原油泄漏，这一海上泄油事件被欧美媒体称为人类历史上最严重的海洋环境污染事件。该事件不仅使 BP 公司遭受了巨额经济损失，而且造成了严重生态灾难和社会影响。在此次事故中，BP 公司采用了多种处理泄油事故的应急措施，最终利用救援井的压力测试作业获得了处理泄油事故的胜利，此后救援井技术在国内外再次受到广泛关注[5]。目前，救援井是已被证明的彻底解决井喷问题的一种有效处理方法[6]。

图 1.1[7,8]为一般的救援井与井喷事故井连通压井的工作示意图。

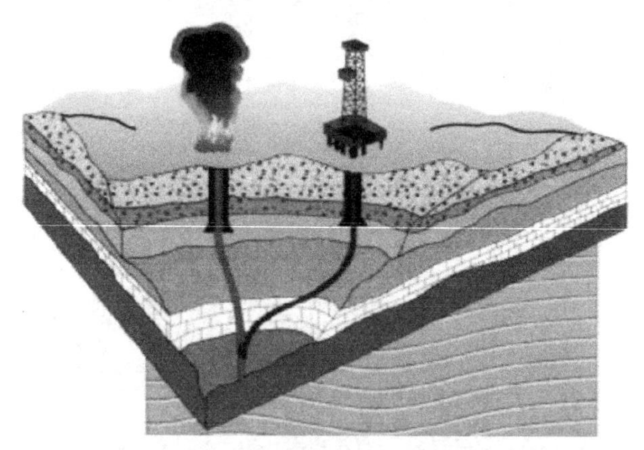

图 1.1　救援井与井喷事故井连通压井工作示意图

在打救援井的过程中，与事故井的精确连通是救援井技术成功的关键环节之一。目前，国外普遍采用的 Wellspot 导向工具已基本满足救援井与事故井精确连通的工程需求，但是 Wellspot 导向工具的核心技术处于保密阶段，我国在这方面又缺少深入研究，因此，我国急需开展救援井与事故井连通探测工具的研究工作，打破国外技术垄断，以满足我国油气勘探开发(特别是海上油气勘探开发)的需求。

第一部分　救援井与事故井连通探测技术

本部分内容以复杂结构井为工程背景，针对井下发射电流方式，结合探测与定位系统实际工况，进行事故井套管电流汇集计算方法及参数敏感性分析；结合电流汇集及电磁场计算方法，确定救援井与事故井相对距离、相对方位的计算及实现方法，进一步研制救援井与事故井连通探测系统，推动我国救援井电磁探测与定位技术的跨越式发展，为我国突破复杂结构井邻井距离精细控制技术瓶颈提供理论支撑。

第一章 救援井与事故井连通探测技术研究现状

众所周知，在钻深井油气井的过程中，事故井和救援井不可能仅为直井，井型将更加复杂，井眼轨迹的精确控制也更加困难。在钻井导向中即使一个很小角度的偏离都会导致井眼轨迹发生重大改变，例如，在井深3000m处目标井末端可能在直径为30m或更大圆内的任何位置。救援井也存在同样的钻井误差，救援井末端的准确位置也未知，因此，一般的钻井允许误差将导致救援井偏离事故井60m或者更远[9]。由于井眼轨迹的不确定性范围较大，救援井与事故井间距和相对方位的精确探测是救援井技术成功的关键环节之一[10]；而且事故井井口附近一般比较危险，为了保证人员和钻井设备的安全，救援井的井口位置一般距事故井井口位置几百米甚至更远。为了使救援井与事故井相交，救援井的井眼轨迹一般比较复杂，这也加大了在需要连通位置处事故井到救援井相对位置的不确定性[11,12]。

目前，国外研发了一系列用于随钻精确监控两井眼之间矢量距离的工具，主要有单电缆引导工具[13,14]（Single Wire Guidance Tool，SWGT）、电磁引导工具（Magnetic Guidance Tool，MGT）、旋转磁场测距导向系统[15]（Rotating Magnet Ranging System，RMRS），已基本可以解决丛式井防碰、蒸汽辅助重力泄油（Steam Assisted Gravity Drainage，SAGD）双水平井间距控制、水平井与直井连通及救援井与事故井连通等定向钻井工程问题[16~21]。然而，国外产品的核心技术仍被保密和垄断，相关资料均是介绍这些工具的应用情况，未给出其完整的工作原理和测距导向算法。国外的邻井距离探测工具都具有各自的技术优势，现场应用时应根据钻井现场的实际情况选择合适的工具。同时，这些工具虽已商业化应用，但也存在各自的技术缺陷，因而在邻井距离探测技术方面仍有较大的改进或创新空间。

如图1.2和图1.3所示，在国内，以RMRS为基础研制了“多分支水平远距离穿针技术”，主要用于水平连通井的井眼轨迹控制[22~26]；开展了以MGT为基础的“成对水平井磁定位系统”研制工作，主要用于SAGD双水平井的井眼轨迹控制[27~29]，但尚未应用。中国石油大学（北京）油气井管柱力学实验室正研发的“邻井距离随钻电磁探测系统”也是以 RMRS 为基础，但是可用于水平连通井和 SAGD 双水平井的井眼轨迹控制[30~32]。以上所提到的各种随钻电磁探测工具的磁信号发射源均置于已钻井中，探测工具均置于正钻井中，因此无法用于事故井井口无法靠近的工况[5]。

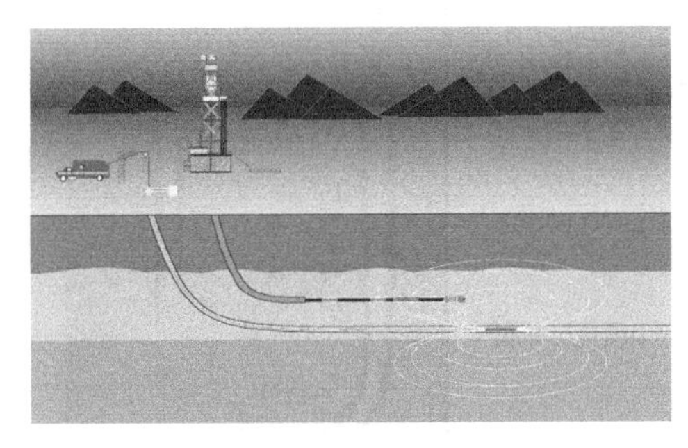

图 1.2　电磁引导工具工作示意图

图 1.3　旋转磁场测距导向系统在双水平井中的应用

目前国外研制的 Wellspot 导向工具已基本满足救援井与事故井精确连通的工程需求。由于事故井井口附近一般会着火或释放有毒气体，传统用于邻井距离电磁测距的旋转磁场测距导向 RMRS 系统和电磁引导工具 MGT 的探测工具无法置入事故井中[16,33]，而 Wellspot 导向工具的所有测量设备均置于救援井中，可以在救援井中直接探测救援井与事故井的间距以及救援井相对于事故井轴线的方位，因此该工具可以引导救援井与事故井在设计的井深处相交，其在国外的救援井与事故井连通作业中已经得到了广泛应用。墨西哥湾 BP 公司就是成功应用 Wellspot 工具完成了救援井 DDⅢ与事故井 MC252#1 的连通[1,5]。

Wellspot 工具可以精确快速地探测目标井的位置，并根据实际地层状况引导救援井以各种井型实现与事故井的成功对接。当事故井为油气深井时，井眼轨迹具有极大的不确定性，救援井需要与事故井近似平行连通[34]，此时的救援井井型可以设计成五段式。

如图 1.4(a)所示，1988 年 12 月，Saga 石油公司在北海 EK 区域的井 2/4-14 在钻至 4733m 时发生溢流，公司决定利用救援井使用过平衡压井法来控制事故井井喷。该公司设计的救援井 2/4-15S 井型为在 3800~3900m 之间利用 Wellspot 电磁导向工具引导救援井绕过事故井，然后平行事故井钻进一段距离后与事故井直接连通[35]。这是第一次将救援井设计为绕过事故井套管后与事故井连通，这一方法避免了回堵重钻，可以直接钻至压井点。如图 1.4(b)所示，2005 年，为了评估 Yegua and K1/Cochran 沙丘的商业储油潜力，在得克萨斯州哈里斯地区钻了一口垂直探井。然而在钻至井深 8200m 时，9⅞in 井眼发生了井涌，循环压井后，钻井液在井口法兰处发生泄漏，不久发生井喷和起火。最终 Vector Magnetics 公司利用 Wellspot 电磁导向工具与其他公司合作在靠近目标井的地方钻出了一口救援井，通过从救援井注入压井液的方法，井喷很快得到控制[35]。

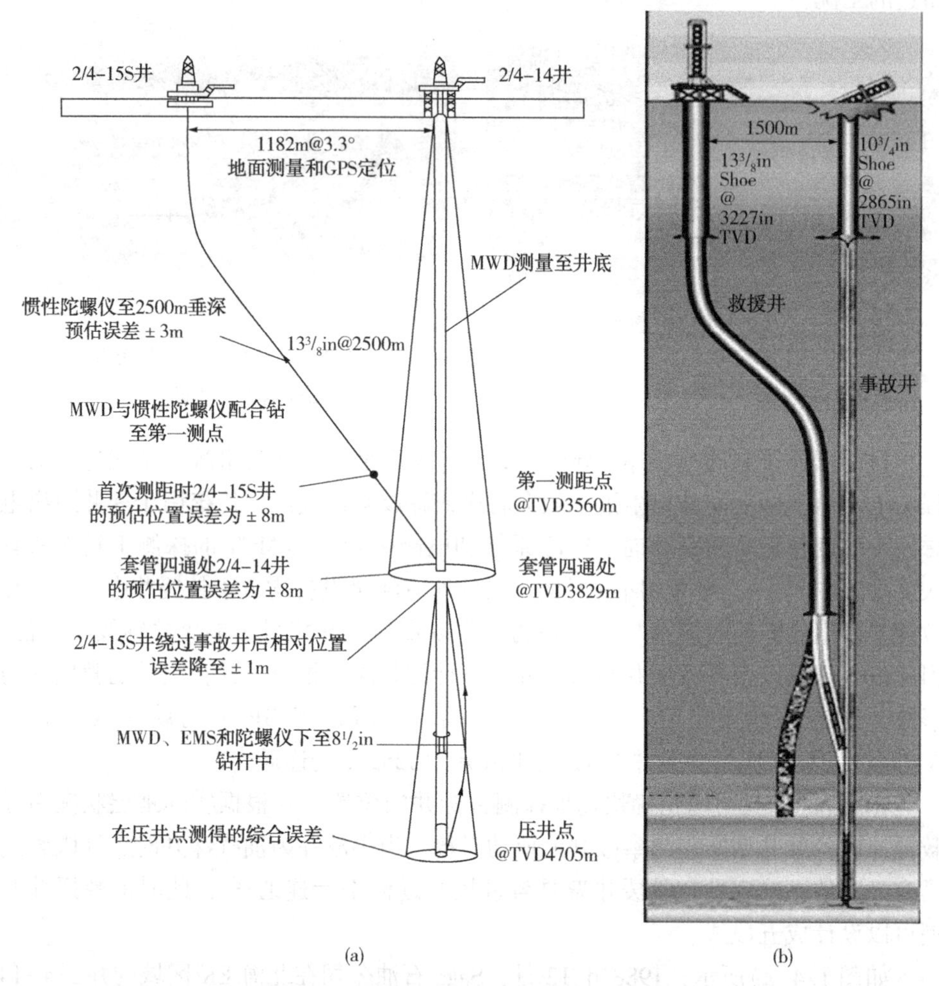

图 1.4　救援井与事故井平行连通示意图

当事故井较浅时，井口距离连通点太近，救援井需要与事故井以大角度(60°~90°)连通，此时的救援井井型可以设计成三段式(直井段—增斜段—稳斜段)[36]。如图 1.5 所示，1994 年 4 月，Bahrain 国家石油公司所有的 Awali 油田的 159#油井发生井喷。采用在距离原油井 30m 处打一口救援井的方法，在地层以下 500m 处利用 Wellspot 电磁导向工具引导救援井使其与井喷井的井眼轨迹重合，然后注入高密度钻井液及重水泥，最终制服了井喷[37]。

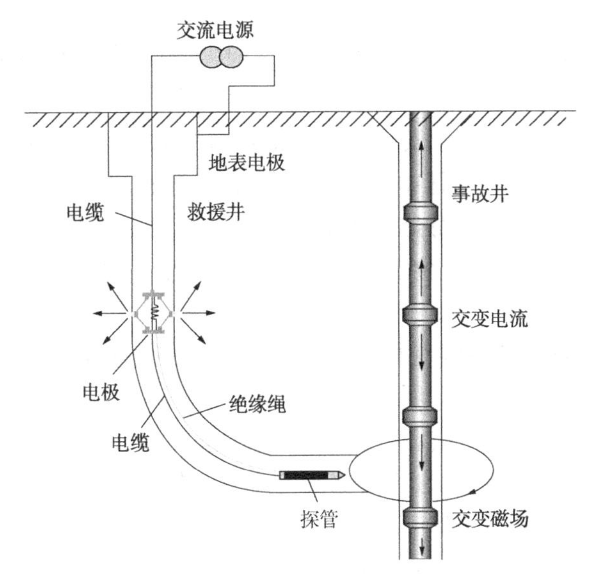

图 1.5　救援井与事故井大角度连通示意图

在钻深井油气井的过程中，事故井和救援井不可能仅为直井，井型将更加复杂，井眼轨迹的精确控制也更加困难，因此要想知道在给定井深处井底的精确位置几乎不可能[38,39]。在常规钻井操作中不需要如此高精度的导向控制，但是如果发生井喷事故，就非常有必要在套管断裂处或以下位置实现压井。因此要求救援井必须在预期井深处与事故井连通。事故井井口会发生爆炸或着火，要求救援井必须选在距离事故井井口 0.5m 或者更远的位置处开钻[40]。为了实现救援井位置的精确测量，多种测量技术适用于提供救援井相对事故井位置的通用信息，但是，这些测量技术只有在救援井距离事故井很近的范围内(在十几米之内)时才会发挥作用[41,42]。

由得克萨斯州的 Austin 公司和休斯顿的石油和矿物研究与发展有限公司合作开发的“Magrange”(Magnetic Gradient Ranging)系统使用精度相当高，但是在应用中发现该系统不能用于半径为十几米的圆的范围之外[43]。为了扩大获得准确信息的范围，电测井技术尝试将下入套管的目标井作为救援井周围地层中存在的异常情况。尽管 ULSEL(Ultra-long-spaced Electrode Logging)系统已成功应用于发现各种类型的地质异常，但在引导救援井钻进并与目标井连通方面还很不理想。在由 Runge 所发表的美国专利 No. 3256480、No. 3479581、No. 3697864 和 No. 3778701 中详细介绍了 ULSEL 系统，该系统利用一对电极测量地层视电阻率，但是该方法不能用于确定救援井相对事故井的方位[44~46]。

除了上述专利中所描述的地层电阻型测井，也有通过电磁勘测获取类似数据的尝试。例如，Philip 在美国专利 No. 2723374 中所描述的一种系统，针对从井筒的横向钻孔来确定地层中的电阻异常的幅值和方位[47]。这些电阻异常引起注入地层的电流的变化，该电流由安装在同一钻孔内的电极(一对互相垂直安放的感应线圈)注入地层。感应线圈检测矿体、盐丘或者倾斜地层的电阻异常，它们的电阻不同于邻井的电阻，因而会干扰地层中的电流。感应线圈与其他传统测井系统结合用于确定矿床的可能位置，但是该系统无法用于两井相对间距较小的情况[47]。

由 Henderson 发表的美国专利 No. 3282355 中所描述的另一种系统通过声波探测器对井喷井地层中流体流动所产生的声音来引导救援井与事故井连通；但是，如果目标井中没有声音发出则该系统将无法使用，因而也不能提供所需的方位和距离的精确程度[48]。在先前的其他方案中，一口井中安装信号发射器，另一口井中安装信号接收器。例如在 Henderson 的专利 No. 3285350、Isham 的专利 No. 3722605 和 Wallis 的专利 No. 4016942 中，将声波用作信号[49~51]，而在 Charies 的专利 No. 3731752 中，将电磁铁所产生的磁场用作信号[52]。但是在这些所有的系统中，目标井井口必须容易接近以便于将信号源置于目标井中，接收器置于另一口井中，如果目标井井口被封堵或者井口伴随爆炸或着火时这种系统将不能使用。

失控井或井喷井不仅非常危险而且会引起严重的环境污染，同时钻一口救援井造价非常昂贵且任何失误都会造成资金浪费，因此寻求精确而可靠的用于确定救援井与目标井的间距和方位的方法是非常必要的。目前国外所应用的能够准确、快速、有效地引导救援井与事故井在预期深度处连通的工具为 Vector Magnetics 公司所研发的 Wellspot 系列导向工具。

1.1 救援井连通系统 Wellspot 工具基本工作原理

救援井与事故井连通系统的主要组件为 Wellspot 导向工具，该导向工具用来测量救援井到事故井套管或钻柱的距离和方位，以便引导救援井定向钻进直至与事故井连通[53]。一般事故井的井口遭到破坏导致不便下入其他测量设备，而 Wellspot 导向工具是在救援井中完成其与事故井相对位置的精确测量，因此该工具适用于引导救援井定向钻进。

如图 1.6 所示，Wellspot 导向工具包括地面设备、井下电极和探管。地面设备主要包括电极供电装置、工具供电和遥测系统、用于数据采集和分析的计算机。电极供电装置为电极提供低频交变电流，利用测井电缆连接电极和探管，并且由电缆将电极和探管下入救援井特定井深处[10]。电极向救援井周围地层注入电流，当电极附近地层中不存在套管或钻杆等金属材质时，电极注入地层的电流呈球形对称分布，这时位于电极下方探管的输出信号为零。如果电极附近地层中存在套管或钻杆，由于套管等金属材质的电导率要远大于地层，电极注入地层的电流大部分将在套管或钻杆处聚集，形成如图 1.6 所示的沿套管向上和向下流动的电流。根据安培定律，该电流将在套管和钻杆的周围地层中产生低频交变磁场[54]。

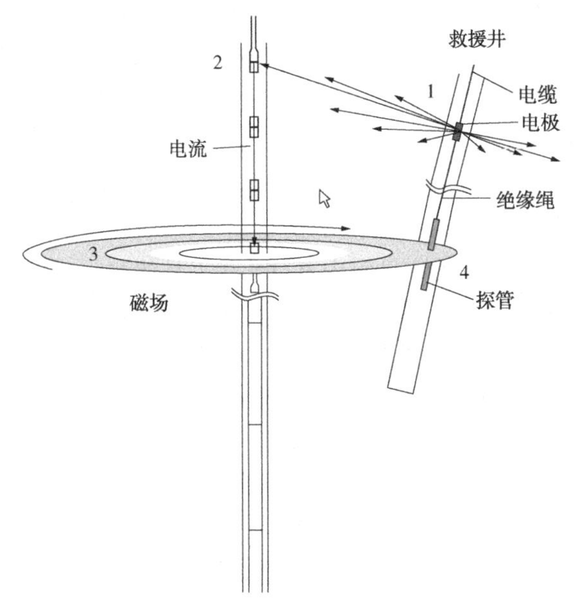

图 1.6　救援井连通系统 Wellspot 导向工具的工作原理

1—电极注入电流；2—电流在目标井上聚集；3—电磁场产生；4—探管探测电磁场

把 Wellspot 导向工具的信号接收器探管置于救援井选定位置，利用探管内的高精度传感器检测套管和钻杆内向下流动的电流产生的低频交变磁场的强度。该磁场信号的强度与事故井套管上的电流成正比、与探管和事故井的间距成反比[53,54]。同时，探管也会检测到救援井周围地层的地磁场（磁北）和重力场（高边），用于确定探管的自身方位和摆放姿态。地面的电脑用于接收探管的检测数据，并利用这些数据计算井下探管与事故井套管的间距和方位，从而确定救援井与事故井的相对位置关系。在救援井的钻进过程中，通过在预定井深处定点探测救援井与事故井的相对间距和方位，利用这些探测信息为救援井的下一步钻进提供控制依据，直至救援井与事故井成功连通[10]。因此，Wellspot 导向工具是一种用于引导救援井与事故井连通的高效工具。

Wellspot 导向工具的测距范围与很多因素有关，如目标井中套管或钻杆的属性、用于救援井的钻井液类型以及周围地层的电阻率和均匀性。对于使用水基泥浆的救援井，周围岩层的电阻率为 1Ω · m、最大测距范围可以达到 60m。而对于使用油基泥浆的救援井，Wellspot 导向工具的测距范围有所减小，油基泥浆会抑制由电极发射出的电流，导致目标井套管上聚集的电流减少，经验证救援井中的油基泥浆会导致测距范围减小一半[53]。对于使用油基泥浆的目标井，决定 Wellspot 导向工具测量信号强度的关键因素是钻杆或套管与周围地层间的接触电阻，其会基于自身条件而有很大变化。周围地层的非均质性会影响 Wellspot 导向工具探测信号的准确性；但是这种影响仅在低信号水平时相对重要，在 30m 测距范围内不会影响信号的准确性。此外，如果救援井穿过目标井，三角测量可用于距离的确定而且测距范围不会减小[43]。

在接近井底位置处目标井套管上的电流会大幅度减少。因此，救援井与事故井的连通点最好选在事故井井底上部的位置[55]。Wellspot 导向工具的外径为 5cm，可以置入钻杆内。在无磁钻铤内 Wellspot 工具的测距范围为 3 ~ 10m。

两井成功实现连通取决于两井相对方位的确定和 Wellspot 导向工具的正确操作。利用 Wellspot 工具确定救援井与事故井的间距有以下 4 种不同的方法：

（1）观测事故井深度方位改变的三角测量；

（2）基于地层和井电导率模型强度计算的梯度；

（3）基于地层和井电导率模型的绝对强度计算；

（4）事故井套管的存在引起的地磁场干扰分析。

当救援井距离事故井 2m 内时，套管的磁化将成为一个需要考虑的问题，如果磁倾角超过 1.5°，Wellspot 导向工具内的重力传感器就可以准确确定方位。同样来自目标井套管的地磁场的扰动就可以用于距离和方位的独立确定。

在救援井穿过事故井的情况下，Wellspot 导向工具的测量准确性最高。然后利用上述 4 种方法来确定两井间的距离，进行两井间的交叉校验。如果预期救援井会穿过事故井，那么需要在救援井穿过之前提早使用 Wellspot 导向工具，以便于确保救援井不会在不必要的位置与目标井连通。

1.2 Wellspot RGR Ⅰ工具工作原理

事故井附近其他套管井或事故井内侧钻鱼的存在会引起 Wellspot 导向工具测量信号的偏差。因此救援井需要在这种影响尽量小的区域开钻。一般情况下，只要其他套管或侧钻鱼在事故井至少两倍距离的范围之外，则其对 Wellspot 工具探测信号的影响将会足够小。在救援井距离事故井很近时，Wellspot 工具可以在无磁钻铤内使用。如果将其固定在导向钻井鞋上，那么钻井鞋和目标井之间的夹角可以被检测。传统的 Wellspot 导向工具直接测量目标井相对侧钻鱼的方位角，但是必须基于探管测量的交变磁场信号幅度来推导救援井与目标井的相对距离[54]。这个信号幅度与侧钻鱼上的电流强度及其他影响该电流的因素有关，这些因素会导致所测得的救援井到目标井的距离存在 20%～40%的不确定性。利用救援井和侧钻鱼之间的相对方位角的三角测量可以将距离不确定性减小±10%[55]。

Wellspot-RGR Ⅰ工具是传统 Wellspot 导向工具的增强型版本，它使用两个在工具横轴平面内平行安装的 AC 磁力计进行测量[53]，图 1.7 为 Wellspot-RGR Ⅰ工具梯度测量的基本原理图[53]。该工具与传统 Wellspot 工具使用相同的方法测量救援井和侧钻鱼之间的相对方位和距离，在相对距离小于 5m 时，Wellspot-RGR Ⅰ工具可以利用由两个平行磁力计测得的梯度 AC 磁场来直接测量相对距离[53]。交变电流通过 7 芯电缆由电极注入，该电流穿过地层在套管上聚集，沿套管向上和向下流动，产生交变磁场 $H=i/2\pi r$，i 为套管上聚集的电流，r 为救援井到目标井的距离。由于两磁力计之间的距离已知，由两个平行探管测得的磁场可以用于直接计算两井间的距离。

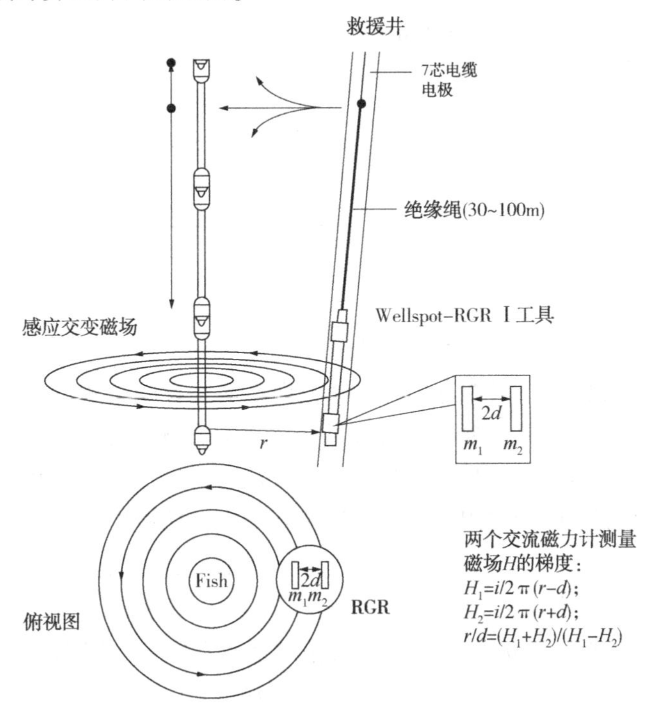

图 1.7　Wellspot-RGR Ⅰ工具的操作原理

1.3 Wellspot 工具技术优势及缺陷

Wellspot 导向工具的主要技术指标如表 1.1 所示，与其他邻井距离电磁探测工具相比，Wellspot 工具在测距范围、测量方位精度、耐温和耐压方面都有较好的性能，虽然该工具的测距精度相对不高，但是该技术指标对 Wellspot 工具引导救援井与事故井连通的影响并不大，所以可以满足救援井钻井现场需求[36]。根据 Wellspot 工具的主要技术指标，可知其具有以下技术优势：

（1）Wellspot 工具可以在救援井中直接探测救援井井底与事故井套管的间距和方位，避免了传统的随钻测量工具随井深产生累积测量误差的缺陷；

（2）Wellspot 工具的电流信号发射源(电极)和信号接收器(探管)都直接置于救援井中，因此该工具适用于事故井井口发生严重井喷、着火等事故而无法靠近的工况；

（3）Wellspot 工具具有相对较大的测距范围，可以适用于深井连通；

（4）Wellspot 工具的极限工作温度可达 200℃，该性能指标可以保证该工具在深井中正常工作。

表 1.1 Wellspot 系列导向工具的技术指标

钻井导向工具	测距范围/m	测量精度/%	测量方位精度/(°)	工具外径/in	耐温/℃	耐压/psi
Wellspot-RGR Ⅰ	7.5 60	±5 ±20	±3 ±3	4.5	177	20000
Wellspot	60	±20	±3	2.0	200	25000

注：1psi≈6895Pa。

虽然 Wellspot 导向工具具有以上技术优势，但是在利用该工具引导救援井钻进时，在每个定点进行测量时都需要先提出钻头、钻杆，再下入该导向工具，因此应用 Wellspot 导向工具只能进行定点测量而无法实现随钻测量，从而大大增加了钻井时间，该导向工具主要用于救援井这种特殊工况，不利于在其他工况(如丛式井防碰等)中推广应用[36]。因此，可以实现随钻测量的救援井与事故井连通导向工具将具有更广阔的应用前景，特别是在丛式井防碰中急需这种探测工具。

Wellspot 导向工具主要适用于事故井是套管完井的工况，也可适用于事故井仅有部分井段是套管完井的工况。此时，在事故井套管完井井段可以应用 Wellspot 工具精确探测救援井到事故井的相对距离和方位，以消除救援井与事故井的相对位置不确定性[53]。此后，事故井是裸眼完井井段，仍采用传统的测斜工具测量控制救援井的井眼轨迹直至压井点，这时虽然救援井到事故井的相对位置会有一定误差但是较小，再结合井眼轨迹不确定性分析和邻井距离扫描计算，可以将救援井引导至事故井连通点附近，然后采用压裂等方式将救援井与事故井成功对接[56,57]。在国外也有这方面的成功案例，就是上文中提到的如图 1.4(a) 所示的 Saga 石油公司利用救援井 2/4-15S 使用过平衡压井法来控制事故井 2/4-14 井喷。该公司设计的井型为在 3800～3900m 之间利用 Wellspot 电磁导向工具引导救援井绕过事故井。在救援井垂深小于 3829m 的井段，井眼轨迹的测量采用传统的测斜工具，这时井眼轨迹会有很大范围的误差；在垂深为 3829m 处，采用 Wellspot 工具精确探测救援井到事故井的相对距离和方位，以消除救援井到事故井相对位置的不确定性；在垂深大于 3829m 的井段，仍采用传统的测斜工具测量控制救援井的井眼轨迹直至压井点，这时虽然救援井到事故井的相对位置会有一定误差但比较小，可以直接采用压裂的方式将救援井与事故井连通[35]。

1.4　横向延伸电导率测井基本工作原理

横向延伸电导率(Extended Lateral Range Electrical Conductivity，ELREC)测井工具，在墨西哥湾已成功用于多口救援井相对目标井的控制导向。该工具可以探测至少 60m 远的目标井的套管，而且可以给出救援井相对目标井套管的方位，从而进一步确定救援井和目标井之间的准确距离[58]。1982 年 7 月 14 日，墨西哥湾高压井 JA-3 在修井操作时发生井喷，大量天然气、水和泥沙的混合物被喷出。在地面控制井喷失败后，救援井 No. 6 开钻，用于在井下深处与事故井的对接并试图压井。利用救援井来控制事故井井喷具有井下远距离控制的特点。事故井和救援井之间的管—管对接，在对接点处要求两井必须接近平行，如 1970 年救援井 Shell Cox No. 4 与事故井 JA-3 成功对接。平行对接需要事故井和救援井相对位置的准确资料[59]。

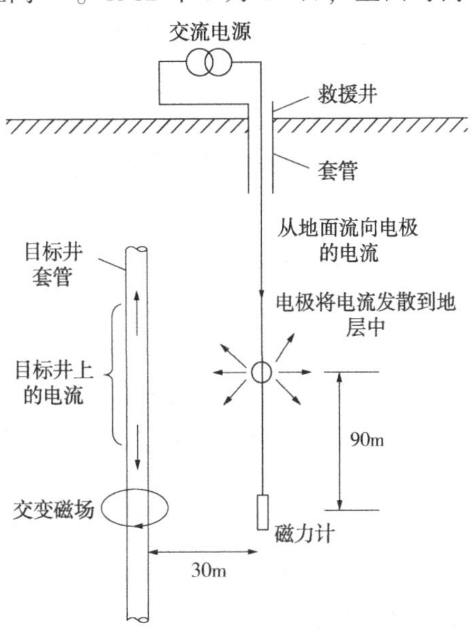

图 1.8　ELREC 测井仪的现场应用示意图

如图 1.8 所示，ELREC 测井仪包括定向的井下磁探管(包括一个罗盘和一个高灵敏度的 AC 磁力计)、位于探管上部 90m 处的交流电极、地面交流电源和计算机[60]，探管和电子仪器安放在直径为10.2cm、长2.4m的探测装置底部，探测装置内装有4个传感器：两个用来测量频率为1Hz的交变磁场垂直于工具轴线的2个分量，另外两个用来确定探管在井筒内的方位，因此确定交变磁场在垂直于工具轴线平面内的矢量方向是可行的。测量该磁场相对救援井的矢量方向，可以确定探管自身的方位，其垂直于探测的磁场。

电极位于探管的轴线上，在垂直于探管轴线的方向上地层是各向同性的。位于地面的计算机接收探管检测到的磁场信号，并利用这些信号计算井下探管到事故井的相对距离和方位，从而确定救援井和事故井的相对位置关系。救援井中由电极发射的电流幅值为1A，频率为1Hz。由于事故井中的金属套管或钻杆具有良好的导电性，短路作用将会使电流在金属管上集聚。利用安培定律，事故井套管上的电流将产生频率为1Hz的螺旋形磁场。救援井和事故井之间的距离可以通过ELREC测井仪所探测到的磁场信号幅度、地层电导率和单位长度管柱的电阻进行计算[60]。

ELREC测井仪中的探管容易受到工具在地磁场中移动的影响。当探管固定时，当前的磁场变化仅依赖于由电极注入的交变电流。由于地磁场的强度是事故井套管上聚集的电流产生的交变磁场的10^5倍，因此ELREC测井仪在进行测量时探管保持静止很关键[59,60]。

1.5 国内外研究现状小结

(1) 在墨西哥湾漏油事件之后，救援井技术在国内外再次受到广泛关注。目前，通过救援井应对海上和陆地钻井过程中发生的油气井着火或井喷事故仍是石油工程中一种最常用的方法，而救援井与事故井相对位置的精确探测是救援井定向钻井成功的关键环节之一。目前，能够精确探测正钻井与已钻井相对位置的技术主要是邻井距离电磁测距技术，形成了Wellspot Tool、SWGT、MGT和RMRS等一系列电磁测量工具，基本可以解决救援井连通、丛式井防碰、SAGD双水井间距控制和水平井连通等定向钻井轨迹测量与控制问题。国外的邻井距离探测工具都具有各自的技术优势，在现场应用时应根据钻井现场的实际情况选择合适的工具类型。

(2) 目前国外打救援井主要采用的是Wellspot导向工具，它是邻井距离电磁测距技术的一种。该工具用来测量救援井到事故井套管或钻柱的距离和方位，以便引导救援井定向钻进直至与事故井连通。一般事故井的井口遭到破坏，不便下入其他设备，而Wellspot工具的所有设备均位于正钻井中，因此该工具适用于引导救援井定向钻进直至与事故井连通。Wellspot-RGR Ⅰ工具是传统Wellspot工具的增强型版本，其优点为测距范围更大和测距精度更高。

（3）由于国外邻井距离探测工具的核心技术仍被保密和垄断，相关资料均是介绍这些工具的应用情况，未给出其完整的工作原理和测距导向算法，因此，本部分研究内容主要以救援井与事故井连通导向工具为研究对象，以研发拥有自主知识产权的适用于各种井型的救援井与事故井连通探测系统为目的，开展事故井与救援井连通探测系统的基础理论研究和硬件样机的设计与试验工作，为满足我国海上油气勘探开发的需求提供理论依据和技术支持。

第二章　基于单电极的救援井与事故井连通探测系统

如图 1.9 所示，基于单电极的救援井与事故井连通探测系统的地面供电设备位于救援井井口附近，用于为井下单电极和地面信号采集和处理设备供电；地表电极与救援井的井口套管连接且接触良好，用于接收由井下单电极注入地层后在事故井套管上聚集的向上流动的电流及由井下单电极注入地层、未在事故井套管上聚集的部分电流，以便形成电流回路；地面信号采集和处理设备通过测井电缆与井下探管相连，用于接收井下探管检测到的、由测井电缆传至地面的数据并进行数据处理，将得到的救援井中探管与事故井套管的相对空间位置数据以数字、文字和/或图形的方式显示[10]。

如图 1.9 所示，基于单电极救援井与事故井连通探测系统的工作原理具体如下：单电极与探管之间利用绝缘绳相连，通过钻杆或爬行器设备将其送入救援井已钻部分的底部。单电极将地面供电设备为其提供的高幅、低频交变电流以球形对称形式注入地层中。由于事故井中套管或钻杆等金属的导电性要远远大于地层，基于趋肤效应，单电极注入地层的电流大部分将在套管或钻杆处聚集，形成如图 1.9 所示沿套管向上和向下流动的电流。根据安培定律，沿套管向下流动的电流将在套管周围地层中产生低频交变磁场，该磁场由位于单电极下方的探管测得。同时探管也会用来探测探管处的重力场，然后结合救援井的测斜数据来确定探管自身的摆放姿态。由探管检测到的井下采集数据传输至地面信号处理设备，地面信号处理设备根据这些数据就可

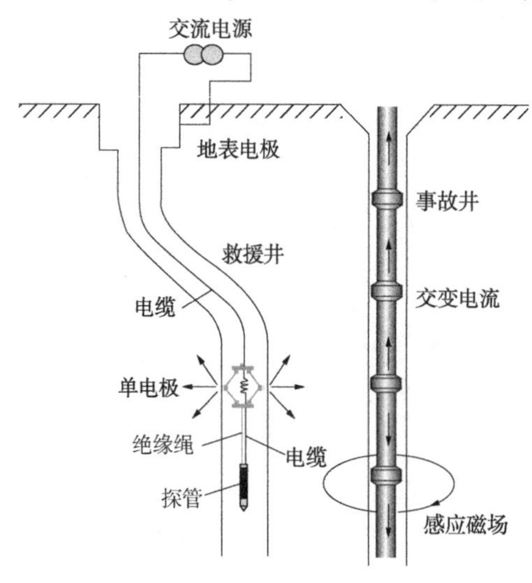

图 1.9　基于单电极的救援井与事故井连通探测系统工作示意图

以计算出探管与事故井套管的相对间距和方位，进一步就可以确定救援井到事故井的相对位置，利用地面显示系统反馈给钻井工程师，指导救援井的进一步施工[10]。在测量时要求探管尽量下入救援井的底部且必须保持静止，否则探管的旋转或振动将导致其无法精确探测到微弱磁信号[61]。

2.1　基于单电极的救援井与事故井连通测距导向算法

在实际应用中，救援井与事故井连通探测系统是在横向地层中测量有效信号，且其测距范围最大为30m，因此提出以下三个假设条件：①地层均匀各向同性；②套管无限长；③套管的半径远小于救援井中的电极与事故井套管轴线之间的距离。在满足上述三个假设条件的前提下，事故井套管可以由半径为r_e的均匀地层圆柱体替代，该圆柱体单位长度的电阻和事故井套管相同[62]，因此该地层圆柱体半径可表示为

$$r_e=\sqrt{\frac{2\sigma_c}{\sigma_e}r_c h_c} \tag{1.1}$$

式中　σ_e——地层电导率，S/m；

σ_c——套管电导率，S/m；

r_c——套管半径，m；

h_c——套管管壁厚度，m。

金属套管对该半径的地层圆柱体上的电流有明显的短路作用，因此要求探管的灵敏度必须可以探测到距离电极30m处事故井套管上约2mA电流产生的磁感应强度小于10^{-2}nT(或者磁场强度小于10^{-5}A/m)的磁场[62]。

已知在极小场源距和低频率时，均匀空间下交流点电流源场可以等效近似为直流源场。点电流源的散射电流在空间方位上均匀分布，同时在无穷远处电场将衰减为零[63]。事故井套管对单电极注入地层电流的响应如图1.10所示。将井下单电极近似为直流电源，在地层中距离电极R处由该电极产生的电流密度j_0可表示为

$$j_0=\frac{I_0}{4\pi R^2} \tag{1.2}$$

根据电场和电流密度之间的关系$j=\sigma E$，可得在地层中距离电极R处的电场为[10]

$$E_0=\frac{I_0}{4\pi\sigma_e R^2} \tag{1.3}$$

式中　E_0——地层中距离电极 R 处的电场，V/m；

I_0——井下电极注入地层的电流，A；

R——距井下电极任意距离处等位面的半径，m。

对于距离电极 R 处的由均匀地层所包围的半无限长金属套管，其上聚集的电流可表示为[10]

$$I_{\rho1}=\sigma_c\cdot 2\pi r_c h_c E_0=\frac{r_e^2}{4R^2}I_0 \tag{1.4}$$

式中　$I_{\rho1}$——距离电极 R 处事故井套管上聚集的电流，A。

以单电极到事故井套管的镜像位置为坐标原点，以事故井套管轴线为 z 轴建立柱坐标系。在非电源点的非边界面处，电位 U 满足拉普拉斯方程

$$\nabla^2 U=0 \tag{1.5}$$

所计算的电位必须满足下列边界条件：①在无穷远处，$U|_\infty=0$；②在 $\Delta r=r_e$ 处，U 和 $\partial U/\partial R$ 连续，其中 Δr 为距圆柱体轴线的径向距离，m。由于套管具有轴对称性，将电势沿 z 轴方向以余弦级数展开，可得[10]

$$\nabla^2\widehat{U}(\Delta r,\ \theta)-\lambda^2\widehat{U}=0 \tag{1.6}$$

其中

$$U(\Delta r,\ \theta,\ z)=\int_0^\infty \widehat{U}(\Delta r,\ \theta)\cos(\lambda z)\mathrm{d}\lambda \tag{1.7}$$

在 z 轴($R=0$)处，源电势可表示为

$$\widehat{U}(\Delta r)=\frac{I_0}{2\pi\sigma_e}K_0(\lambda R)I_0(\lambda\Delta r) \tag{1.8}$$

式中　$K_0(\lambda R)$——零阶第二类变形贝塞尔函数；

$I_0(\lambda\Delta r)$——零阶第一类变形贝塞尔函数；

λ——沿 z 轴方向的波数。

当 $\Delta r=0$ 时，可得

$$U(z)=\frac{I_0}{2\pi^2}\int_0^\infty \frac{K_0(\lambda R)\cos\lambda z}{\sigma_c(1+\lambda\varepsilon)+\sigma_e(1-\lambda\varepsilon)}\mathrm{d}\lambda \tag{1.9}$$

其中

$$\varepsilon=K_0(\lambda r_e)I_1(\lambda r_e)-K_1(\lambda r_e)I_0(\lambda r_e) \tag{1.10}$$

当 $\Delta r=0$ 时，假设 $r_e\ll R$，则

$$U(z)=\frac{I_0}{2\pi^2}\int_0^\infty \frac{K_0(\lambda R)\cos\lambda z}{2\sigma_e+\dfrac{(\sigma_e-\sigma_c)(\lambda r_e)^2\ln\lambda r_e}{2}}\mathrm{d}\lambda \tag{1.11}$$

令 $u=\lambda R$，由此可得电场为

$$E(z)=\frac{I_0}{2\pi^2}\int_0^\infty \frac{uK_0(u)\sin(uz/R)\,\mathrm{d}u}{2\sigma_e R^2+\dfrac{(\sigma_e-\sigma_c)(ur_e)^2\ln(ur_e/R)}{2}} \tag{1.12}$$

由式(1.3)可知，距离电极 R 处的电场 E_0 已知，则

$$\frac{E(z)}{E_0}=\frac{1}{\pi}\int_0^\infty \frac{uK_0(u)\sin(uz/R)\,\mathrm{d}u}{1-\dfrac{1}{4}\dfrac{r_e^2}{R^2}u^2\ln(ur_e/R)} \tag{1.13}$$

当 $r_e \ll R$ 时，上式分母中的第二部分可以忽略不计，因此式(1.13)可以简化为[62]

$$\frac{E(z)}{E_0}=\frac{1}{\pi}\int_0^\infty uK_0(u)\sin(uz/R)\,\mathrm{d}u=\frac{z/R}{[1+(z/R)^2]^{\frac{3}{2}}} \tag{1.14}$$

利用 $j=\sigma_e E$，进一步可得沿事故井套管轴线 z 处电流为

$$I_1(z)=\frac{z/R}{[1+(z/R)^2]^{\frac{3}{2}}}I_{\rho 1}=\frac{z/R}{[1+(z/R)^2]^{\frac{3}{2}}}\cdot\frac{r_e^2}{4R^2}I_0 \tag{1.15}$$

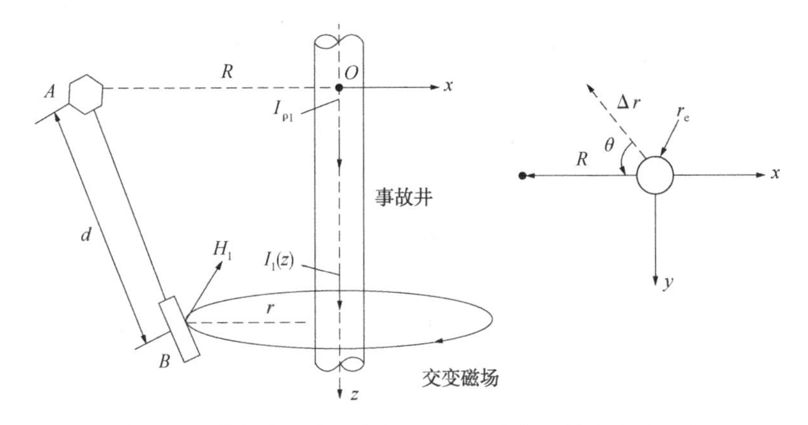

图 1.10　事故井套管对单电极注入地层电流的响应示意图

下面来确定 R 与 r 之间的关系。假设井下单电极所在位置 A 点与探管所在位置 B 点在同一铅垂平面内，A、B 点间的距离为 d(图 1.10)。已知 A、B 点的井深、井斜角分别为 D_A、D_B、α_A、α_B，造斜段曲率半径为 R_z，测段的平均井斜角为 $\alpha_c=(\alpha_A+\alpha_B)/2$，同时令 $\alpha_d=(\alpha_B-\alpha_A)/2$，则可得

$$R_z=\frac{d}{2\sin\dfrac{\alpha_B-\alpha_A}{2}}=\frac{d}{2\sin\alpha_d} \tag{1.16}$$

$$R=r+R_z(\cos\alpha_A-\cos\alpha_B)=r+d\sin\alpha_c \tag{1.17}$$

$$z=d\cos\frac{\alpha_A+\alpha_B}{2}=d\cos\alpha_c \tag{1.18}$$

将式(1.16)~式(1.18)代入式(1.15)中，可得套管上的电流 $I_1(z)$ 与探管到套管之间的距离 r 之间的关系为

$$I_1(z)=\frac{d\cos\alpha_c}{[1+(d\cos\alpha_c)^2]^{\frac{3}{2}}}\cdot\frac{r_e^2}{4(r+d\sin\alpha_c)^3}I_0 \tag{1.19}$$

式中 d——A、B 点的间距，m；

α_c——救援井测段的平均井斜角，(°)；

r——事故井轴线与救援井中探管的间距，m；

z——电流沿事故井套管向下流动的距离，m；

$I_1(z)$——沿事故井套管 z 处向下流动的电流，A。

根据 Biot-Savart 定律，探管处由事故井套管上的电流产生的磁场强度可表示为[10,62]

$$H=\mu_0\frac{I(z)}{2\pi r} \tag{1.20}$$

将式(1.19)代入式(1.20)中，探管处由事故井套管上的电流产生的磁场强度可表示为

$$H_1=\frac{d\cos\alpha_c}{[1+(d\cos\alpha_c)^2]^{\frac{3}{2}}}\cdot\frac{r_e^2}{4(r+d\sin\alpha_c)^3}\cdot\frac{\mu_0 I_0}{2\pi r} \tag{1.21}$$

式中 H_1——事故井套管内电流 $I_1(z)$ 在探管处产生的磁场强度，A/m；

μ_0——真空磁导率，T · m/A。

由式(1.21)可知，在测得探管处由事故井套管上的交变电流产生的磁场强度后，利用磁场强度 H_1 和间距 r 之间的反比例关系，可以得到事故井套管和救援井探管之间的距离。

2.2 救援井与事故井间距和方位的确定

事故井套管上聚集电流产生的低频交变磁场非常微弱，为了使基于单电极救援井与事故井连通探测系统的探测精度满足救援井导向钻井工程的需求，该探测系统对探管灵敏度的要求非常高[64~66]。井下探管主要用于探测探管处的重力场、地磁场和由事故井套管上聚集的低频交变电流产生的低频交变磁场，我们设计其主要由一个高精度三轴加速度传感器和一个高精度三轴磁通门传感器组成[67~70]。救援井与事故井间距和方位的计算模型如图 1.11 所示。单位矢量 $\boldsymbol{x}$、$\boldsymbol{y}$、$\boldsymbol{z}$ 的方

向分别代表三轴磁通门传感器 x、y 和 z 轴的方向，同时也代表三轴加速度传感器 x、y 和 z 轴的方向。三轴加速度传感器用于探测探管处的三轴重力加速度数值，然后结合救援井的测斜数据确定探管自身的摆放姿态[71,72]。同样，三轴磁通门传感器用于探测探管处的三轴地磁场和事故井套管上聚集的低频交变电流所产生的交变磁场的合成磁场数值，用于确定井下探管和事故井套管的间距和方位[73]。由探管检测到的信号传输到地面，地面分析软件就可以根据这些数据计算探管与事故井套管的间距和方位，从而可以进一步确定救援井与事故井的相对位置。

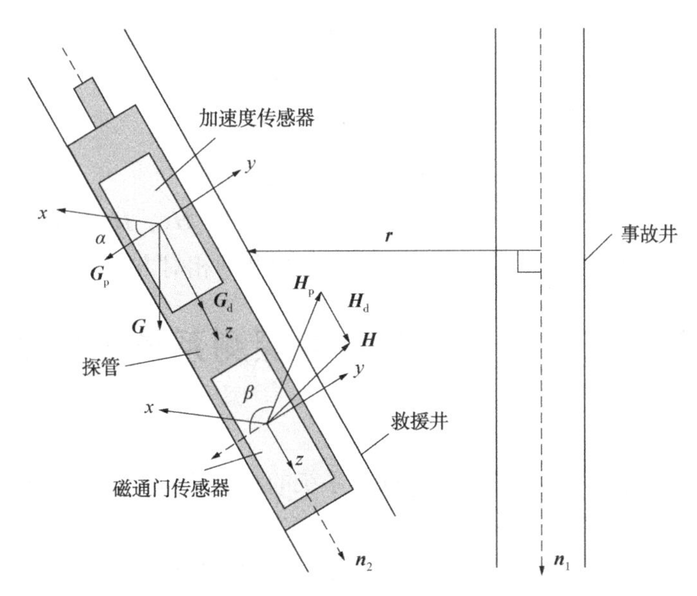

图 1.11　救援井与事故井相对位置计算模型

如图 1.11 所示，沿事故井轴线钻进方向为 $\boldsymbol{n}_1$，沿探管轴线钻进方向为 $\boldsymbol{n}_2$，$\boldsymbol{H}$ 为沿事故井套管 z 处电流 $I(z)$ 在探管处产生的交变磁场强度，$\boldsymbol{H}_p$ 为 $\boldsymbol{H}$ 在三轴磁通门传感器 x 轴和 y 轴磁场分量所在平面上的投影，其可由沿 x、y 轴方向的两交变磁场分量得到；$\boldsymbol{H}_d$ 为 $\boldsymbol{H}$ 沿 z 轴方向的磁场分量；$\boldsymbol{H}$ 和矢量 $\boldsymbol{r}$ 位于同一平面内，且 $\boldsymbol{n}_2$ 垂直于该平面。由图 1.11 可知

$$\boldsymbol{H}=\boldsymbol{H}_p+\boldsymbol{H}_d \tag{1.22}$$

$$\boldsymbol{H}_d=-(\boldsymbol{H}_p\cdot\boldsymbol{n}_1)/(\boldsymbol{n}_1\cdot\boldsymbol{n}_2) \tag{1.23}$$

$$\boldsymbol{r}/(\boldsymbol{r}\cdot\boldsymbol{r})=2\pi\boldsymbol{H}\times\boldsymbol{n}_1/\mu_0 I \tag{1.24}$$

因此，当 $\boldsymbol{H}_p$ 由三轴交变磁场传感器测得后，代入式(1.22)~式(1.24)就可以确定唯一的 $\boldsymbol{H}$ 和 $\boldsymbol{r}$，从而确定救援井与事故井的间距[43]。

在救援井连通点处，单位矢量 $\boldsymbol{n}_1$ 和 $\boldsymbol{n}_2$ 的方位可由先前的测斜数据得到。如

图 1.11 所示，三轴加速度传感器所测得的探管处的重力矢量分量 $\boldsymbol{G}_p$ 沿 x、y 方向的分量分别为 $\boldsymbol{G}_1$ 和 $\boldsymbol{G}_2$，大小为 $\boldsymbol{G}_p=\sqrt{\boldsymbol{G}_1^2+\boldsymbol{G}_2^2}$；三轴磁通门传感器测得的由事故井套管上聚集的电流产生的磁场强度分量 $\boldsymbol{H}_p$ 沿 x、y 轴方向的分量分别为 $\boldsymbol{H}_1$ 和 $\boldsymbol{H}_2$，大小为 $\boldsymbol{H}_p=\sqrt{\boldsymbol{H}_1^2+\boldsymbol{H}_2^2}$。由图 1.11 可知

$$
\begin{cases}
\cos(\alpha+\beta)=\boldsymbol{H}_1/\boldsymbol{H}_p \\
\sin(\alpha+\beta)=\boldsymbol{H}_2/\boldsymbol{H}_p \\
\cos\alpha=\boldsymbol{G}_1/\boldsymbol{G}_p \\
\sin\alpha=\boldsymbol{G}_2/\boldsymbol{G}_p
\end{cases}
\tag{1.25}
$$

由此推导出 $\boldsymbol{H}_p$ 与 $\boldsymbol{G}_p$ 夹角 β 的余弦可表示为

$$
\cos\beta=\frac{\boldsymbol{G}_1\boldsymbol{H}_1+\boldsymbol{G}_2\boldsymbol{H}_2}{\boldsymbol{G}_1^2+\boldsymbol{G}_2^2}\cdot\frac{\sqrt{\boldsymbol{G}_1^2+\boldsymbol{G}_2^2}}{\sqrt{\boldsymbol{H}_1^2+\boldsymbol{H}_2^2}}
\tag{1.26}
$$

因此，将磁通门传感器和加速度传感器测得的 $\boldsymbol{H}_1$、$\boldsymbol{H}_2$、$\boldsymbol{G}_1$ 和 $\boldsymbol{G}_2$ 代入式(1.26)就可求得夹角 β，从而确定救援井与事故井的相对方位[10]。

2.3 基于单电极的救援井连通探测系统测量精度影响因素

前文研究了救援井与事故井连通探测系统的测距导向算法，根据式(1.21)可知，救援井中探管检测到的磁场强度大小的影响因素主要包括事故井套管及周围地层参数、井下电极系注入地层电流 I_0、电极系与探管间距 d、三电极系长度 $2L_0$ 以及救援井井斜角等参数。根据文献提供的地层、套管参数[73]以及 LW21-1-1 探井的救援井设计方案：地层电导率 σ_e 为 $1(\Omega\cdot\mathrm{m})^{-1}$，套管电导率 σ_c 为 $10^7(\Omega\cdot\mathrm{m})^{-1}$，套管半径 r_c 为 0.125m，管壁厚度 h_c 为 0.0125m，三电极系与探管的间距 d 为 90m，真空磁导率 $\mu_0=4\pi\times10^{-7}\mathrm{T\cdot m/A}$，首先假设地层是均匀且各向同性的，下面分别分析各个参数对探管处磁场强度信号大小的影响程度。

根据 LW21-1-1 探井的救援井设计方案，分别改变地面交流电源为井下单电极提供的电流 I_0、单电极与探管的间距 d、救援井测段的平均井斜角 α_c，得到救援井中探管检测到的磁场强度大小与救援井和事故井间距之间的关系如图 1.12～图 1.14 所示。

从图 1.12 可以看出，在救援井距离事故井间距相同的情况下，地面交流电源为单电极提供的电流越大，救援井中探管检测到的磁场强度越强；但是趋肤效应会限制高频交变电流往地层中扩散，同时受井场通电条件的限制，地面交流电

源为井下电极提供的电流大小有限，因此本书选择地面交流电源为井下电极提供高幅值(20A)、低频率(0.25Hz)交流电。

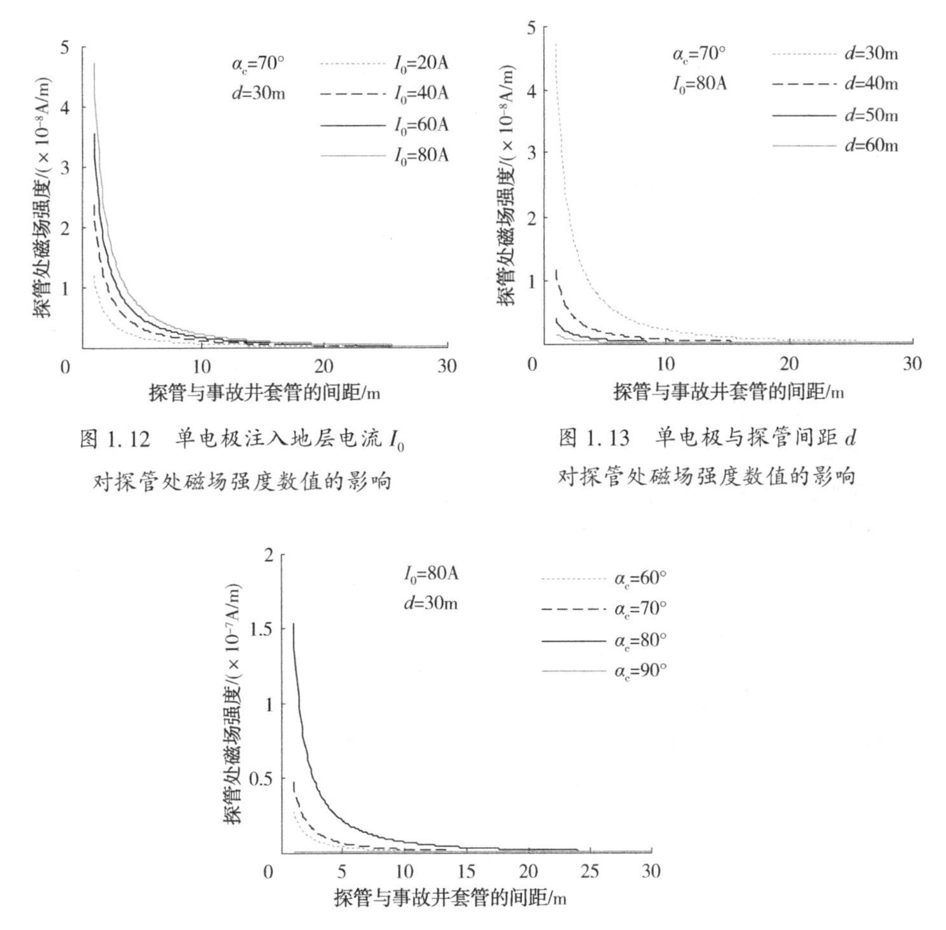

图 1.12　单电极注入地层电流 I_0 对探管处磁场强度数值的影响

图 1.13　单电极与探管间距 d 对探管处磁场强度数值的影响

图 1.14　救援井平均井斜角 α_c 对探管处磁场强度数值的影响

如图 1.13 所示，单电极与探管间距 d 越大，救援井中探管探测到的磁场强度越小。事故井套管上聚集的向上流动电流产生的磁场对探管检测的信号有抵消作用，为了避免受向上流动电流的影响，在实际应用中井下电极和探管应至少相距 10m。

由图 1.14 可得，对于基于单电极救援井与事故井连通探测系统，救援井平均井斜角越大，救援井中探管检测到的磁场强度值越大；但当救援井与事故井垂直相交时，两种连通探测系统结果相同，救援井中探管检测到的磁场强度为零。这是由于救援井与事故井轴线在同一铅垂面时，事故井套管周围的交变磁场将垂直于探管的最大灵敏度方向，探管没有输出信号。

2.4 本章小结

（1）在了解单电极救援井与事故井连通探测系统工作原理的基础上，通过将事故井套管近似为地层圆柱体的方法，分析了单电极注入地层的低频交变电流在地层及事故井套管中的传播与衰减规律，得到了基于单电极的救援井与事故井连通探测工具确定两井间距和方位的计算方法。

（2）在单电极的救援井与事故井连通探测系统信号接收器探管的设计基础上，研究了救援井与事故井间距和相对方位的确定方法。由于低频交变电流可以近似为直流电流，当探管中的三轴磁通门传感器的灵敏度达到 0.01nT 时，聚集在事故井套管上的电流所产生的交变磁场可以被探管检测到。

（3）地面交流电源为井下三电极系提供的电流 I_0越大，探管探测到的磁场强度信号越强；井下电极系与探管间距 d 越大，探管检测到的磁场强度信号越弱；救援井平均井斜角越大，基于单电极救援井连通探测系统中的探管检测到的磁场强度值越大，其更适用于救援井井斜角较大的工况。基于此，优选地面交流电源为井下电极系提供高幅值(20A)、低频率(0.25Hz)交流电，电极系与探管至少相距 10m。

（4）基于单电极救援井与事故井连通探测系统可以直接在救援井中探测救援井与事故井的间距和方位，可以有效避免井眼轨迹测量累积误差的产生，能够用来引导救援井与事故井的成功连通，基本可满足救援井现场的施工要求。

第三章　基于三电极系的救援井与事故井连通探测系统

如图 1.15 所示，基于三电极系救援井与事故井连通探测系统是采用井下三电极系作为电流信号发射源，使电极所发出的电流尽可能多地注入救援井周围地层中、进一步聚集在事故井套管上，从而提高该探测系统的探测精度，在一定范围内实现精确测量救援井与事故井的间距和方位，对救援井与事故井的连通进行有效的探测与控制[74]。

与基于单电极救援井与事故井连通探测系统相同，基于三电极系救援井与事故井连通探测系统也主要包括地面交流电源、地表电极、探管、井下三电极系和地面分析软件[61,62]。为了保证井下电极发出的电流尽可能多地流入地层并在事故井套管上聚集，我们将救援井与事故井连通探测系统的电极设计为三电极系的组合形式。

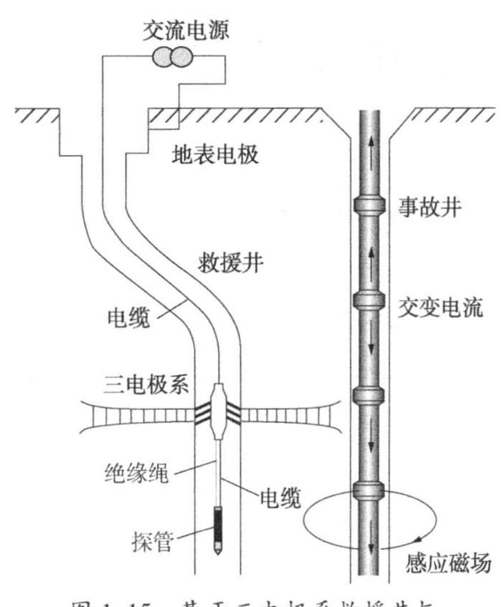

图 1.15　基于三电极系救援井与事故井连通探测系统工作原理示意图

如图 1.16 所示，本书所设计的井下三电极系由三个金属电极组成：中间为主电极 A_0，屏蔽电极 A_1 和 A_2 对称地排列在主电极 A_0 的上、下两侧，电极之间由绝缘片隔开。工作时，保持三个金属电极与救援井井壁紧密接触，主电极 A_0 和屏蔽电极 A_1、A_2 分别通以相同极性的电流 I_0 和 I_s，保持 I_0 恒定，采取自动控制 I_s 的方法，使得 A_0、A_1 和 A_2 三个电极上的电位趋于相等[75]。这时沿电极或井身纵向电位梯度为零，从主电极 A_0 流出的电流 I_0 不会沿井轴方向流动，而是以如图 1.15 中阴影部分所示的盘状层流形状流入救援井与事故井周围的地层中[76]。试验表明，该盘状层流的厚度在一定径向距离内基本上保持不变。由于事故井中金属套管和钻杆的导电性要远大于地层，注入地层中的电流将在该处聚集，形成沿套管向上

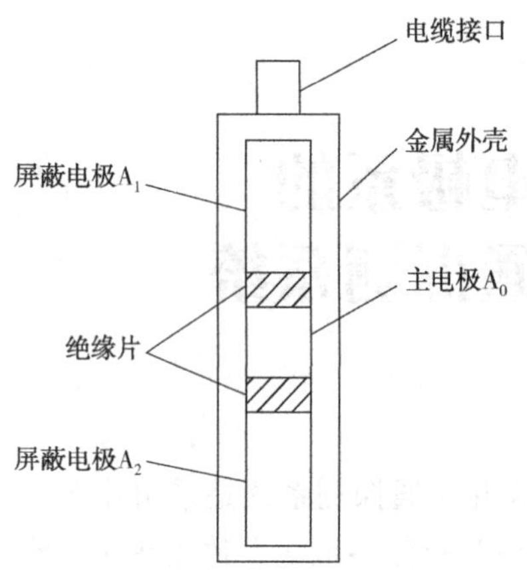

图 1.16 井下三电极系结构示意图

和向下流动的低频交变电流。根据地表电极的位置，沿套管向上流动的低频交变电流要远大于向下流动的电流。根据安培定律，沿套管向上流动的电流将在事故井周围地层中产生低频交变磁场。利用探管探测该低频交变磁场和探管处的重力场[61]，则可确定探管与事故井套管的相对位置和探管自身的摆放姿态。

在探测过程中，探管的旋转或震动都将无法探测到微弱的磁信号，因此在测量时探管要尽量保持静止[77,78]。在救援井距离事故井较远时，可采用传统的测斜工具引导救援井的导向钻进[79]；当救援井钻至离事故井 30m 时，由于测斜工具无法引导救援井与事故井的精确连通，此时可换用救援井与事故井连通探测系统精确探测救援井到事故井的相对距离和方位[80]。

3.1 基于三电极系的救援井与事故井连通测距导向算法

与基于单电极救援井与事故井连通探测系统相同，对于基于三电极系救援井与事故井连通探测系统注入地层的低频交变电流在地层及套管中的传播与衰减规律的推导亦需要如下三个假设条件：①事故井周围地层为各向同性的均匀体；②套管无限长；③套管的半径远小于三电极系与事故井套管轴线之间的距离。因此事故井套管可由半径为 r_e 的地层圆柱体替代，该圆柱体单位长度的电阻和事故井套管相同，其半径可表示为[61]

$$r_e = \sqrt{\frac{2\sigma_c}{\sigma_e} r_c h_c} \tag{1.27}$$

式中 σ_e、σ_c——地层电导率和套管电导率，S/m；

r_c——套管半径，m；

h_c——套管管壁厚度，m。

在电导率为 σ_e 的均匀地层中，井下三电极系可近似为无绝缘片存在的线电极，电流密度均匀分布，线电极上的微元 $d\xi$ 到任意点 M 的距离为 ρ。已知三电极系的全长为 $2L_0$，主电极 A_0 的全长为 $2L$，三电极系的半径为 r_0，$r_0 \ll L_0$，取三电极系的中点为坐标原点 O，z 轴与三电极系的轴线重合[75]，如图 1.17 所示。由近似线电极上的微元 $d\xi$ 流出的电流 dI 在任意一点 M 处产生的电位为

$$dU=\frac{I_0}{8\pi\sigma_e L}\frac{d\xi}{\sqrt{l^2+(z-\xi)^2}} \tag{1.28}$$

式中　I_0——地面交流电源为主电极提供的电流，A。

整个三电极系在点 M 处产生的电位为

$$U(l,\ z)=\frac{I_0}{8\pi\sigma_e L}\int_{-L_0}^{L_0}\frac{d\xi}{\sqrt{l^2+(z-\xi)^2}}=\frac{I_0}{8\pi\sigma_e L}\ln\frac{\sqrt{l^2+(z-L_0)^2}-(z-L_0)}{\sqrt{l^2+(z+L_0)^2}-(z+L_0)} \tag{1.29}$$

当 $z=0$ 时，则

$$U(l,\ 0)=\frac{I_0}{8\pi\sigma_e L}\ln\frac{\sqrt{l^2+L_0^2}+L_0}{\sqrt{l^2+L_0^2}-L_0} \tag{1.30}$$

由此可得，当 $z=0$ 时距离原点 l 处的电场强度的大小为

$$E(l,\ 0)=\frac{I_0}{4\pi\sigma_e L}\frac{L_0}{l\sqrt{l^2+L_0^2}} \tag{1.31}$$

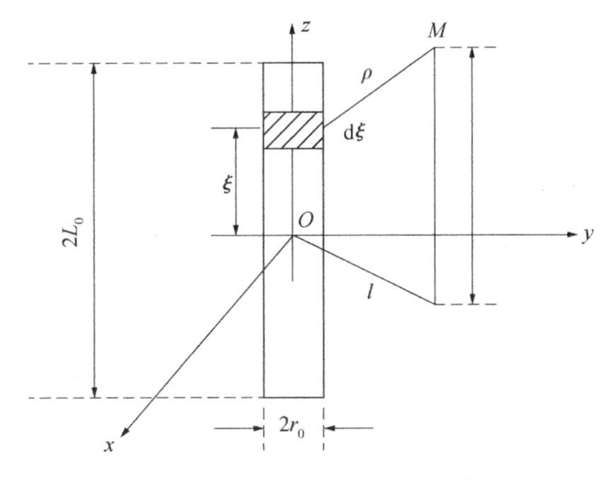

图 1.17　柱状电极电场的计算

如图 1.18(a)所示，A 点为井下三电极系所在位置，B 点为探管所在位置，A 点与 B 点在同一铅垂平面内，A、B 点的间距为 d，令 $l=R$，则距离 A 点 R 处的事故井套管上聚集的电流为[61]

$$I_{\rho_2}=\sigma_c\cdot 2\pi r_c h_c E(R,\ 0)=\frac{\sigma_c r_c h_c I_0}{2\sigma_e L}\cdot\frac{L_0}{R\sqrt{R^2+L_0^2}} \tag{1.32}$$

式中　$E(R,\ 0)$——距离 A 点 R 处的电场强度的大小，V/m。

将式(1.27)代入式(1.32)中，可得

$$I_{\rho_2}=\frac{r_e^2 I_0}{4R\sqrt{R^2+L_0^2}}\frac{L_0}{L} \tag{1.33}$$

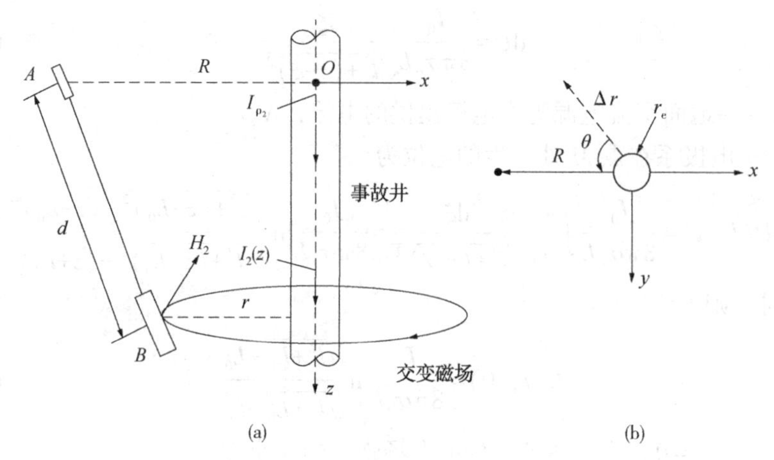

图 1.18　事故井套管对三电极系注入地层的电流的响应

已知对于单电极救援井与事故井连通探测系统，当地面供电设备提供的电流相同时，其事故井套管上聚集的向下流动的电流为

$$I_{\rho_1}=\frac{r_e^2}{4R^2}I_0 \tag{1.34}$$

取三电极系全长 $2L_0=1.6\text{m}$，主电极 A_0全长 $2L=0.15\text{m}$，地面交流电源提供电流大小 $I_0=80\text{A}$，近似地层圆柱体半径 $r_e=150\text{m}$，如图 1.19 所示，当救援井中的单电极和三电极系与事故井套管的间距相同时，由三电极系注入地层的电流在事故井套管上聚集的程度要远大于普通单电极。

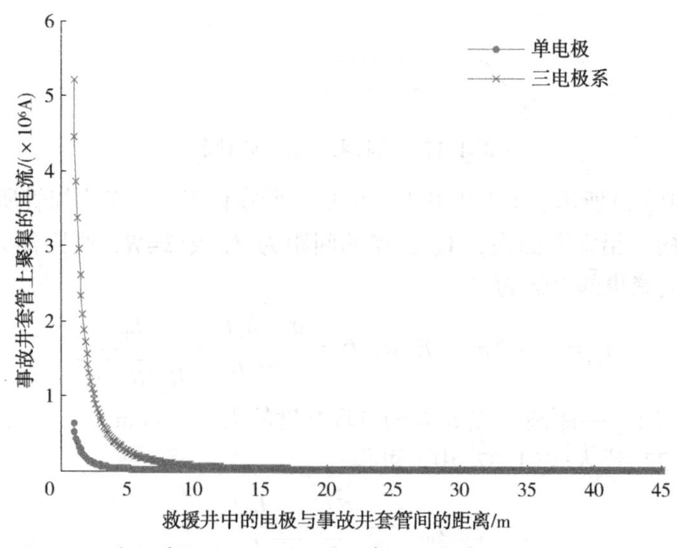

图 1.19　采用单电极和三电极系时事故井套管上聚集的电流对比

以 A 点到事故井套管的垂直投影位置为坐标原点，以事故井套管轴线为 z 轴建立如图 1.18(b)所示的直角坐标系，在非电源点的非边界面处，电位 U 满足拉普拉斯方程[64,65]

$$\nabla^2 U=0 \tag{1.35}$$

所计算的电位必须满足下列边界条件：①在无穷远处，$U|_{\infty}=0$；②在 $\Delta r=r_e$ 处，U 和 $\partial U/\partial R$ 连续[61]，其中 Δr 为距圆柱体轴线的径向距离，m。当 $\Delta r=0$ 时，假设 $r_e \ll R$，则

$$U(z)=\frac{I_0}{2\pi^2}\int_0^{\infty}\frac{K_0(\lambda R)\cos\lambda z \mathrm{d}\lambda}{2\sigma_e+\dfrac{(\sigma_e-\sigma_c)(\lambda r_e)^2\ln\lambda r_e}{2}} \tag{1.36}$$

式中　$K_0(\lambda R)$——零阶第二类变形贝塞尔函数；

λ——沿 z 轴方向的波数。

由此可得电场为

$$E(z)=\frac{I_0}{2\pi^2}\int_0^{\infty}\frac{uK_0(u)\sin(uz/R)\mathrm{d}u}{2\sigma_e R^2+\dfrac{(\sigma_e-\sigma_c)(ur_e)^2\ln(ur_e/R)}{2}} \tag{1.37}$$

其中 $u=\lambda R$。已知 $R\gg L_0$，则

$$E_0=E(R,\ 0)\approx\frac{I_0L_0}{4\pi\sigma_e L}\frac{1}{R^2} \tag{1.38}$$

因此

$$\frac{E(z)}{E_0}=\frac{L}{\pi L_0}\int_0^{\infty}\frac{uK_0(u)\sin(uz/R)\mathrm{d}u}{1-\dfrac{1}{4}\dfrac{r_e^2}{R^2}u^2\ln(ur_e/R)} \tag{1.39}$$

当 $r_e \ll R$ 时，上式分母中的第二部分可以忽略不计，因此上式可以简化为

$$\frac{E(z)}{E_0}=\frac{L}{\pi L_0}\int_0^{\infty}uK_0(u)\sin(uz/R)\mathrm{d}u=\frac{L}{L_0}\frac{z/R}{[1+(z/R)^2]^{\frac{3}{2}}} \tag{1.40}$$

利用 $j=\sigma_e E$ 可得沿事故井套管轴线 z 处的电流为

$$I_2(z)=\frac{z/R}{[1+(z/R)^2]^{\frac{3}{2}}}\cdot\frac{r_e^2}{4R\sqrt{R^2+L_0^2}}I_0 \tag{1.41}$$

已知 A、B 点的间距、井深和井斜角分别为 d、D_A、D_B、α_A、α_B，测段的平均井斜角为 $\alpha_c=(\alpha_A+\alpha_B)/2$，则可得[81,82]

$$\begin{cases}R=r+d\sin\alpha_c\\ z=d\cos\alpha_c\end{cases} \tag{1.42}$$

将式(1.42)代入式(1.41)中，则可得套管上的电流 $I_2(z)$ 与探管到事故井套管间距 r 之间的关系为

$$I_2(z)=\frac{d\cos\alpha_c}{(r^2+2rd\sin\alpha_c+d^2)^{\frac{3}{2}}}\cdot\frac{r+d\sin\alpha_c}{[(r+d\sin\alpha_c)^2+L_0^2]^{\frac{1}{2}}}\cdot\frac{r_e^2I_0}{4} \tag{1.43}$$

式中 $I_2(z)$——沿事故井套管 z 处向下流动的电流，A；

d——A、B 点的间距，m；

α_c——救援井测段的平均井斜角，(°)；

r——事故井轴线与救援井中探管的间距，m。

根据 Biot-Savart 定律，可得探管处由事故井套管上聚集的向下流动电流产生的磁场强度大小为[61]

$$H_2=\frac{d\cos\alpha_c}{(r^2+2rd\sin\alpha_c+d^2)^{\frac{3}{2}}}\cdot\frac{r+d\sin\alpha_c}{[(r+d\sin\alpha_c)^2+L_0^2]^{\frac{1}{2}}}\cdot\frac{\mu_0r_e^2I_0}{8\pi r} \tag{1.44}$$

式中 H_2——事故井套管内电流 $I_2(z)$ 在探管处产生的磁场强度的大小，A/m；

μ_0——真空磁导率，H/m。

在测得探管处由事故井套管上聚集的交变电流产生的磁场强度 H_2 后，根据式(1.44)即可得到事故井套管和救援井探管之间的距离 r。

3.2 基于三电极系的救援井连通探测系统测量精度影响因素

与基于单电极救援井与事故井连通探测系统相同，根据 LW21-1-1 探井的救援井设计方案，分别改变地面交流电源为井下三电极系提供的电流 I_0、三电极系与探管的间距 d、三电极系长度 $2L_0$、救援井测段的平均井斜角 α_c，得到救援井中探管检测到的磁场强度大小与救援井和事故井间距之间的关系如图 1.20～图 1.22 所示。

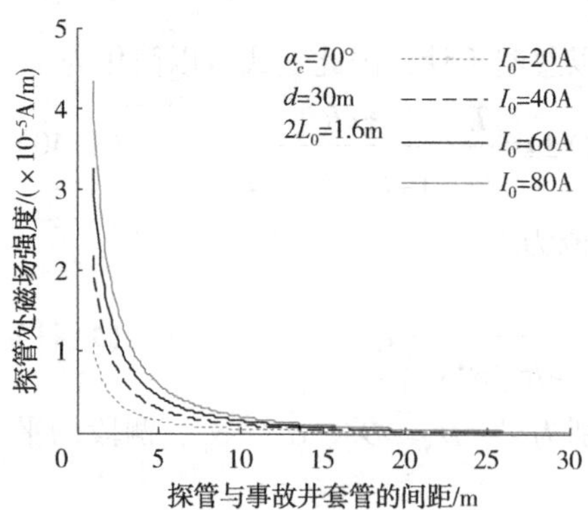

图 1.20 三电极系注入地层电流 I_0 对探管处磁场强度数值的影响

由图 1.20 和图 1.21 可知，在救援井距离事故井间距相同的情况下，地面交流电源为井下三电极系提供的电流 I_0 和三电极系与探管间距 d 对探管探测到的磁场强度信号的影响规律与基于单电极救援井与事故井连通探测系统相同，在此不再赘述。

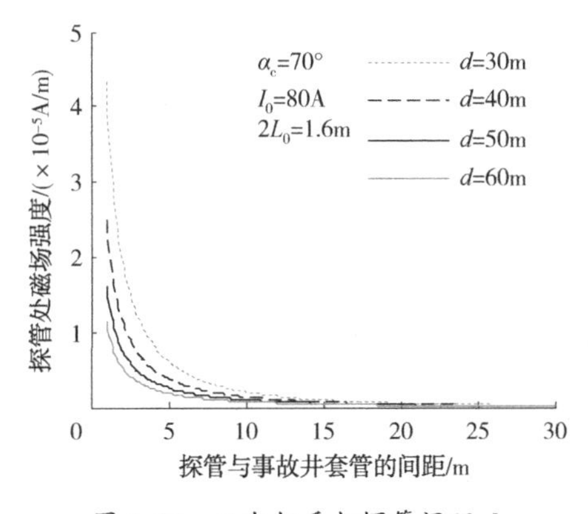

图 1.21　三电极系与探管间距 d 对探管处磁场强度数值的影响

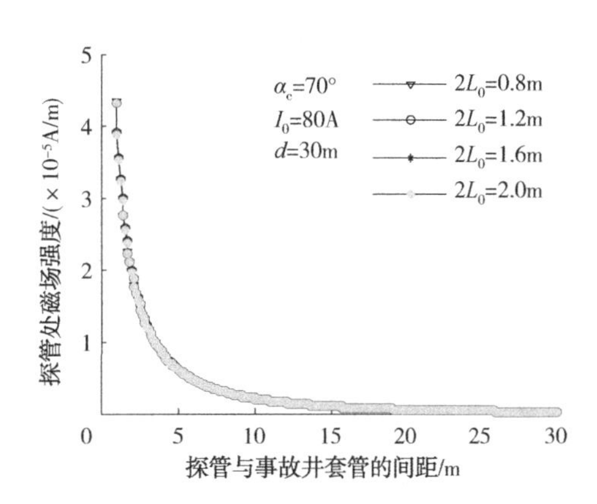

图 1.22　三电极系长度 $2L_0$ 对探管处磁场强度数值的影响

由图 1.22 可知，当救援井与事故井间距不变，三电极系长度 $2L_0$ 取不同值时，救援井中探管处磁场强度与探管和事故井套管间距之间的关系曲线基本是重合的，也就是说在救援井中的探管与事故井套管间距相同的情况下，改变三电极系长度对救援井中探管检测到的磁信号强度基本没有影响。在实际应用中，考虑到工具制作及现场操作的难易程度，以及参考地球物理三侧向测井仪的基本参数，三电极系长度为 1.6m。

由图 1.23 可知，与基于单电极救援井与事故井连通探测系统相反，对于基于三电极系救援井与事故井连通探测系统，救援井平均井斜角越大，救援井中探管检测到的磁场强度值越小。由此可知，基于三电极系救援井与事故井连通探测系统更适用于救援井与事故井平行连通的工况。

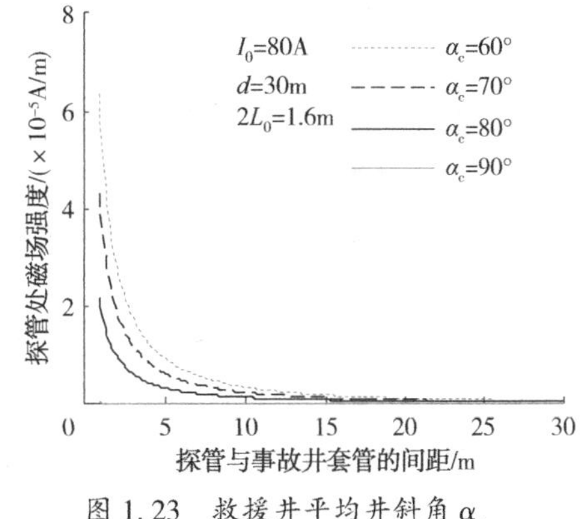

图 1.23　救援井平均井斜角 α_c 对探管处磁场强度数值的影响

由图 1.24(a)可知，救援井钻井方向偏离事故井的夹角 θ 在 0°~90°范围内取值越大，事故井套管周围的磁场沿探管最大灵敏度轴线方向的分量 $\boldsymbol{H}_a$ 的测量值越大。如果救援井与事故井相交，则事故井套管周围的交变磁场将垂直于探管的最大灵敏度轴线方向，此时探管没有输出信号。由图 1.24(b)可知，救援井中工具轴线与事故井的夹角 γ 越大，事故井套管周围的磁场沿探管最大灵敏度轴线方向的分量 $\boldsymbol{H}_a$ 的测量值亦越大，在实际测量中可以根据磁场分量 $\boldsymbol{H}_a$ 测量值的变化来调整救援井的钻进方向，从而使救援井与事故井垂直相交。

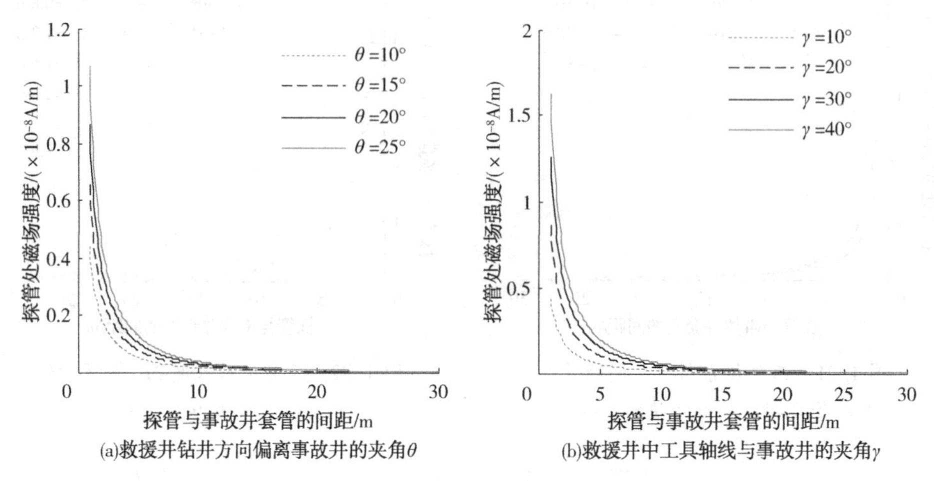

图 1.24　2 个参数对探管处磁场强度数值的影响

3.3　救援井与事故井间距和方位的确定

与基于单电极救援井与事故井连通探测系统间距和方位的确定方法类似，基于三电极系救援井与事故井连通探测系统的信号接收器亦为主要由一个三轴加速度传感器和一个三轴磁通门传感器组成的井下探管。三轴加速度传感器用于探测探管处的三轴重力加速度数值，然后结合救援井的测斜数据确定探管自身的摆放姿态[61]，其测量精度要求达到 0.01g；但是当井筒轴线与地磁场磁力线方向近似重合时，如果地磁场受到救援井或事故井周围的强磁作用，此时关于探管自身摆放姿态的确定方法是不准确的[51,59]。三轴磁通门传感器用于探测探管处的三轴地磁场和事故井套管上聚集的低频交变电流所产生的交变磁场的合成磁场数值，以便确定井下探管和事故井套管的间距和方位，其灵敏度要求达到 0.01nT。由探管探测到的信号传输到地面，地面分析软件根据这些数据就可以周期性计算救援井中的探管到事故井套管的相对位置，从而可以进一步确定救援井到事故井的相对位置[61]。

如图 1.25(a)所示，沿事故井轴线钻进方向为 $\boldsymbol{n}_1$，沿救援井轴线钻进方向为 $\boldsymbol{n}_2$，在救援井连通点处，单位矢量 $\boldsymbol{n}_1$ 和 $\boldsymbol{n}_2$ 的方位可由先前的测斜数据得到。在探管中心位置处救援井的井斜角为 θ，事故井为直井，所以 θ 亦为救援井与事故井轴线间夹角。$\boldsymbol{H}$ 为事故井套管内聚集的向下流动的电流 $I(z)$ 在探管处产生的磁场强度，$\boldsymbol{H}_p$ 为 $\boldsymbol{H}$ 在三轴交变磁场传感器 x 轴和 y 轴磁场分量所在平面上的投影，

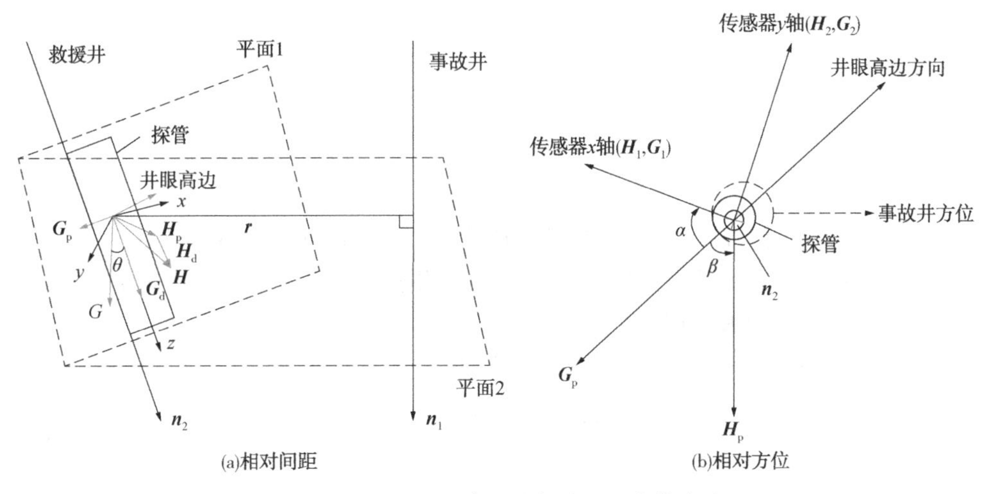

图 1.25　救援井与事故井相对位置计算模型

$\boldsymbol{H}_{\mathrm{d}}$为$\boldsymbol{H}$沿$z$轴方向的磁场分量，两分量的大小均可由位于$x$和$y$方向的两交变磁场分量$\boldsymbol{H}_1$和$\boldsymbol{H}_2$表示；$\boldsymbol{H}$和矢量$\boldsymbol{r}$位于同一平面2内，且$\boldsymbol{n}_2$垂直于该平面[43,61]。三轴加速度传感器所测得的探管处的重力矢量在平面1上的分量为$\boldsymbol{G}_{\mathrm{p}}$，其方向与救援井井眼高边方向相反，大小可由重力矢量在x轴和y轴方向的分量$\boldsymbol{G}_1$和$\boldsymbol{G}_2$表示，由此可得

$$\begin{cases}\boldsymbol{H}_{\mathrm{p}}=\sqrt{\boldsymbol{H}_1^2+\boldsymbol{H}_2^2}\\ \boldsymbol{G}_{\mathrm{p}}=\sqrt{\boldsymbol{G}_1^2+\boldsymbol{G}_2^2}\end{cases}\tag{1.45}$$

救援井与事故井在同一铅垂面内，因此平面1和平面2的夹角为θ，各分量之间的关系为

$$\begin{cases}\boldsymbol{H}_{\mathrm{p}}=\boldsymbol{H}\cos\theta\\ \boldsymbol{H}_{\mathrm{d}}=\boldsymbol{H}\sin\theta\end{cases}\tag{1.46}$$

由式(1.23)可得

$$\boldsymbol{H}_{\mathrm{d}}=-\frac{\boldsymbol{H}_{\mathrm{p}}\cdot\boldsymbol{n}_1}{\boldsymbol{n}_1\cdot\boldsymbol{n}_2}=-\frac{\boldsymbol{H}_{\mathrm{p}}\cos(\theta+\pi/2)}{\cos\theta}=\boldsymbol{H}_{\mathrm{p}}\tan\theta\tag{1.47}$$

结合式(1.46)和式(1.47)，可以得出

$$\boldsymbol{H}_{\mathrm{d}}=\tan\theta\sqrt{\boldsymbol{H}_1^2+\boldsymbol{H}_2^2}\tag{1.48}$$

因此

$$\boldsymbol{H}=\sqrt{\boldsymbol{H}_{\mathrm{p}}^2+\boldsymbol{H}_{\mathrm{d}}^2}=\sqrt{(1+\tan\theta^2)(\boldsymbol{H}_1^2+\boldsymbol{H}_2^2)}\tag{1.49}$$

由图 1.25(b)可知

$$\begin{cases}\cos(\alpha+\beta)=\boldsymbol{H}_1/\boldsymbol{H}_p\\ \sin(\alpha+\beta)=\boldsymbol{H}_2/\boldsymbol{H}_p\\ \cos\alpha=\boldsymbol{G}_1/\boldsymbol{G}_p\\ \sin\alpha=\boldsymbol{G}_2/\boldsymbol{G}_p\end{cases} \tag{1.50}$$

式中 α——沿传感器 x 轴的单位矢量与探管处的重力矢量分量 $\boldsymbol{G}_p$ 的夹角，(°)；

β——探管处的重力矢量分量 $\boldsymbol{G}_p$ 与事故井套管上聚集的电流产生的磁场强度分量 $\boldsymbol{H}_p$ 的夹角，(°)。

将各分量表达式代入式(1.50)中，整理得

$$\cos\beta=\frac{\boldsymbol{G}_1\boldsymbol{H}_1+\boldsymbol{G}_2\boldsymbol{H}_2}{\boldsymbol{G}_1^2+\boldsymbol{G}_2^2}\cdot\frac{\sqrt{\boldsymbol{G}_1^2+\boldsymbol{G}_2^2}}{\sqrt{\boldsymbol{H}_1^2+\boldsymbol{H}_2^2}} \tag{1.51}$$

同时由式(1.24)推导可得

$$r=\mu_0 I/2\pi\boldsymbol{H}=\mu_0 I/\left[2\pi\sqrt{(1+\tan\theta^2)(\boldsymbol{H}_1^2+\boldsymbol{H}_2^2)}\right] \tag{1.52}$$

因此，将交变磁场传感器和加速度传感器测得的各分量 $\boldsymbol{H}_1$、$\boldsymbol{H}_2$、$\boldsymbol{G}_1$ 和 $\boldsymbol{G}_2$ 代入式(1.51)和式(1.52)中，就可以确定唯一的救援井中探管与事故井套管间距 r 以及求得夹角 β，从而也就确定了救援井到事故井的间距和相对方位[61]。

3.4 本章小结

(1) 探讨了基于三电极系救援井与事故井连通探测系统的工作原理，分析了由三电极系注入地层的低频交变电流在地层及事故井套管中的传播与衰减规律，利用探管所探测的磁场强度计算救援井与事故井间距，得到了救援井与事故井连通探测系统的测距导向算法，为进一步编制基于三电极系救援井与事故井连通探测系统的地面分析软件提供理论支持。

(2) 对比基于单电极和基于三电极系救援井与事故井连通探测系统注入地层的低频交变电流在事故井套管上的聚集程度，发现后者提高了电流信号发射源的强度、增强了探管探测磁场强度信号的能力、增大了探测系统的测距范围，对探管灵敏度的要求也明显低于前者，因此基于三电极系救援井连通探测系统更有利于在实际工况中的应用。

(3) 基于三电极系救援井与事故井连通探测系统亦可以直接探测救援井井底到事故井的距离和方位，避免了传统随钻测量系统随井深产生累积误差的缺陷。系统最大测距范围为 30m，可满足在深井中工作的要求。

第四章　救援井连通探测系统地面分析软件

4.1　简介

救援井连通探测系统地面分析软件是基于 Boland C++ Builder 6.0 环境开发而成，Boland C++ Builder 是 Inprise(Borland)公司推出的基于 C++语言的快速应用程序开发工具[83]。目前 Boland C++ Builder 已成为一个非常成熟的可视化应用程序开发工具，可以快速、高效地开发出基于 Windows 环境的各类程序，尤其在数据库和网络方面，Boland C++ Builder 更是一个十分理想的软件开发系统[84,85]。它的最新版本 Boland C++ Builder 6.0 加入了许多新功能，利用它可以实现用最小的代码开发量编写出高效率的 32 位 Windows 应用程序和 Internet 应用程序[86]。救援井连通探测系统地面分析软件主要包含数据采集和邻井距离计算两部分，完成了从现场数据采集到救援井与事故井相对间距计算的全部功能。该地面分析软件主要特点如下：

(1) 三轴交变磁场数据采集频率达到 80Hz，可实时查看数据波形和保存数据，数据校验时可以单组数据进行，减少误码的影响；

(2) 探管下入过程中可实时采集探管当前的井斜角和方位角，对探管下入位置的合理性进行判断；

(3) 具有单电极、三电极系和事故井井口通电三种计算模块，可以分别计算单电极、三电极系和事故井井口通电三种情况下的邻井距离参数，满足多种工具的使用要求；

(4) 可对原始数据进行滤波处理，消除干扰信号，同时可消除原始数据中的异常数据；

(5) 可从所有数据中选择部分采集效果较好的数据段进行邻井距离计算，摒弃不好的数据，提高计算精度。

4.2 救援井连通探测系统地面分析软件数据采集部分

4.2.1 软件主要功能

救援井连通探测系统地面分析软件的数据采集部分主要功能是采集探管上传的数据，实时显示数据波形和保存数据。探管上传的数据每组都通过专门的校验后，可以消除错误的部分数据，保留完好的数据。

该地面分析软件还可以实时计算探管所处位置的井斜角和方位角，在探管下入救援井的过程中提供井斜方位信息，以便对探管下入位置的合理性进行判断。当探管采集到的井斜角和方位角与实际相差较大时，可通过上提、下放电缆活动探管，使探管所处位置准确，防止探管在井中由于井壁的不光滑卡住，进而使电极和探管间距不准确，影响测量结果。

4.2.2 数据传输协议

地面接口箱通过 USB 接口连接至计算机，为减少软件安装的麻烦，USB 协议采用免驱动的人机接口(USB HID)模式。USB HID 协议是一种低速的 USB 通信协议，主要用于键盘、鼠标、游戏杆等标准的输入设备，应用范围广，因此系统内置了该种设备的驱动程序，插入设备后不需要安装相应的驱动，应用于本系统后，简化了现场操作流程、降低了现场对人员的操作要求。USB HID 协议规定单次传输数据包最大为 64 字节，最短传输周期为 1ms，因此可以实现最快 64kB/s 的传输速率，而本系统采集速率为 80Hz，每组数据 7 字节，合计每秒 560 字节，加上协议其他开销，不超过 700 字节，即所需传输速率约为 0.7kB/s，远低于 USB HID 设备 64kB/s 的传输速率，因此 USB HID 协议适用于本系统。

按照 USB HID 协议，将探管数据按照 64 字节进行编码，每个数据包包含时间数据、8 组交变磁场数据和部分有关探管自身姿态的数据，每隔 0.1s 传输一次数据包，这样就达到了 80Hz 采集速率的要求。传输数据包格式如表 1.2 所示。

表 1.2 探管传输数据包格式

地址	数据内容	备注
0	数据包头	按照数据包编号分别为 0xA0~0xA9
1~3	时间	24bit 时间，单位是 ms
4	时间校验	字节 1~3 的校验和，只取低 8 位

续表

地址	数据内容	备　注
5~60	x 轴高字节	8 组交变磁场数据，每组 7 字节，共 56 字节，每组数据的最后 1 个字节是本组前 6 个字节的校验和，只取低 8 位
	x 轴低字节	
	y 轴高字节	
	y 轴低字节	
	z 轴高字节	
	z 轴低字节	
	校验	
61~62	姿态数据	探管自身姿态数据
63	姿态数据校验	探管自身姿态数据的校验

救援井与事故井连通探测系统的电极和探管通过一根铠装电缆下入井中，电极工作时，由于电流较大，并进行低速切换，变成交变电流，会产生很大的电磁干扰，这对处于同一根电缆中的探管数据传输电缆非常不利，出现误码的概率非常高。

为了提高探管数据传输的准确性，在探管中对每一组数据都增加了单独的校验码。当 8 组交变数据中的某一组数据发生校验错误时，可以抛弃此组数据，其他 7 组数据不受影响。对于实际频率为 2Hz 的交变磁场来说，80Hz 的采集频率可以是很好的波形，而根据采样定理，采样频率只要超过信号频率的 2 倍就可以还原信号，而本系统达到了 40 倍，因此，只要不连续丢失多组数据，均可以较好还原原始交变磁场信号。

本书所述的数据包编码方法有效地解决了数据传输时因受干扰产生的数据传输错误的问题，使采集过程中偶尔的数据传输错误不影响最终的邻井距离计算，提高了系统的稳定性。

4.2.3　数据采集部分软件的设计

探管每隔 0.1s 就要发送一个数据包到地面，因此软件需要实时接收此数据包，将其显示在曲线图上并保存到磁盘中。数据采集部分软件运行流程如图 1.26 所示。

数据采集部分软件工作时，会不断轮询是否有数据接收到。如果有数据接收到，则将数据包按照协议进行解析和校验，对于校验正确的部分数据，则将数据绘制到曲线图上，并将探管姿态数据计算结果一并显示在文本框中，同时将所有数据保存到磁盘中。数据采集部分软件界面如图 1.27 所示。

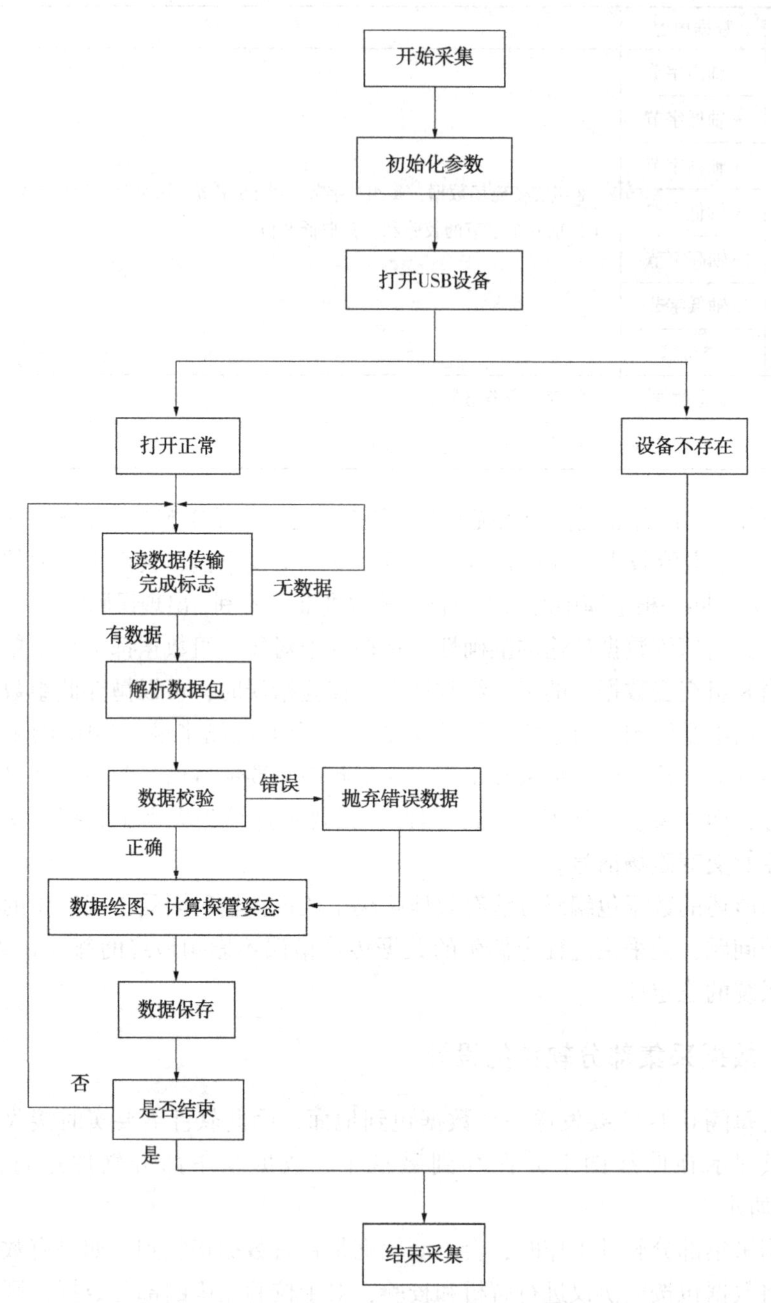

图 1.26　数据采集部分软件运行流程

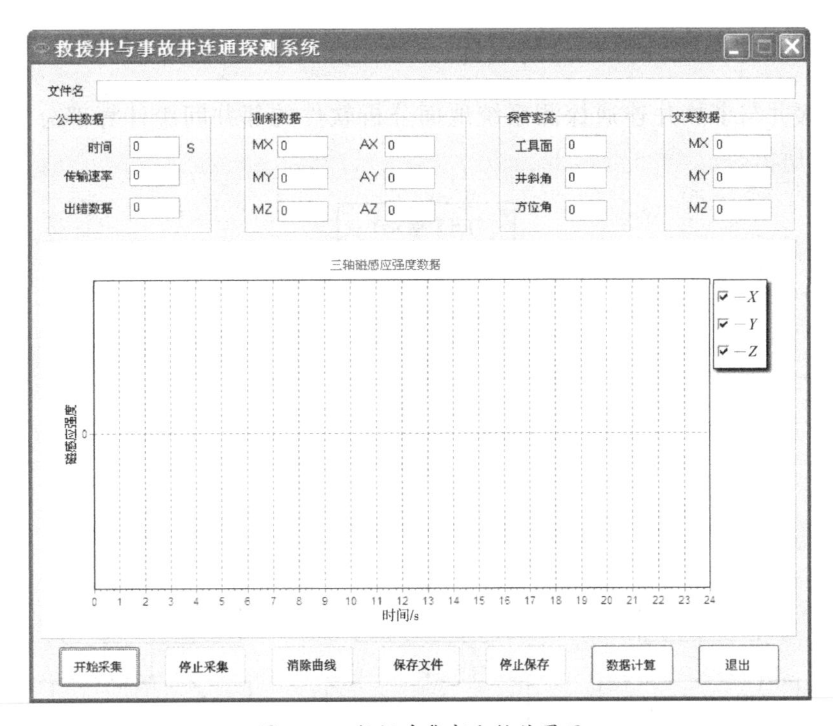

图 1.27　数据采集部分软件界面

数据采集软件中，是否保存文件可以单独控制，以备调试设备的需要；探管姿态数据实时显示在界面上；三轴交变磁场数据曲线图可以单独显示 X、Y、Z 三轴曲线中的某一条或几条，方便观察仪器工作状况。

4.3　救援井连通探测系统地面分析软件邻井间距计算部分

4.3.1　软件主要功能

救援井与事故井连通探测系统地面分析软件的邻井间距计算部分主要功能是回放保存的采集数据，对其进行滤波，并计算救援井与事故井之间的相对位置参数。

按照所用工具及状况的不同，软件分为三种模式来计算救援井与事故井之间的相对位置参数，分别是单电极、三电极系和事故井井口通电。

软件可以选取合适的数据段进行计算，以免受干扰因素影响而导致相对位置参数计算结果不准确。

4.3.2 邻井间距计算部分的设计

救援井与事故井连通探测系统地面分析软件的邻井间距计算部分流程如图 1.28 所示。

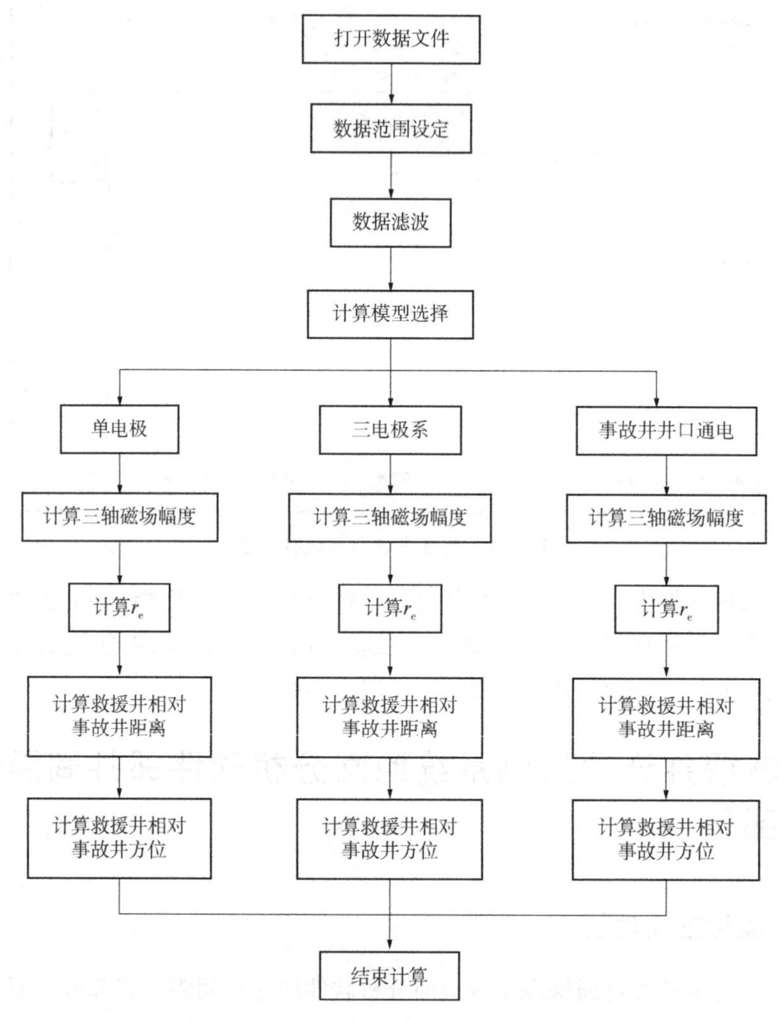

图 1.28　邻井距离计算部分软件运行流程

救援井与事故井连通探测系统地面分析软件邻井距离计算部分软件界面如图 1.29 所示。

打开文件后，软件将数据调入右侧的曲线图中，显示所有数据波形图。实际采集的数据，受到一定的干扰，会有不同的幅度，本系统计算主要依赖于三轴磁感应强度数组的幅度，因此幅度所受的干扰对系统计算影响较大。如图 1.30 所示的采集数据中，出现不同的幅度值，而根据采集时的实际情况，只有前半部分是正常的，后半部分可能由于电源电压的变换幅度下降，因此计算时应取前半部分数据进行计算，舍弃后半部分数据。将曲线放大后的数据如图 1.31 所示。

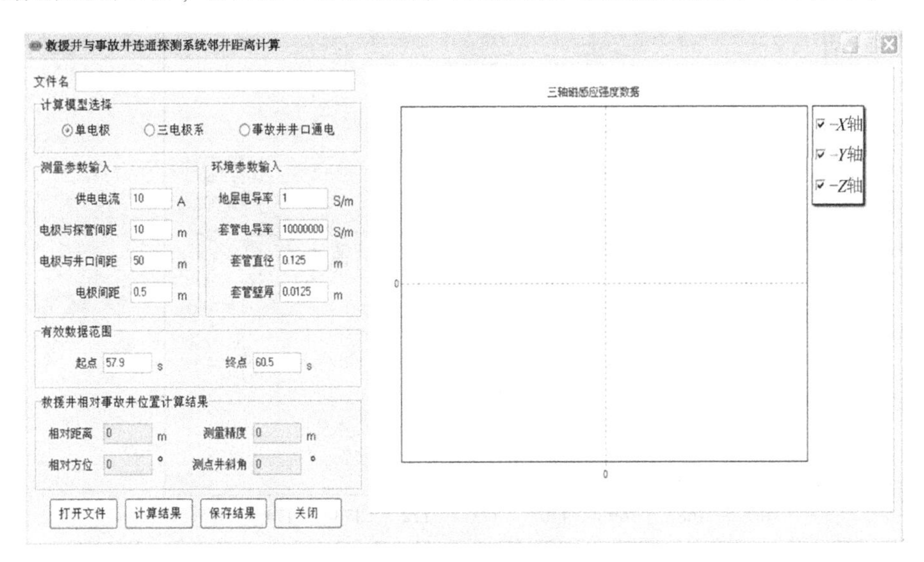

图 1.29　邻井距离计算部分软件界面

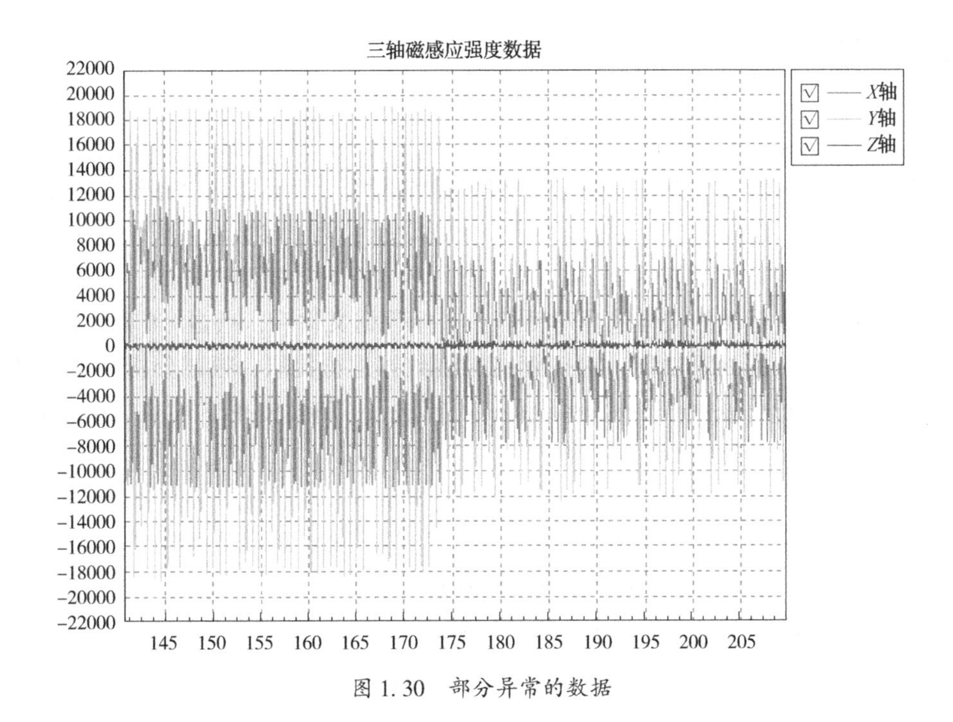

图 1.30　部分异常的数据

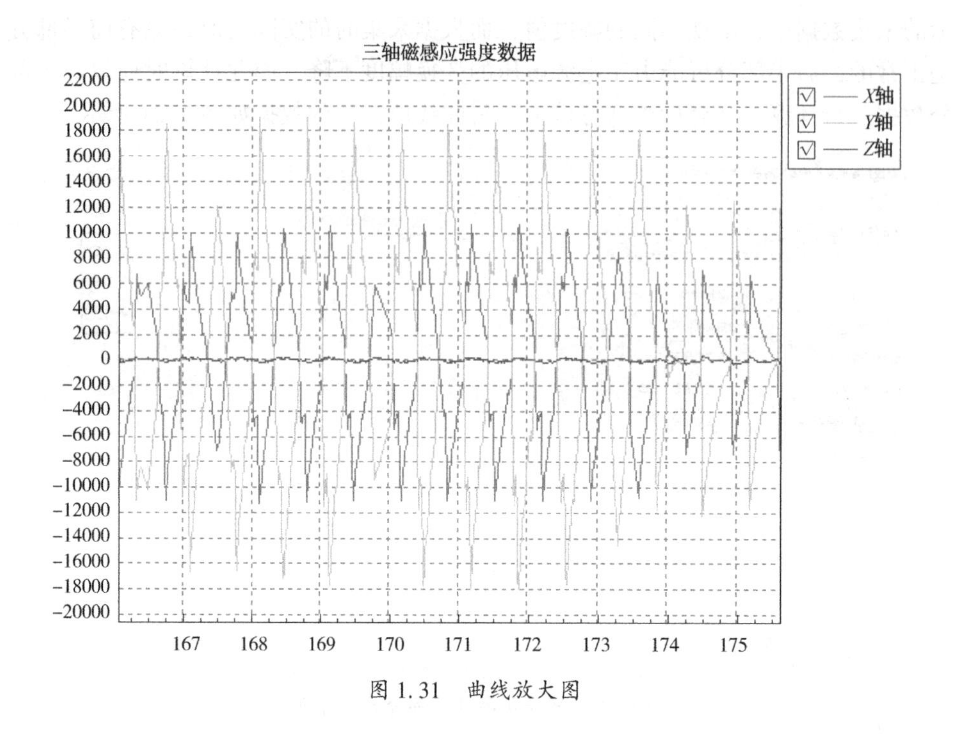

图 1.31　曲线放大图

4.4　算例分析

在此算例中，利用地面分析软件调用救援井与事故井连通探测系统样机模拟井试验的采集数据进行救援井相对事故井的位置计算。运行救援井连通探测系统地面分析软件，在导入探管在地面探测的数据之前，需在参数输入模块输入供电电流、电极与探管间距等参数。如图 1.32 所示，在导入探测数据时，软件会自动弹出 Windows 标准的文件选择对话框，选择数据文件后，点击“计算结果”按钮，运行探测数据处理功能，对探管的探测数据进行提取、频谱分析和滤波处理。之后，运行救援井连通探测系统的核心算法，并将救援井与事故井相对位置的计算结果显示在相应的编辑框中。

取地层电导率 σ_e 为 $1(\Omega\cdot m)^{-1}$，套管电导率 σ_c 为 $10^7(\Omega\cdot m)^{-1}$，套管半径 r_c 为 0.125m，管壁厚度 h_c 为 0.0125m，供电电流为 20A，模拟救援井与事故井井口间距为 5m，在本算例中分别选择计算模型为单电极、三电极系，计算结果如图 1.33 和图 1.34 所示。对于事故井井口通电计算模型，由于未在现场进行模拟井试验，所以暂时没有可以用于计算的试验数据。

图 1.32　文件选择对话框

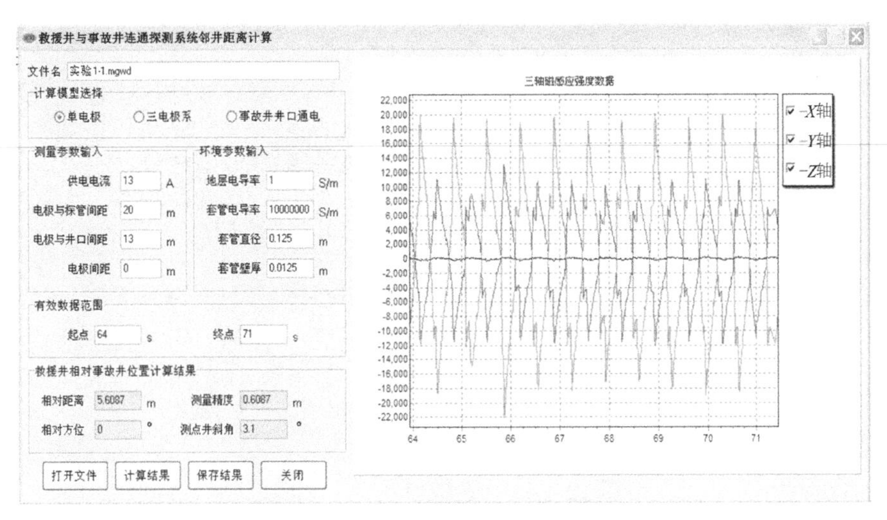

图 1.33　单电极模块计算结果界面

4.5　本章小结

本章根据救援井与事故井连通探测系统的测距导向算法，结合数据的提取、频谱分析、滤波处理等算法，在 Boland C++ Builder 6.0 平台上与 MATLAB R2008a 混合编程开发了救援井与事故井连通测距导向地面分析计算软件。救援井连通探测系统地面分析软件主要包含数据采集和邻井距离计算两部分，完成了从现场数据采集到救援井与事故井相对间距的计算全部功能。

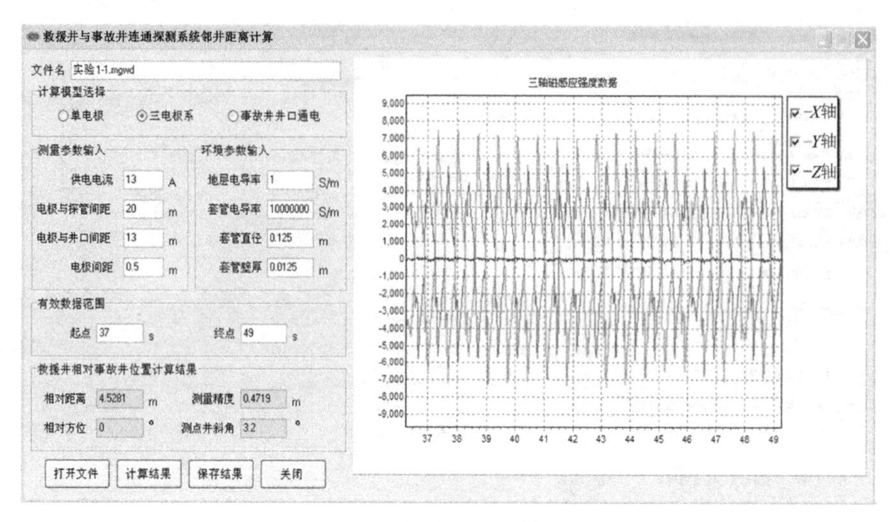

图 1.34　三电极系模块计算结果界面

第五章　救援井连通探测系统样机设计

Wellspot 导向工具是一种控制救援井与事故井连通的高效工具，目前国外所设计的 Wellspot 导向工具的软硬件核心技术仍被保密和垄断，我国在这方面仍缺少深入研究[10]。因此，本书在调研国外 Wellspot 导向工具的基础上研究设计并加工了具有自主知识产权的救援井与事故井连通探测系统样机，它能在一定范围内精确测量救援井与事故井的间距和方位，为救援井与事故井的精确连通提供一种有效的探测与控制手段[10]。该样机主要由电流信号发射源(单电极和三电极系)和信号接收器(探管)两部分构成。电极系作为救援井与事故井连通探测系统的电流信号发射源，是该系统的重要组成部分。单电极注入地层的电流会以球形对称的形式向地层中发散[5]，这就导致从该电极流出的电流有一部分会沿救援井的井轴方向流动，事故井套管上不能聚集相对更多的电流。为了使电极注入地层的电流尽可能多地在事故井套管上聚集，本书进一步设计了井下三电极系，其能有效增加信号发射源注入地层电流的大小，从而使救援井中的探管可以检测到由事故井套管上聚集的低频交变电流产生的相对更大的低频交变磁场，易于增大救援井与事故井连通探测系统的测距范围。同时由于事故井套管上聚集电流产生的交变电流磁场强度信号非常微弱，救援井与事故井连通探测系统对探管灵敏度的要求非常高。接下来本章将对单电极、三电极系和探管的结构及性能进行详细说明。

5.1　井下单电极设计

图 1.35 为单电极结构示意图，其中图 1.35(a)为单电极局部剖面的主视示意图，图 1.35(b)为单电极的左视示意图。从图 1.35 可以看出，单电极主要由电极推动机构和电极支撑传导机构组成。

电极推动机构包括：马龙头、单电极外壳、电动推杆承压筒、电动推杆(电动推杆密封壳)、电动推杆定位螺杆、电极推杆、滑动密封活塞、连接接头、调节弹簧、止推环和弹簧限位滑环；电极支撑传导机构包括：上十字形安装支架、支撑臂、电极连接壳、电极接触片和下十字形安装支架。

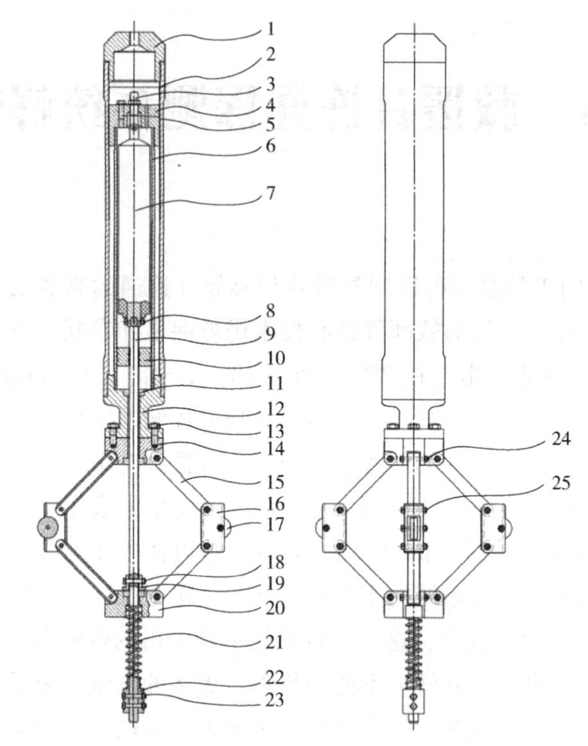

(a)单电极局部剖面的主视示意图 (b)单电极的左视示意图

图 1.35 单电极结构设计示意图

1—马龙头；2—单电极外壳；3—电动推杆定位螺杆；4—电动推杆承压筒密封接头；5—注油口油封螺钉；6—电动推杆承压筒；7—电动推杆(电动推杆密封壳)；8—电动推杆与电极推杆连接螺栓；9—电极推杆；10—滑动密封活塞；11—普通滑动轴承；12—连接接头；13—接头连接螺栓；14—上十字形安装支架；15—支撑臂；16—电极连接壳；17—电极接触片；18—止推环销钉；19—止推环；20—下十字形安装支架；21—调节弹簧；22—弹簧限位滑环；23—限位滑环销钉；24—安装支架与支撑臂连接螺栓；25—连接壳连接螺栓

如图 1.35(a)和图 1.35(b)所示，马龙头下端带有外螺纹与单电极外壳旋合，内部设有圆形通孔，与地面供电设备相连的电缆通过该圆形通孔为井下单电极供电。

单电极外壳为一圆筒壳体，上、下端均设有内螺纹，分别与上部的马龙头以及下部的连接接头通过螺纹连接。

电动推杆承压筒两端设有外螺纹，电动推杆承压筒上端与电动推杆承压筒密封接头螺纹连接，下端与连接接头螺纹连接，电动推杆承压筒内装有电动推杆(电动推杆密封壳)和滑动密封活塞。

电动推杆承压筒密封接头上端设有内螺纹，与电动推杆承压筒下端通过螺纹连接，竖向中心设有安装电动推杆定位螺杆的通孔，通孔两侧分别设有圆形的电缆通孔以及带内螺纹的注油口，通电电缆经过电缆穿线孔进入电动推杆承压筒内与电动推杆连通，电缆通孔在穿线后用环氧树脂封固；同时用注油口油封螺钉封堵注油口。

电动推杆装在电动推杆密封壳内，电动推杆上端通过电动推杆定位螺杆与电动推杆承压筒密封接头连接，电动推杆下端与电极推杆采用电动推杆与电极推杆连接螺栓锁定，电动推杆为电极推杆做轴向滑动的动力源。

滑动密封活塞设有内圆孔，滑动密封活塞装配在电动推杆承压筒内，其内圆孔与电极推杆配合；滑动密封活塞在筒内外压差的作用下做轴向滑动，自动平衡压力；滑动密封活塞外圆周与电动推杆承压筒的内侧通过活塞外密封O形圈密封，滑动密封活塞的内圆孔与电极推杆配合，并通过活塞内密封O形圈密封，以保证电动推杆承压筒的密封。

连接接头的上端由内到外有内螺纹和外螺纹，分别用以连接电动推杆承压筒和单电极外壳；连接接头中心有电极推杆圆形通孔，且上端中心有滑动轴承内孔，下端连接法兰面均布有四个螺栓通孔，并通过接头连接螺栓与单电极上十字形安装支架连接。

电极推杆为圆形长杆，电极推杆自上而下依次设有推杆连接销钉孔、止推环销钉孔和弹簧限位滑环销钉孔，分别用以与电动推杆连接、对止推环和弹簧限位滑环的安装和定位；电极推杆与电动推杆通过电极推杆连接螺栓连接，在电动推杆的推动作用下只做轴向滑动而不发生转动，滑动过程中通过连接接头内的滑动轴承和上十字形安装支架、下十字形安装支架内的滑动轴承支撑，保证电极推杆沿中心做稳定的轴向滑动。

调节弹簧采用圆柱螺旋压缩弹簧，在电极推杆和弹簧限位滑环的作用下，推动下十字形安装支架做轴向滑动，进而使支撑臂张开，并起调节缓冲作用。

止推环和弹簧限位滑环均为T形圆环体，分别采用止推环销钉和弹簧限位滑环销钉与电极推翻连接；止推环用以在电极收回时，电动推杆作用电极推杆做轴向滑动，止推环推动下十字形安装支架，使支撑臂收缩。

单电极支撑传导机构的上、下部有两个结构相似的十字形安装支架。其中，上十字形安装支架均布有四个凹槽，通过安装支架与支撑臂连接螺栓分别与支撑臂连接，且上表面均布有四个螺纹孔，用以安装接头连接螺栓与连接接头；安装支架的中心有电极推杆滑动通孔和安装滑动轴承的内孔；下十字形安装支架均布有四个凹槽，通过安装支架与支撑臂连接螺栓分别与支撑臂连接，安装支架的中心有电极推杆滑动通孔，上部有安装滑动轴承的内孔，下部有调节弹簧延伸限位孔，并在电动推杆、弹簧限位滑环和调节弹簧的作用下使下十字形安装支架沿电极推杆做轴向滑动，控制支撑臂的张开与收缩。

单电极的四根支撑臂均为长圆形方管，支撑臂的两端通过安装支架与支撑臂连接螺栓和十字形安装支架连接、连接壳连接螺栓和电极连接壳连接，起到整体支撑作用。

单电极的四组支撑机构，其中有两组与传输电缆连接将电流输送到地层中，另外两组起支撑和扶正的作用。传输电缆从地面随绝缘绳一起延伸到单电极所在位置之后，分别从十字形安装支架表面两侧的电缆通孔穿入需要通电的两组支撑机构的支撑臂内部，然后在电极连接壳内与电极接触片的中心连接螺栓连通，电极接触片与井眼地层紧密接触，由地面供电设备为单电极提供的低频交变电流通过电极接触片流入事故井周围的地层中。

5.2 井下三电极系设计

救援井与事故井连通探测系统单电极注入地层的电流会以球形对称的形式向地层中发散，这就导致从该电极流出的电流有一部分会沿救援井的井轴方向流动[10]，事故井套管上不能聚集相对更多的电流。为克服上述技术的缺陷，本书进一步设计了一种用于救援井与事故井连通探测系统的电流信号发射源井下三电极系，该井下三电极系可以提高电流信号发射源注入地层电流的强度，进一步增加事故井套管上聚集的低频交变电流，从而使位于救援井底部的探管可以检测到由事故井套管上聚集的低频交变电流产生的相对更大的低频交变磁场，易于增大救援井与事故井连通探测系统的测距范围，使该连通探测系统适用于深井连通定向钻井工程[61]。

井下三电极系主要包括一个主电极和两个屏蔽电极，通过地面供电设备分别为主电极和屏蔽电极供电，在有效提高电流信号发射源注入地层电流强度的同时，使得三个电极上的电位趋于相等，此时沿井下三电极系纵向的电位梯度为零，能够保证从主电极流出的电流不会沿救援井的井轴方向流动[61]，使得更多的电流从主电极流入地层然后在事故井套管上聚集。

如图 1.36 所示，电流信号发射源井下三电极系主要由上马龙头、下马龙头、电极系外壳、电极系推靠支撑机构、电极传导单元组成，上马龙头、下马龙头分别将电极系外壳的上端、下端封闭。电极系推靠支撑机构位于电极系外壳内，推动电极传导单元的开合。上马龙头和下马龙头结构相同，上马龙头下端带有外螺纹、内部设有圆形通孔，与地面供电设备相连的铠装电缆通过该圆形通孔为井下三电极系供电；下马龙头上端带有外螺纹、内部设有圆形通孔，由该圆形通孔引出的绝缘绳与位于井下三电极系下部的探管相连。

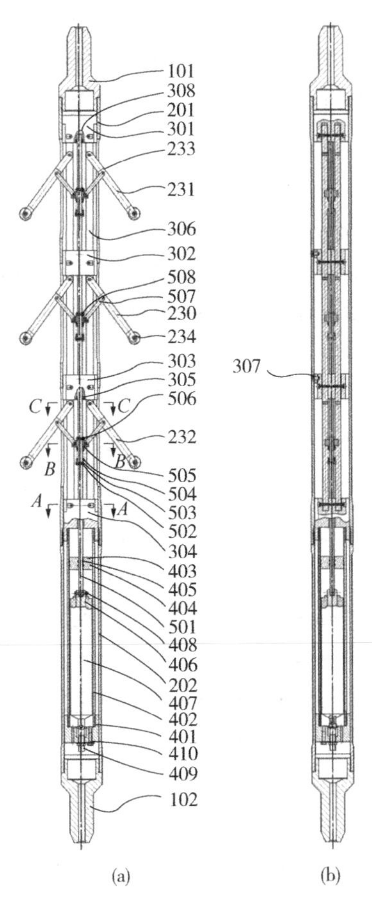

图 1.36 井下三电极系剖视和全剖的主视结构示意图

101-上马龙头；102—下马龙头；201—电极系上外壳单元；202—电极系下外壳单元；230—主电极臂；231—上屏蔽电极臂；232—下屏蔽电极臂；233—支撑架与电极臂连接螺钉；234—电极接触片；301—支撑架上端扶正接头；302—第一支撑架中间扶正接头；303—第二支撑架中间扶正接头；304—支撑架下端扶正接头；305—滑动轴承；306—电极臂支撑架；307—支撑架与上外壳单元定位螺钉；308—支撑架与支撑架扶正接头连接螺钉；401—电动推杆承压筒密封接头；402—电动推杆承压筒；403—滑动密封活塞；404—活塞外密封 O 形圈；405—活塞内密封 O 形圈；406—电动推杆；407—电动推杆密封壳；408—电动推杆与电极推杆连接螺栓；409—电动推杆定位螺杆；410—注油口油封螺钉；501—电极推杆；502—弹簧止推环；503—止推环定位螺钉；504—推靠弹簧；505—推靠支撑滑块；506—滑块限位销；507—支撑臂；508—推靠滑块与支撑臂连接螺钉

电极系外壳包括电极系上外壳单元、电极系下外壳单元。电极系上外壳单元为一圆筒壳体，上、下端均设有内螺纹；电极系下外壳单元亦为一圆筒壳体，上端设有外螺纹、下端设有内螺纹，电极系上外壳单元的下端与电极系下外壳单元的上端通过螺纹连接；上马龙头与电极系上外壳单元的上端螺纹连接，下马龙头与电极系下外壳单元的下端螺纹连接；电极系上外壳单元在左右两侧分别有三个长圆孔，呈对称分布；电极系上外壳单元的中部设有第一支撑架定位圆孔、第二支撑架定位圆孔。

电极系推靠支撑机构，包括支撑架上端扶正接头、第一支撑架中间扶正接头、第二支撑架中间扶正接头、支撑架下端扶正接头、滑动轴承、电极臂支撑架、电动推杆承压筒、滑动密封活塞、电动推杆、电动推杆密封壳、电动推杆承压筒密封接头、电动推杆定位螺杆、注油口油封螺钉、电极推杆、电动推杆与电极推杆连接螺栓、弹簧止推环、止推环定位螺钉、推靠弹簧、推靠支撑滑块、滑块限位销、支撑臂。

第一支撑架中间扶正接头对称设置四个支架定位槽以及四个定位螺钉孔，第一支撑架中间扶正接头竖向中心设有通孔，侧部设有开口走线槽；第一支撑架中间扶正接头侧部设有带内螺纹的定位孔，该定位孔与第一支撑架定位圆孔相对应，用以装配支撑架与上外壳单元定位螺钉，将第一支撑架中间扶正接头与电极系上外壳单元紧定。第一支撑架中间扶正接头与电极臂支撑架通过支撑架扶正接头连接螺钉连接，起固定和支撑作用。

第二支撑架中间扶正接头对称设置四个支架定位槽以及四个定位螺钉孔，第二支撑架中间扶正接头竖向中心设有通孔，通孔的下端安装有滑动轴承，第二支撑架中间扶正接头侧部设有开口走线槽，第二支撑架中间扶正接头侧部设有带内螺纹的定位孔，该定位孔与第二支撑架定位圆孔相对应，用以装配支撑架与上外壳单元定位螺钉，将第二支撑架中间扶正接头与电极系上外壳单元紧定；第二支撑架中间扶正接头与电极臂支撑架通过支撑架扶正接头连接螺钉连接。

如图 1.36、图 1.37 所示，支撑架上端扶正接头对称设置四个支架定位槽以及四个定位螺钉孔，支撑架上端扶正接头竖向中心设有通孔，通孔的下端安装有滑动轴承，侧部设有开口走线槽。支撑架上端扶正接头与电极臂支撑架通过支撑架扶正接头连接螺钉连接，起固定和支撑作用。支撑架下端扶正接头对称设置四个支架定位槽以及四个定位螺钉孔，支撑架下端扶正接头竖向中心设有通孔，侧部有开口走线槽；支撑架下端扶正接头下端设有内螺纹；支撑架下端扶正接头与电极臂支撑架通过支撑架扶正接头连接螺钉连接，以固定和支撑电极臂支撑架。

如图 1.36、图 1.38 所示，电极臂支撑架由四根方形的支撑杆组成，电极臂支撑架通过支撑架与支撑架扶正接头连接螺钉分别与支撑架上端扶正接头、第一支撑架中间扶正接头、第二支撑架中间扶正接头、支撑架下端扶正接头连接，构成稳定的支架；支撑杆上设有等距的主电极臂、上屏蔽电极臂、下屏蔽电极臂连接螺纹孔，主电极臂、上屏蔽电极臂、下屏蔽电极臂的上端通过支撑架与电极臂连接螺钉与支撑杆连接，两支撑杆提供给推靠支撑滑块轴向滑动的限位槽，保证推靠支撑滑块沿电极推杆做轴向直线滑动。支撑臂为两端带有连接孔的长圆杆，两端通过推靠滑块与支撑臂连接螺钉分别与推靠支撑滑块和电极臂铰接，控制电极臂的张开与收合；在电极推杆上的三组推靠支撑组件推动支撑臂撑开主电极臂的同时，将上屏蔽电极臂、下屏蔽电极臂撑开。

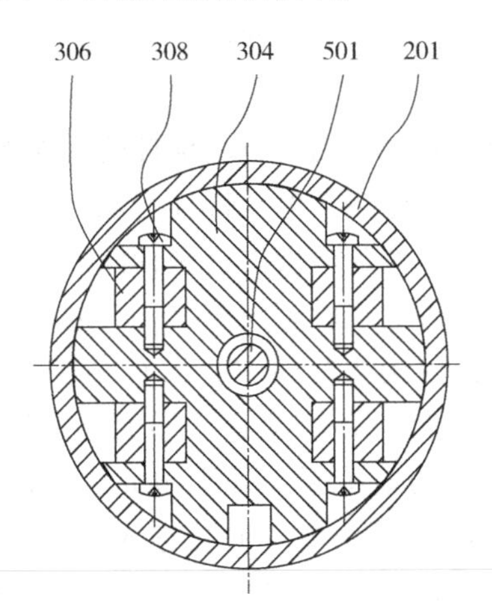

图 1.37　井下三电极系沿图 1.36 中 A-A 截面示意图

201—电极系上外壳单元；304—支撑架下端扶正接头；
306—电极臂支撑架；308—支撑架与支撑架扶正接头连接螺钉；501—电极推杆

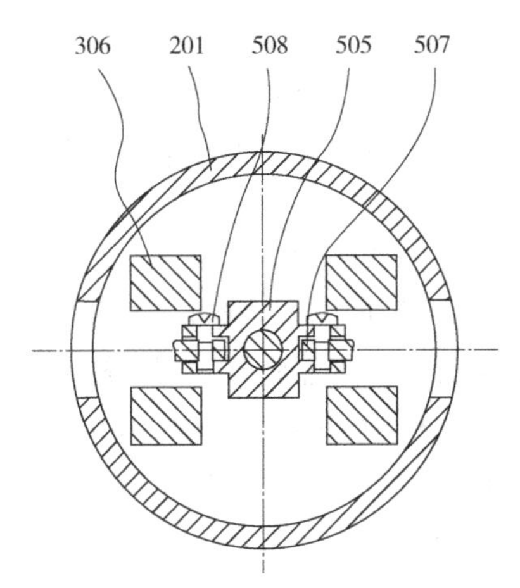

图 1.38　井下三电极系沿图 1.36 中 B-B 截面示意图

201—电极系上外壳单元；306—电极臂支撑架；
505—推靠支撑滑块；507—支撑臂；508—推靠滑块与支撑臂连接螺钉

电动推杆承压筒两端设有外螺纹，电动推杆承压筒上端与支撑架下端扶正接头螺纹连接，电动推杆承压筒下端与电动推杆承压筒密封接头螺纹连接，电动推杆承压筒内装有电动推杆密封壳、电动推杆和滑动密封活塞。

滑动密封活塞设有内圆孔，装配在电动推杆承压筒内，其内圆孔与电极推杆配合；滑动密封活塞在筒内外压差的作用下做轴向滑动，自动平衡压力；滑动密封活塞外圆周与电动推杆承压筒的内侧通过活塞外密封O形圈密封，滑动密封活塞的内圆孔与电极推杆配合，并通过活塞内密封O形圈密封，以保证电动推杆承压筒的密封。

电动推杆装在电动推杆密封壳内，电动推杆密封壳下端通过电动推杆定位螺杆与电动推杆承压筒密封接头连接，电动推杆上端与电极推杆采用电动推杆与电极推杆连接螺栓锁定，电动推杆为电极推杆做轴向滑动的动力源。

电动推杆承压筒密封接头上端设有内螺纹，与电动推杆承压筒的下端通过螺纹连接，电动推杆承压筒密封接头竖向中心设有安装电动推杆定位螺杆的通孔、侧部设有电缆走线槽、靠竖向中心处设有圆形的电缆通孔以及带内螺纹的注油口；电缆从电动推杆承压筒与电极系下外壳单元之间的外环空经过电动推杆承压筒密封接头的电缆走线槽，再由电缆通孔进入电动推杆承压筒内与电动推杆连通，电缆通孔在穿线后用环氧树脂封固；下部的注油口用注油口油封螺钉封堵。

电极推杆为圆形长杆，下端设有连接销钉孔，上部均布三组等距的定位孔，用以对弹簧止推环、推靠支撑滑块的安装和定位；电极推杆与电动推杆通过电极推杆连接螺栓连接，电极推杆在电动推杆的推动作用下只做轴向滑动而不发生转动，滑动过程中通过支撑架上端扶正接头的滑动轴承和第二支撑架中间扶正接头中的滑动轴承支撑，保证电极推杆沿中心做稳定的轴向滑动。

如图1.39所示，弹簧止推环设有内孔，通过该孔与电极推杆滑动配合，弹簧止推环通过止推环定位螺钉等距地固定在电极推杆上；推靠支撑滑块两侧对称设有凹槽和定位孔，推靠支撑滑块用以铰接支撑臂的上端；在每组弹簧止推环、推靠支撑滑块之间装有推靠弹簧。推靠弹簧采用圆柱螺旋压缩弹簧，在弹簧止推环的推动作用下，推动推靠支撑滑块移动，并起调节缓冲作用；推靠支撑滑块在推靠弹簧的作用下随电极推杆一起做轴向移动，撑开支撑臂。

电极传导单元包括主电极臂、上屏蔽电极臂、下屏蔽电极臂、电极接触片。主电极臂、上屏蔽电极臂、下屏蔽电极臂在同平面内等间距分布；上屏蔽电极臂、下屏蔽电极臂分别排列在主电极臂的上、下两侧，主电极臂、上屏蔽电极臂、下屏蔽电极臂由支撑臂和电极臂支撑架的绝缘隔开，且主电极臂、上屏蔽电极臂、下屏蔽电极臂在张开与收回时不与电极系上外壳单元接触；工作时，主电

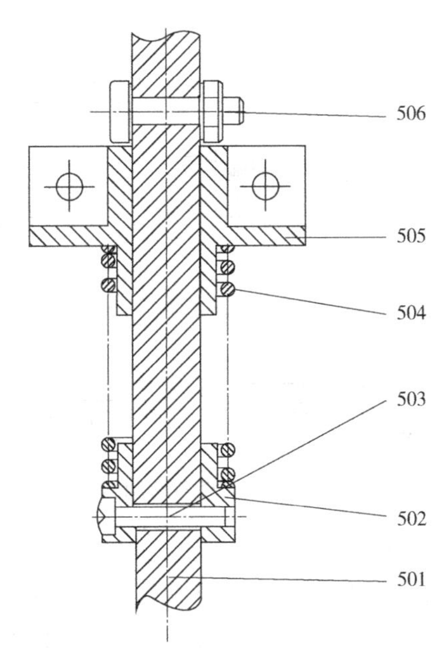

图 1.39　井下三电极系弹簧止推环、推靠弹簧、推靠滑块装配示意图

501—电极推杆；502—弹簧止推环；503—止推环定位螺钉；

504—推靠弹簧；505—推靠支撑滑块；506—滑块限位销

极和屏蔽电极通以相同极性的电流，使三组电极上的电位趋于相等，且沿电极或井身纵向的电位梯度为零，此时从主电极流出的电流不会沿救援井井身轴向流动。

主电极臂、上屏蔽电极臂、下屏蔽电极臂两端分别设有连接电极臂支撑架和电极接触片的螺纹孔；电极臂在安装电极接触片的位置和与支撑臂连接的位置设有通槽，提供电极接触片、支撑臂的张开与收合的空间；主电极臂、上屏蔽电极臂、下屏蔽电极臂的上端均通过支撑架与电极臂连接螺钉与电极臂支撑架铰接；电极接触片为与井壁接触的圆柱形薄片，分别安装在主电极臂、上屏蔽电极臂、下屏蔽电极臂的下端；电极接触片的中心设有连接孔，采用十字槽沉头螺钉分别与主电极臂、上屏蔽电极臂、下屏蔽电极臂连接，电极接触片是井下三电极系与井壁连接的媒介，用于向地层中注入低频交变电流。

如图 1.40 所示，地面供电设备包括：220V 交流电源、隔离变压器、高压整流滤波电路、第一 DC/AC 变换电路、第二 DC/AC 变换电路、电位差检测电路、低压变压器和低压整流滤波电路。220V 交流电源为井下三电极系的测量过程提供低频交变电流，220V 交流电源的输出端分别与隔离变压器的输入端和低压变压器的输入端相连[61]。

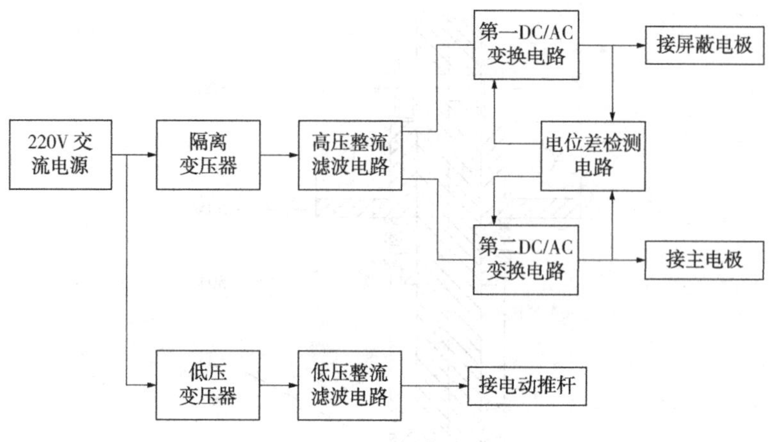

图 1.40　地面供电设备结构示意图

隔离变压器用于将 220V 交流电源与井下三电极系隔离以防止发生短路，隔离变压器的输出端与高压整流滤波电路的输入端相连；高压整流滤波电路用于将 220V 交流电变成 300V 的直流电，供后续第一 DC/AC 变换电路、第二 DC/AC 变换电路使用，高压整流滤波电路的两个输出端分别与第一 DC/AC 变换电路的输入端、第二 DC/AC 变换电路的输入端相连；第一 DC/AC 变换电路、第二 DC/AC 变换电路的作用为将 300V 直流电源变为电压可调、频率为 2Hz 的交流电源，分别为井下三电极系的屏蔽电极和主电极提供电流；第一 DC/AC 变换电路的输出端通过电位差检测电路与屏蔽电极相连，第二 DC/AC 变换电路的输出端通过电位差检测电路与主电极相连；电位差检测电路用于检测屏蔽电极和主电极的电位差，由此来控制第一 DC/AC 变换电路和第二 DC/AC 变换电路的输出电压，进而控制屏蔽电极和主电极的电流，使三组电极上的电位趋于相等。

低压变压器用于将 220V 电压变换为供电动推杆使用的 24V 电压，低压变压器的输出端与低压整流滤波电路的输入端相连；低压整流滤波电路用于将 24V 交流电压变换为直流电压，低压整流滤波电路的输出端接电动推杆，进而控制电动推杆的动作。

利用电流信号发射源井下三电极系向地层中注入电流进而进行救援井与事故井间距和方位确定的方法，包括如下步骤：

（1）用铠装电缆将井下三电极系与井下探管下入井内目标位置，井下三电极系的主电极臂、上屏蔽电极臂、下屏蔽电极臂和支撑臂均处于收合状态，井下三电极系的下端与井下探管之间用绝缘绳连接；

（2）将低压整流滤波电路输出的直流电压加到井下电动推杆上，电动推杆推动电极推杆做轴向滑动，弹簧止推环随电极推杆推动推靠弹簧，推靠支撑滑块在推靠弹簧的作用下轴向移动撑开支撑臂，使主电极臂、上屏蔽电极臂、下屏蔽电极臂张开，直至电极接触片与井壁接触；

(3) 将经隔离变压器隔离、高压整流滤波电路后变为直流 300V 的电压经两组 DC/AC 变换电路变成电压可调、频率为 2Hz 的交流电源，分别通到井下主电极和屏蔽电极上，同时电位差检测电路不断检测主电极和屏蔽电极之间的电位差，当电位差不为零时，电位差检测电路输出控制信号，控制两组 DC/AC 变换电路，调节输出电压，最终使主电极和屏蔽电极之间的电位差为零；

(4) 将低压整流滤波电路输出的直流电压反向加到井下电动推杆上，电动推杆拉动三电极系的电极臂收回；

(5) 将井下三电极系上下移动位置，重复上述步骤，进行下一个测量过程，直至测量完毕，关闭地面供电设备，将井下三电极系和探管从井内取出。

5.3　救援井连通探测系统信号接收器的设计

如图 1.41 所示，救援井与事故井连通探测系统的信号接收器井下探管是一个两端封闭的金属外壳，壳体里面主要包含高精度三轴加速度传感器、高精度三轴磁通门传感器、传感器信号处理电路、电缆接口电路和探管接口箱等功能模块。

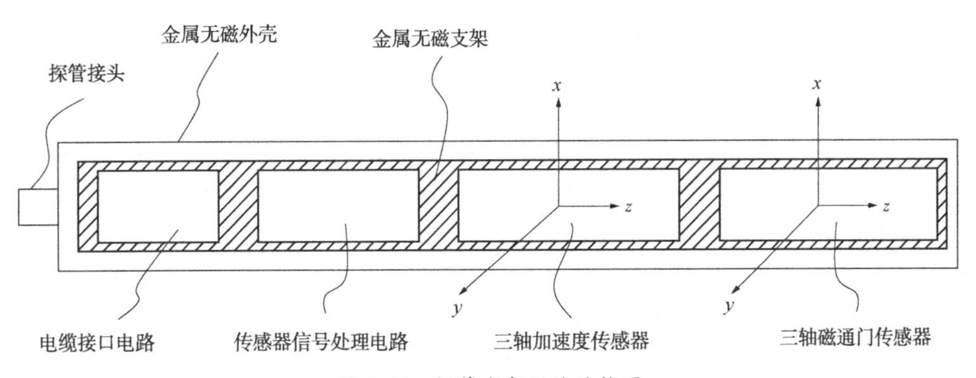

图 1.41　探管内部器件结构图

三轴加速度传感器和三轴磁通门传感器安装在探管的下部，两个传感器的三轴轴线方向排列如图 1.41 所示。三轴加速度传感器和三轴磁通门传感器的 x 轴和 y 轴垂直于探管的中心轴线，z 轴与探管的中心轴线重合；两个传感器的 x 轴位于同一个平面上且互相平行，两个传感器的 y 轴也位于同一个平面上亦互相平行[87]。三轴加速度传感器、三轴磁通门传感器、传感器信号处理电路和电缆接口电路都安装在探管内部无磁支架上，用塑封胶将所有传感器及电路进行塑封，传感器、电路板和金属无磁支架一起安装在探管无磁外壳内，探管无磁外壳两端的接头将探管整个密封起来，防止探管周围液体进入探管，影响电路工作[88]。

如图 1.42 所示，井下探管内的三轴加速度传感器用来探测井下探管所在位置的三轴重力加速度矢量[89]，高精度三轴磁通门传感器用来探测井下探管所在位置的三轴地磁场和事故井套管上聚集的低频交变电流所产生的交变磁场的合成磁场矢量[90]，两个传感器检测到的三轴加速度数据和三轴磁场数据由传感器信号处理电路对数据进行处理，使其成为适合运算和传输的有效数据以便于发送，传感器信号处理电路将此数据通过电缆接口电路发送到测井电缆上[91]。测井电缆通过四芯插座连接到变压器上，一方面为井下探管提供工作电源，另一方面也作为信号传输的通道。三轴加速度传感器的精度达到 0.01g，三轴磁通门传感器精度达到 0.01nT[92]。

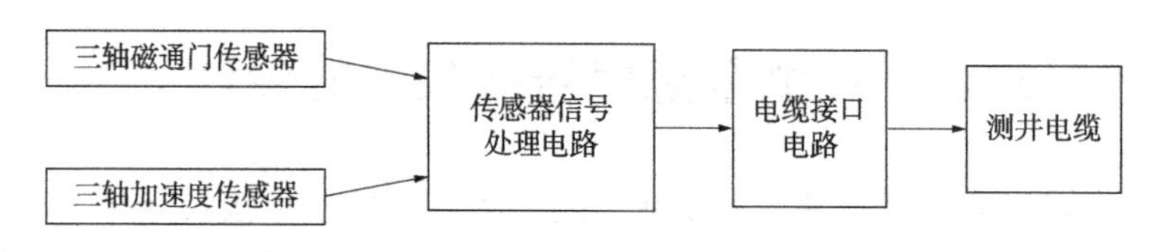

图 1.42　探管内部电路结构图

如图 1.43 所示，探管接口箱主要用于井下磁场信号的采集和接收。探管接口箱接收由井下探管通过测井电缆传送到地面的数据，其将数据格式转换后发送到地面救援井与事故井连通探测计算系统中进行计算。探管接口箱主要由电缆接口电路、电缆信号解码电路和电源电路组成，电缆接口电路与测井电缆相连，主要由变压器及其驱动电路构成。电缆接口电路将测井电缆上传输的高压数据信号转换成低压信号，然后传送给电缆信号解码电路，由电缆信号解码电路将探管发送的数据解析出来，通过 USB 接口传输到计算机中，由计算机中的软件进行综合处理和计算，得到救援井与事故井的相对间距和方位。电源电路用于给电缆接口电路和电缆信号解码电路提供电源[88]。

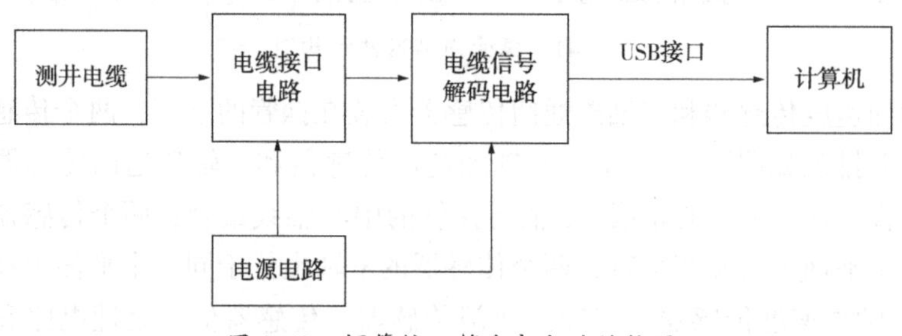

图 1.43　探管接口箱内部电路结构图

5.4　本章小结

本章在调研国外 Wellspot 导向工具的基础上，结合横向延伸电导率测井仪的结构特征和工作原理，设计了基于单电极和基于三电极系救援井与事故井连通探测系统的样机，主要包括电流信号发射源电极系和信号接收器探管两部分，为后续救援井与事故井连通探测系统模拟井试验的进行做好硬件方面的准备，主要得出如下结论：

(1) 本书设计的井下单电极和井下三电极系都需要在井口通电的条件下实现在井下自动伸张和收缩的功能，从而实现井下电极系的智能化。井下三电极系的结构相比单电极要复杂许多，其零部件种类繁多、结构更精细，在硬件加工方面存在一定的困难。

(2) 在功能方面，单电极注入地层的电流会以球形对称的形式向地层中发散，从而导致事故井套管上不能聚集相对更多的电流。与之相比，井下三电极系的主电极在上下两个屏蔽电极的作用下可以大大增加其注入事故井套管周围的电流强度，从而使位于救援井底部的探管可以检测到由事故井套管上聚集的低频交变电流产生的相对更大的低频交变磁场，易于增大救援井与事故井连通探测系统的测距范围，使该连通探测系统适用于深井连通定向钻井工程。

(3) 本书设计的探管采用高精度的三轴磁通门传感器和三轴加速度传感器，可以保证其测量精度满足救援井与事故井连通探测系统的硬件要求；而且探管的设计结构合理，采用三轴磁通门传感器位于探管最底部的设计方式，更有利于确定救援井正钻部位相对事故井的间距和方位。

第六章　救援井与事故井连通探测系统模拟试验

为了验证本书提出的基于单电极和三电极系救援井与事故井连通测距导向算法的准确性以及对计算结果的可信度进行评价，自主研发了救援井与事故井连通探测系统样机，同时为了测试课题组设计加工的硬件样机的工作稳定性和分析该样机探测精度的影响因素，在山东禹城通裕重工股份有限公司先后进行了多组基于单电极和三电极系的救援井与事故井连通探测系统样机的模拟试验，同时对两种救援井与事故井连通探测系统的试验结果进行了对比分析。结果表明，本书提出的基于单电极和三电极系救援井与事故井连通测距导向算法虽然存在一定的误差，但是可以满足钻井现场的需求，同时基于三电极系救援井与事故井连通探测系统更适用于在实际工况中的应用。

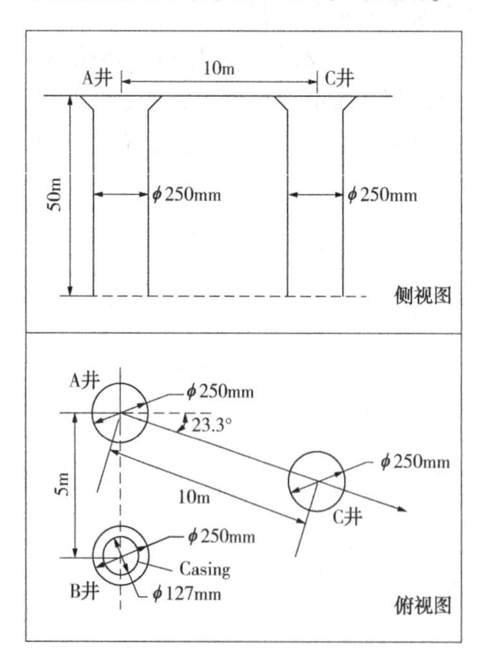

图 1.44　模拟井组设计示意图

6.1　模拟井组设计

如图 1.44 所示，A 井、B 井和 C 井轨迹一致，互相平行；同时三口模拟井均近似为直井，所标直径为 250mm。根据救援井与事故井连通探测系统现场应用条件要求，模拟救援井 A 井设计为裸眼井，井深为 50m；模拟事故井 B 井设计为套管井，井深为 50m，事故井 B 井内下入的套管直径为 127mm。由于试验条件受到限制，A 井与 B 井井口间距为 5m，A 井与 C 井井口间距为 10m。现场试验时，将地面供电设备和地面信号采集设备安放在远离三口模拟井的位置，将井下电极系和探管下入救援井 A 井中，地表电极的位置可根据具体试验内容进行选择，本次试验地表电极均位于C井内。

6.2　基于单电极的救援井与事故井连通探测系统

6.2.1　试验装置及试验环境

如图1.45所示，基于单电极救援井与事故井连通探测系统样机试验设备主要包括地面供电设备、井下单电极、探管以及地面信号采集和处理设备。

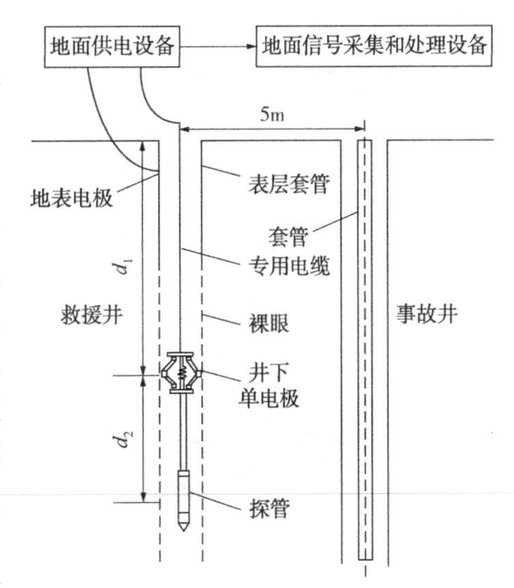

图1.45　基于单电极救援井与事故井连通探测系统试验方案设计示意图

如图1.46所示，基于单电极救援井与事故井连通探测系统的地面供电设备包括380V交流电源、升压变压器、交/直流变换器和频率控制器[10]。380V交流电源的输出端首先通过升压变压器将380V交流电源提供的电压升至1000V，经AC/DC变换器后，转换成1000V的直流高压，使单电极输出能够达到幅值为20A的电流；利用单片机控制频率控制器使其将1000V的高压转换成频率为0.25Hz的交变方波电压，然后将该交变方波电压传送至井下单电极处再做进一步的输出；380V交流电源的输入端与地表电极相连[61]。在实际试验过程中，必须采取严密措施以保证施工人员的安全，同时可以将地表电极置于远离救援井井口的位置，以便使流入地层中的电流构成电流回路。

图1.46　地面供电设备

如图 1.47 所示，基于单电极救援井与事故井连通探测系统的地面信号采集设备主要包括信号接口箱和信号采集计算机[61]。信号接口箱主要由电源电路、电缆接口电路和电缆信号解码电路组成。电源电路用于给电缆接口电路和电缆信号解码电路提供电源；电缆接口电路与测井电缆相连，将测井电缆上传输的高压数据信号转换成低压信号，然后传送给电缆信号解码电路，由电缆信号解码电路将井下探管发送的数据解析出来，通过 USB 接口传输到信号采集计算机中[61]。

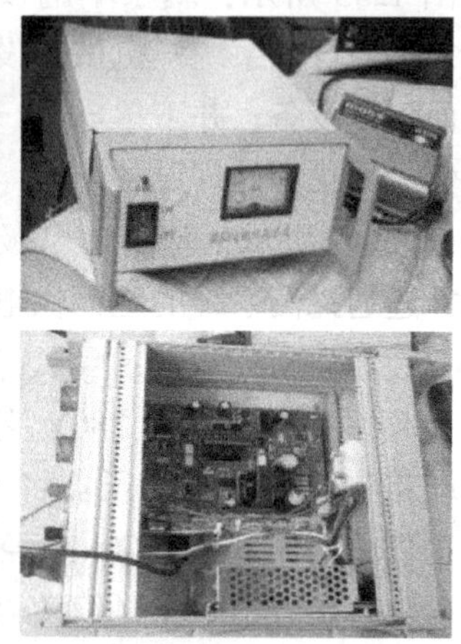

图 1.47　地面信号采集设备示意图

图 1.48 为基于单电极救援井与事故井连通探测系统的井下单电极和井下探管的样机示意图。地面供电设备为井下单电极通电，两者由铠装电缆相连。井下单电极将电缆电流输送到地层中，要求单电极与救援井裸眼井壁接触良好，利用电极接触片使其与井壁紧密接触，接触电阻小于 1mΩ。井下探管所检测到的数据用于确定井下探管与事故井套管的间距和方位以及井下探管自身的摆放姿态。井下单电极与探管之间利用绝缘绳相连且间距可调。

图 1.48　井下单电极和探管

在初次试验时，救援井与事故井连通探测系统样机中所设计的单电极如图 1. 48 所示。将井下单电极下入救援井 A 井内后，利用地面供电设备给井下单电极中的两支电极臂通电，使电极臂张开并与井壁紧密接触，同时另外两支电极臂则可以起到扶正单电极的作用，从而使位于单电极下部的探管处于垂直状态。

6. 2. 2　试验结果及分析

在进行基于单电极救援井与事故井连通探测系统样机模拟井试验时，地面供电设备提供的为低频高压电流，所以要求试验操作人员必须做好安全防护工作，地面供电设备和地面信号采集设备必须安放在远离模拟井的安全区域。具体试验步骤如下：

(1) 设置地面供电设备，使其可以输出频率为 0. 25Hz 的低频交变电流，将地面供电设备的输入端与 380V 交流电源相连，输出端利用铠装电缆与单电极的两支电极臂相连。

(2) 为防止井下单电极处的低频交变电流产生的磁场对探管产生影响，需要利用绝缘绳将井下单电极与井下探管相连接，探管接口通过铠装电缆与地面信号采集设备相连，然后将单电极和探管下入救援井 A 井中，要求单电极通电的两支绝缘臂朝向事故井 B 井，同时将接地电极置于 C 井中。

(3) 改变地面供电设备为单电极提供的低频交变电流大小 I_0，利用收放绝缘绳的长度改变救援井井口与单电极间距 d_1、单电极与探管间距 d_2，将由探管检测到的三轴磁场强度数据传输至信号采集计算机中，利用救援井连通探测系统地面分析软件对探管探测数据进行处理和计算，此时探管探测数据及所计算出的两井间距数值如表 1. 3 所示。

表 1. 3　探管探测数据及计算结果

d_1/m	d_2/m	I_0/A	U_0/V	探管测量值				r/m	误差/%
				B_x/nT	B_y/nT	B_z/nT	B_t/nT		
10	10	10	70	0	73. 61	55. 12	91. 96	4. 5904	8. 19
10	10	15	100	0	109. 69	82. 78	137. 42	4. 5948	8. 10
10	10	20	130	0	153. 54	109. 20	188. 41	4. 6428	7. 14
10	10	25	170	0	203. 08	149. 02	251. 89	4. 7068	5. 86
10	20	10	70	0	35. 50	63. 58	72. 82	4. 7409	5. 18
10	20	15	105	0	39. 36	91. 81	97. 35	4. 7615	4. 77
10	20	20	140	0	44. 63	121. 01	128. 98	4. 7971	4. 06

续表

d_1/m	d_2/m	I_0/A	U_0/V	探管测量值				r/m	误差/%
				B_x/nT	B_y/nT	B_z/nT	B_t/nT		
10	20	25	170	0	51.80	148.23	157.02	4.8306	3.39
15	10	10	80	0	75.76	17.56	77.76	4.8183	3.63
15	10	15	110	0	111.33	26.37	114.41	4.8162	3.68
15	10	20	150	0	148.02	34.45	151.98	4.8147	3.71
15	10	25	190	0	186.46	43.77	191.53	4.8180	3.64
15	20	10	90	0	20.71	40.73	45.69	4.8661	2.68
15	20	15	122	0	31.08	62.26	69.59	4.8715	2.57
15	20	20	180	0	39.71	79.97	89.29	4.8887	2.23
15	20	25	200	0	50.48	101.42	113.29	4.8942	2.12

根据探管探测数据及计算结果，作出救援井井口与单电极间距 d_1、单电极与探管间距 d_2和救援井与事故井间距的关系曲线，如图 1.49 所示。

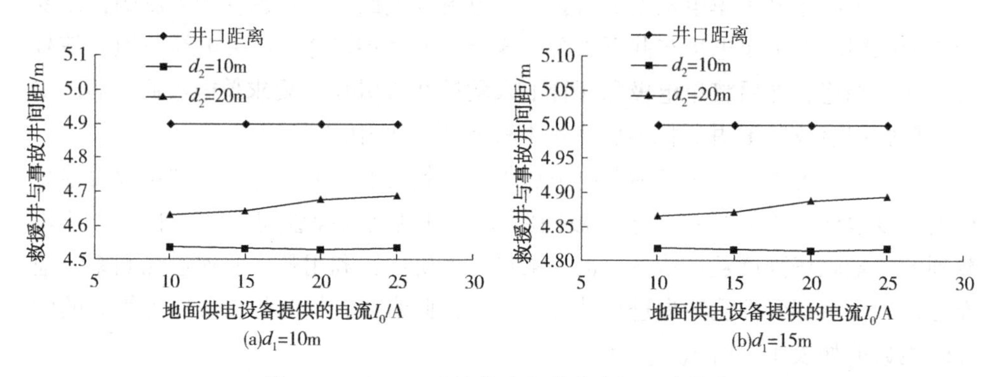

图 1.49　d_1、d_2对救援井与事故井间距的影响

由表 1.3 及图 1.49 可得出以下结论：

(1) 在井下单电极与救援井井口间距 d_1、单电极与探管间距 d_2一定的情况下，地面供电设备为井下电极提供的电流在 10~25A 范围内取值越大，探管所检测到的磁场强度信号越强；信号达到一定强度后，地面供电电流大小的变化对两井间距的测量误差影响很小。由于趋肤效应会限制高频交变电流往地层中扩散，同时受井场通电条件的限制，地面交流电源为井下电极提供的电流大小有限，本次试验选择地面交流电源为井下电极提供最高幅值 25A 的低频交流电。

(2) 对比图 1.49(a)和图 1.49(b)可知，当单电极与探管间距 d_2一定时，井下单电极与救援井井口间距 d_1 越大，两井间距的测量误差越小，也就是说应用该连通探测系统时井下单电极须置于井下一定深度。

(3) 由图 1.49(a) 和图 1.49(b) 可知，井下单电极与救援井井口间距 d_1 一定时，单电极与探管间距 d_2 在有效范围内取值越大，单电极处电流产生的磁场对探管检测信号的影响越小，利用探测工具所测得的两井间距的测量误差越小。由于事故井套管上聚集的向上流动电流产生的磁场对探管检测的信号有抵消作用，为了避免受向上流动电流的影响，要求井下单电极和探管至少相距 10m。

6.3　基于三电极系的救援井与事故井连通探测系统

6.3.1　试验装置及试验环境

在初次基于单电极救援井与事故井连通探测系统样机模拟井试验的基础上，进一步改进了适用于基于三电极系救援井与事故井连通探测系统的地面供电设备和地面信号采集和处理设备，同时设计加工了井下三电极系，在某试验井场进行了第二次基于三电极系的救援井与事故井连通探测系统样机的模拟井试验。由于最新设计的井下三电极系亦可以通过控制电极臂开合的对数实现单电极的功能，此次试验亦进一步验证了基于单电极救援井与事故井连通测距导向算法的正确性，并将两次基于单电极救援井与事故井连通探测系统的试验结果进行了对比分析。

如图 1.50 所示，与基于单电极救援井与事故井连通探测系统样机的构造基本相同，基于三电极系的救援井与事故井连通探测系统样机主要包括地面供电设备、井下三电极系、探管以及地面信号采集和处理设备[61]。

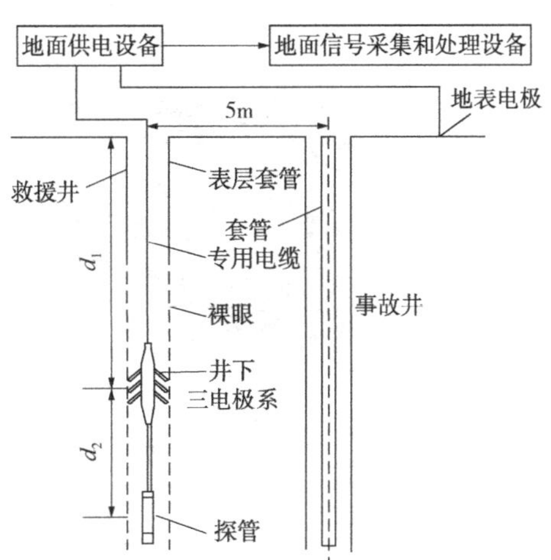

图 1.50　基于三电极系救援井连通探测系统试验方案设计示意图

在初次试验时，救援井与事故井连通探测系统样机中所设计的单电极如图 1.51(a) 所示。进一步地，基于三电极系救援井与事故井连通探测系统样机中所设计的井下三电极系可以利用通电设备控制不同数目的电极臂的开合，同时实现井下单电极和井下三电极系的信号发射功能，如图 1.51(b) 所示。

如图1.52所示，将井下三电极系下入救援井A内后，利用地面供电设备给井下三电极系通电，使其电极臂张开，与救援井裸眼井壁紧密接触，同时电极臂还可以起到扶正电极系和井下探管的作用。井下三电极系在实现三电极系功能时，上、下两对电极臂为屏蔽电极，中间一对电极臂为主电极，屏蔽电极和主电极分别接大小相同、极性相反的电流，两对屏蔽电极将主电极流出的电流挤入救援井周围地层中。

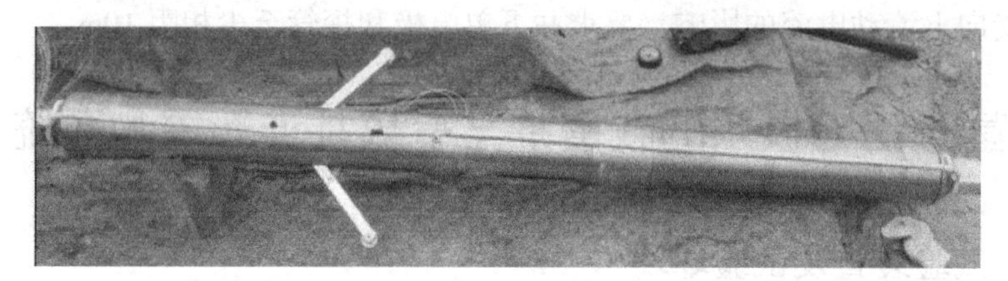

(a)单电极功能

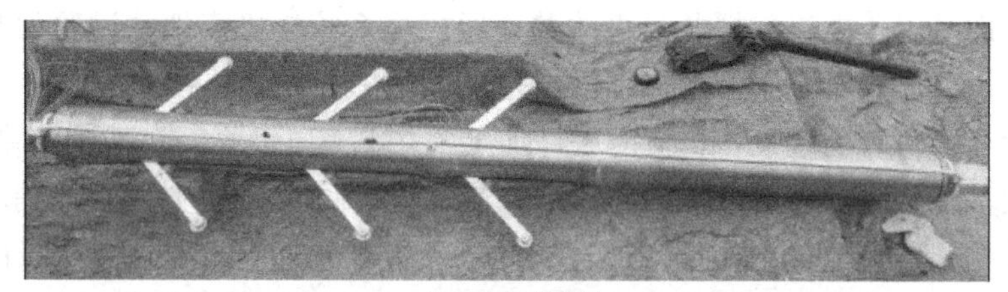

(b)三电极系功能

图1.51 井下三电极系示意图

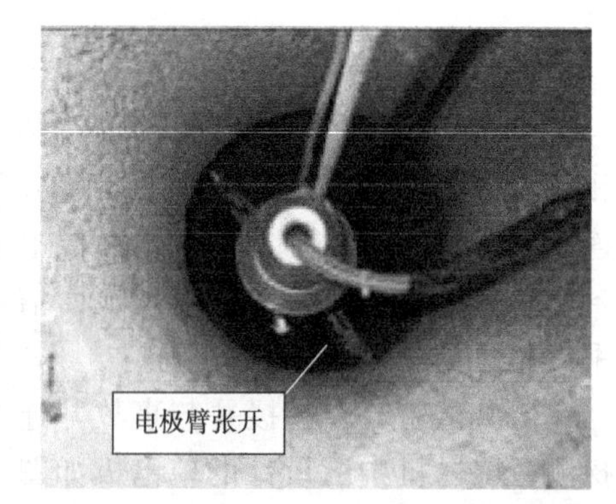

图1.52 井下三电极系实际工作示意图

如图1.53所示，基于三电极系救援井与事故井连通探测系统的地面供电设备主要由隔离变压器、高压整流滤波电路、DC/AC变换电路、电位差检测电路、低压变压器和低压整流滤波电路构成。隔离变压器用于将220V电源与井下三电极系电源隔离，防止发生短路；高压整流滤波电路用于将220V交流电变成300V的直流电，供后续DC/AC变换电路用；DC/AC变换电路用于将300V直流电源的直流电，供后续 DC/AC 变换电路用；DC/AC 变换电路用于将 300V 直流电源变为电压可调、频率 2Hz 左右的交流电源，为井下三电极系提供电流；电位差检测电路用于检测主电极和屏蔽电极的电位差，由此来控制 2 组 DC/AC 变换电路的输出电压，进而控制主电极和屏蔽电极的电流，使电位差为 0；低压变压器用于将 220V 电压变换为供电动推杆使用的 24V 电压；低压整流滤波电路用于将 24V 交流电压变换为直流电压，进而控制电动推杆的动作。

图 1.53　地面供电设备和信号采集设备

地面信号采集设备包括电源电路、电缆接口电路和电缆信号解码电路。电源电路用于给电缆接口电路和电缆信号解码电路提供电源[61]；电缆接口电路与测井电缆相连，将测井电缆上传输的高压数据信号转换成低压信号，然后传送给电缆信号解码电路，由电缆信号解码电路将井下探管发送的数据解析出来，通过 USB 接口传输到地面信号处理设备。

如图 1.54 所示为基于三电极系的救援井与事故井连通探测系统样机的信号发射源(井下三电极系)和信号接收器(探管)。井下三电极系将电缆电流输送到地层中，要求其与救援井井壁紧密接触，接触电阻小于 1mΩ。井下探管所检测到的数据用于确定井下探管与事故井套管的间距和方位以及井下探管自身的摆放姿态。井下三电极系与探管之间利用绝缘绳相连且间距可调。

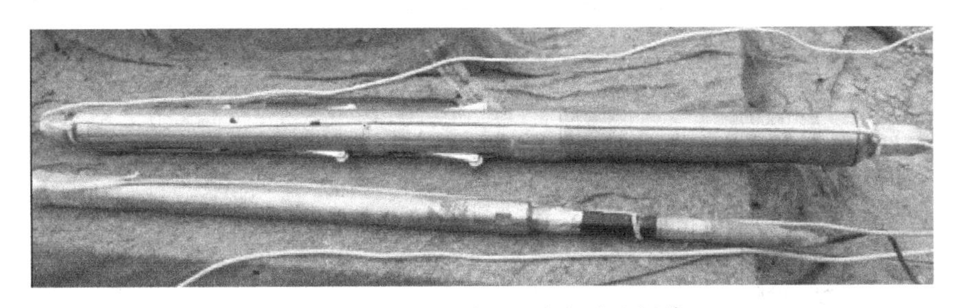

图 1.54　加工的井下三电极系和探管

6.3.2　三电极系功能条件下试验结果及分析

与基于单电极救援井与事故井连通探测系统初次试验条件和试验步骤相同，用于试验的救援井与事故井井口间距为 5m，地面供电设备一端与井下三电极系相连，另一端与地表电极相连，地表电极置于 C 井中。井下三电极系与探管之间用绝缘绳连接，探管接口与地面信号采集设备相连。将井下三电极系和井下探管下入救援井 A 井某一垂深位置后，要实现单电极的功能，利用地面供电设备给井下三电极系中间的一对电极臂通电并使其张开与井壁紧密接触，通电电极臂朝向事故井，分别改变地面供电设备为井下三电极系提供的低频交变电流 I_0、救援井井口与井下三电极系的间距 d_1、井下三电极系与探管的间距 d_2，此时由探管检测到的三轴磁场强度扫描信号回放曲线如图 1.55 所示。利用救援井连通探测系统地面分析软件对探管探测数据进行处理和计算，根据该扫描信号所得出的三轴磁场强度数值及所计算出的两井间距数值如表 1.4 所示。

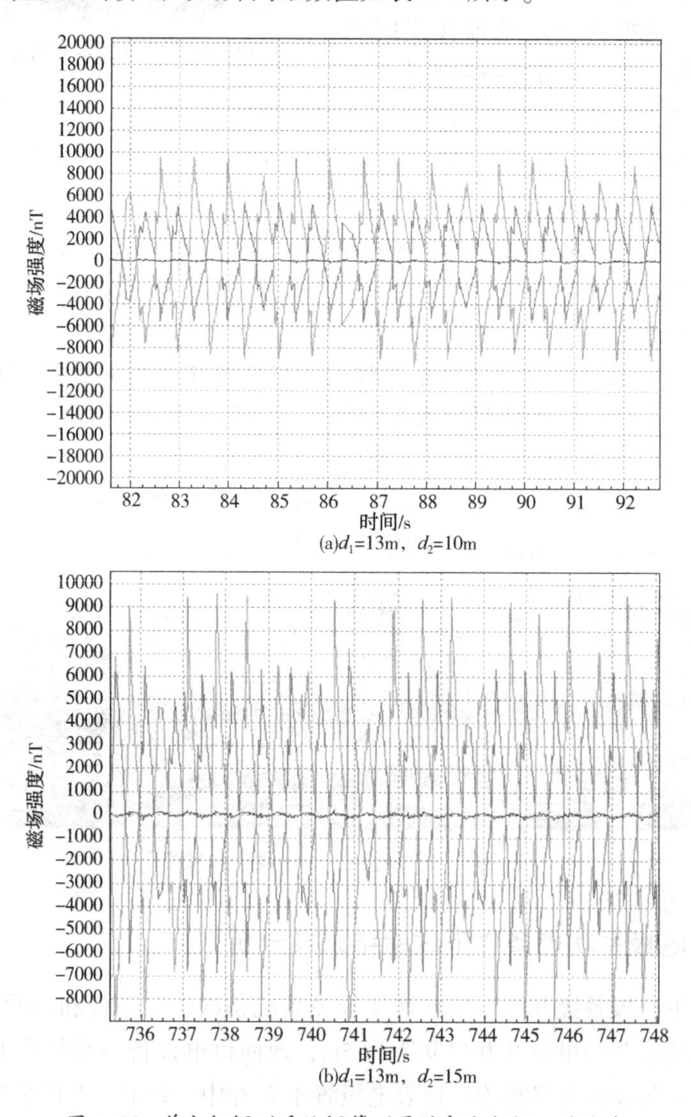

图 1.55　单电极探测系统探管测量的部分数据回放曲线

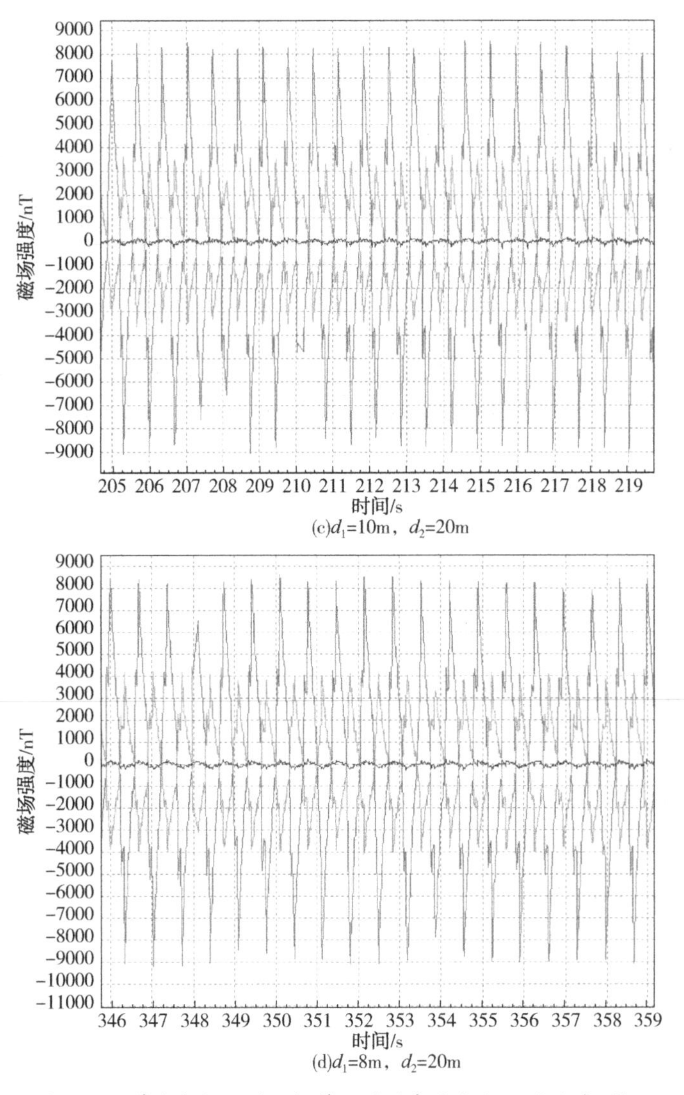

(c)d_1=10m，d_2=20m

(d)d_1=8m，d_2=20m

图 1.55　单电极探测系统探管测量的部分数据回放曲线(续)

表 1.4　单电极功能条件下探管探测数据及计算结果

d_1/m	d_2/m	I_0/A	U_0/V	探管测量值				r/m	误差/%
				B_x/nT	B_y/nT	B_z/nT	B_t/nT		
13	20	13	80	5096. 20	6601. 76	125. 21	8340. 87	5. 6087	12. 17
13	20	18	110	5198. 33	6714. 54	245. 32	8495. 17	5. 5668	11. 34
13	20	23	140	5296. 45	6799. 33	358. 60	8626. 40	5. 5177	10. 35
13	15	13	80	6993. 50	7319. 08	166. 29	10123. 15	4. 0430	19. 14
13	15	18	110	6904. 45	7261. 23	120. 60	10020. 55	4. 0964	18. 07

续表

d_1/m	d_2/m	I_0/A	U_0/V	探管测量值				r/m	误差/%
				B_x/nT	B_y/nT	B_z/nT	B_t/nT		
13	15	23	140	6812.23	7188.50	86.98	9903.97	4.1455	17.09
13	10	13	80	5477.28	9851.35	121.39	11272.29	3.9137	21.73
13	10	18	110	5026.45	9407.18	68.92	10666.07	3.9856	20.29
13	10	23	140	4569.38	8908.77	20.23	10012.28	4.0345	19.31
10	20	13	80	4982.01	7127.32	193.25	8698.07	5.1977	3.95
10	20	18	110	4830.45	7009.24	145.68	8513.75	5.1063	2.13
10	20	23	140	4705.66	6896.25	102.36	8349.37	4.9050	1.90
8	20	13	80	4643.42	6833.04	187.99	8263.60	5.4317	8.63
8	20	18	110	4504.63	6712.33	140.52	8084.98	5.3127	6.25
8	20	23	140	4365.78	6598.20	98.36	7912.39	5.2099	4.20
6	20	13	80	4612.68	6781.14	193.88	8203.55	5.4655	9.31
6	20	18	110	4561.52	6592.36	145.32	8017.97	5.3840	7.68
6	20	23	140	4412.35	6456.27	99.58	7820.62	5.2862	5.72

6.3.3 三电极系功能条件下试验结果及分析

对于基于三电极系救援井与事故井连通探测系统，利用地面供电设备给井下三电极系通电，使其三对电极臂均张开，从而实现三电极系的功能。此时由探管检测到的三轴磁场强度扫描信号回放曲线如图 1.56 所示。

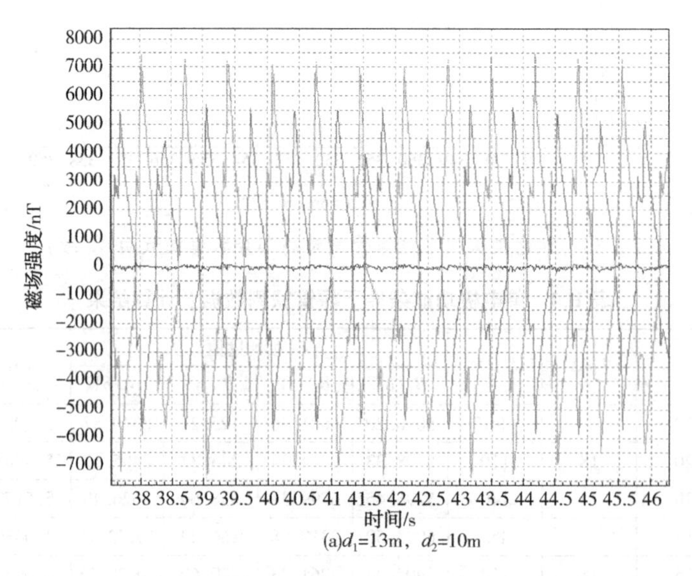

(a)d_1=13m，d_2=10m

图 1.56 三电极系探测系统探管测量的部分数据回放曲线

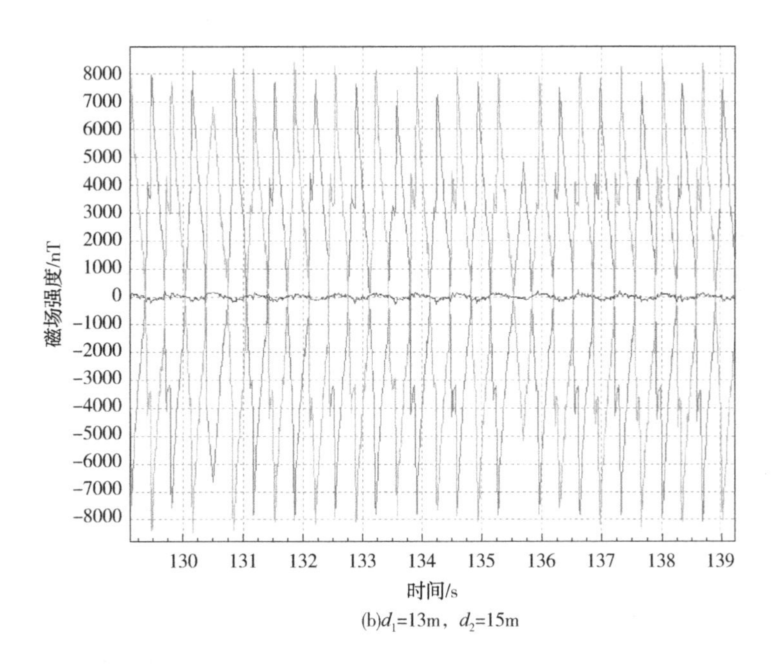

(b)d_1=13m，d_2=15m

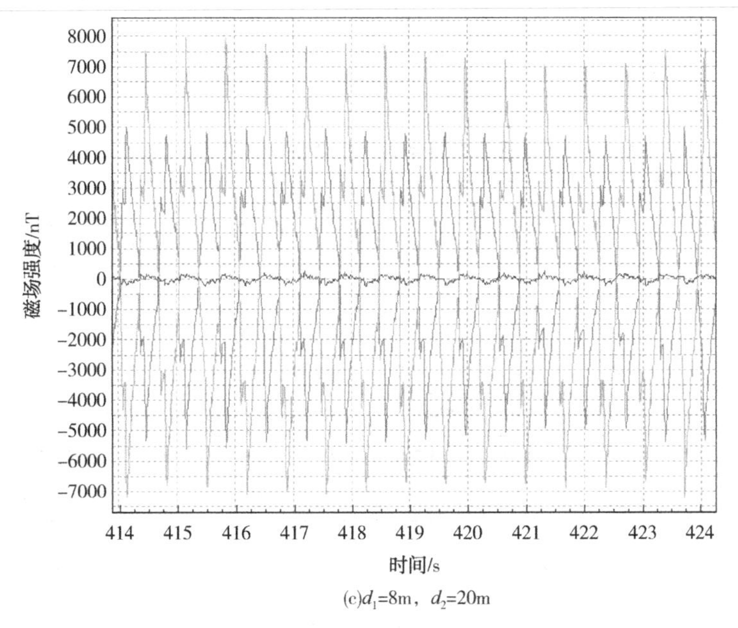

(c)d_1=8m，d_2=20m

图 1.56　三电极系探测系统探管测量的部分数据回放曲线(续)

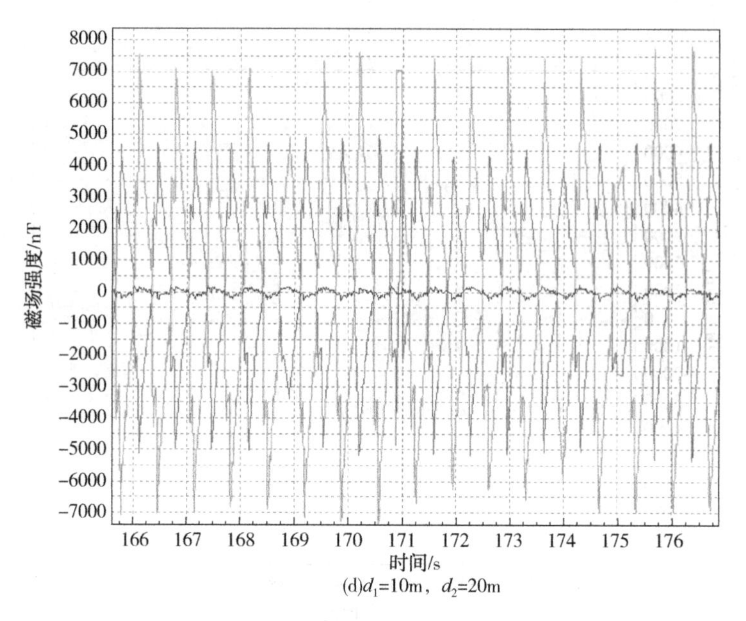

(d)d_1=10m，d_2=20m

图 1.56　三电极系探测系统探管测量的部分数据回放曲线(续)

利用救援井连通探测系统地面分析软件对探管探测数据进行处理和计算，根据该扫描信号所得出的三轴磁场强度数值及所计算出的两井间距数值如表 1.5 所示。

表 1.5　三电极系功能条件下探管探测数据及计算结果

d_1/m	d_2/m	I_0/A	U_0/V	探管测量值				r/m	误差/%
				B_x/nT	B_y/nT	B_z/nT	B_t/nT		
13	20	13	110	6001.0	8196.8	139.44	10159.67	4.5281	9.44
13	15	13	110	8844.1	6689.8	146.73	11090.22	4.1769	16.46
13	10	13	110	4699.0	10591.0	127.98	11587.33	4.0082	19.84
10	20	13	110	8343.5	3287.6	176.95	8969.59	5.0604	1.21
8	20	13	110	8197.9	3821.2	199.11	9046.11	5.0229	0.46
6	20	13	110	8403.7	3957.6	200.14	9291.12	4.9060	1.88

利用表 1.4、表 1.5 探管探测数据及计算结果绘制 d_1、d_2对救援井与事故井间距的影响规律曲线，如图 1.57、图 1.58 所示。

通过对比图 1.57 和图 1.58，可得出以下结论：

(1) 两种单电极救援井与事故井连通探测系统样机试验结果规律是一致的，但是在相同参数条件下，基于单电极救援井与事故井连通探测系统样机的测量误

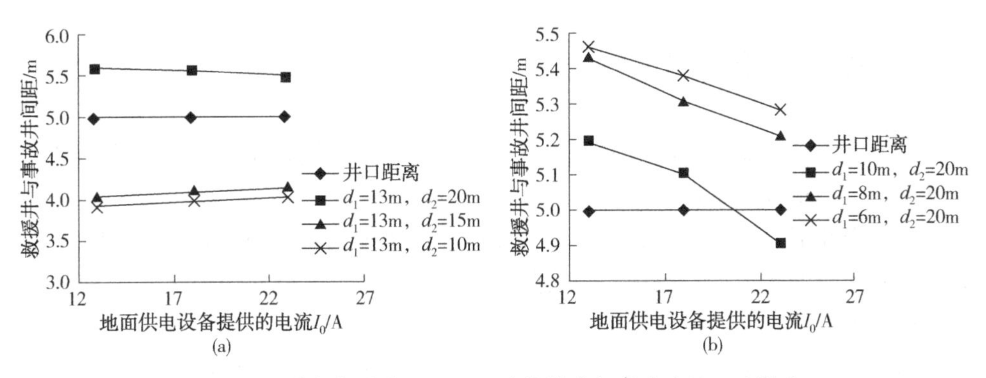

图 1.57　单电极功能下 d_1、d_2 对救援井与事故井间距的影响

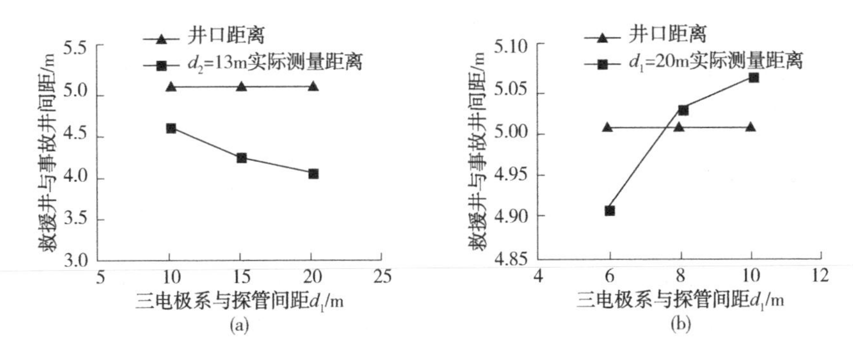

图 1.58　三电极系功能下 d_1、d_2 对救援井与事故井间距的影响

差要比单电极功能下连通探测系统样机小得多。在井下三电极系与救援井井口间距 d_1、三电极系与探管间距 d_2 一定的情况下，地面供电设备为井下三电极系提供的电流在 13~23A 范围内取值越大，探管所检测到的磁场强度信号越强；信号达到一定强度后，地面供电电流大小的变化对两井间距的测量误差影响很小。由于趋肤效应会限制高频交变电流往地层中扩散，同时由于井场通电条件的限制，地面交流电源为井下三电极系提供的电流大小有限，本次试验选择地面交流电源为井下三电极系提供最高幅值 23A 的低频交流电。

（2）由图 1.58(a)可知，当井下三电极系与救援井井口间距 d_1 一定时，三电极系与探管间距 d_2 在有效范围内取值越大，三电极系处电流产生的磁场对探管的检测信号的影响越小，利用探测工具所测得的两井间距的测量误差越小。

（3）由图 1.58(b)可知，当井下三电极系与探管间距 d_2 一定时，井下三电极系与救援井井口间距 d_1 越大，两井间距的测量误差越小，也就是说应用该连通探测系统时井下三电极系须置于井下一定深度，使其远离地面供电设备，保护三电极系发出的电流免受地面供电设备的影响。

6.4 样机试验结论

对比单电极功能和三电极系功能条件下救援井与事故井连通探测系统样机试验结果，可得出以下结论：

（1）当井下电极系与探管间距 d_2一定时，井下电极系与救援井井口间距 d_1越大，两井间距的测量误差越小，也就是说应用救援井与事故井连通探测工具时井下电极系须置于井下一定深度。

（2）井下电极系与救援井井口间距 d_1一定时，电极系与探管间距 d_2在有效范围内取值越大，电极系处电流产生的磁场对探管的检测信号的影响越小，利用探测工具所测得的两井间距的测量误差越小。由于事故井套管上聚集的向上流动电流产生的磁场对探管检测的信号有抵消作用，为了避免受向上流动电流的影响，要求井下电极和探管至少相距 10m。

（3）在救援井井口与井下电极系间距 d_1、井下电极系与探管间距 d_2取值相同，地表电极所处位置相同时，与基于单电极救援井与事故井连通探测系统相比，基于三电极系救援井与事故井连通探测系统所测得的磁场信号强度更大，同时利用探测工具所测得的两井间距的测量误差更小。因此，基于三电极系救援井与事故井连通探测系统更适用于救援井与事故井的连通导向工况。

6.5 本章小结

（1）本章为了验证基于单电极和基于三电极系救援井与事故井连通测距导向算法的准确性以及对计算结果可信度进行评价，设计加工了救援井与事故井连通探测系统样机并进行了模拟井试验，为进一步完善救援井相对事故井的磁测距导向算法提供了理论支持。

（2）通过对比基于单电极救援井连通探测系统样机与单电极功能下救援井连通探测系统样机的模拟井试验，两种单电极救援井与事故井连通探测系统样机试验结果规律是一致的，但是在相同参数条件下，基于单电极救援井连通探测系统样机的测量误差要比单电极功能下连通探测系统样机小得多。这是由于在单电极功能条件下的连通探测系统样机的电流信号发射源更容易受到井下三电极系其他组件的影响，同时两种样机的地面供电设备的工作原理有很大的区别，在实际工况中要结合实际条件选择合适的连通探测工具。

（3）通过对比基于单电极和基于三电极系的救援井与事故井连通探测系统样机模拟试验结果发现，后者提高了电流信号发射源的强度，增强了探管探测磁场强度信号的能力，增大了探测系统的测距范围，对探管灵敏度的要求也明显低于前者，因此基于三电极系的救援井连通探测系统更有利于在实际工况中的应用。

（4）救援井与事故井连通探测系统样机模拟井试验结果表明，在满足井场通电条件限制范围内，地面交流电源为井下电极提供电流越大，探管所检测到的磁场强度信号越强；信号达到一定强度后，地面供电电流的变化对两井间距的测量误差影响很小。虽然试验过程中井下电极系与探管间距取值越大，利用连通探测系统所测得的两井间距的测量误差越小，但在实际应用中需要根据两井间距优化设计电极系与探管的间距。

第七章　救援井与事故井大角度连通测距导向算法

7.1　工作原理及测距导向计算方法

一般情况下所钻救援井井型如图1.1和图1.4所示，但在实际应用中，有些事故井的井深较浅，因此救援井到事故井的连通点距离井口较近，无法通过常规的救援井井型来达到压井的目的。在这种情况下，救援井不可能设计为与事故井轴线平行连通，为此救援井需要以大角度水平钻进直至与事故井直接对接[36]，此时需要采用救援井与事故井大角度连通导向系统引导救援井的定向钻进。当救援井与事故井接近垂直相交时，虽然救援井末端为水平井段，但要使救援井在同一水平面内与事故井直接对接相对更加困难，因此救援井与事故井大角度连通导向系统的研发也具有重要的实际意义。

当事故井为浅井时，救援井与事故井的对接点相对较浅，在救援井距离事故井较远时，可以采用传统的测量技术指导救援井的导向钻进[93,94]；当救援井钻进至离事故井50~60m时，救援井已钻至水平段，在这种情况下救援井到达事故井的速度很快，如果没有精确的导向测量，救援井很容易偏离事故井而无法连通，此时传统的测量技术已不能满足救援井相对事故井准确方位的要求，需要换用救援井与事故井大角度连通导向系统。

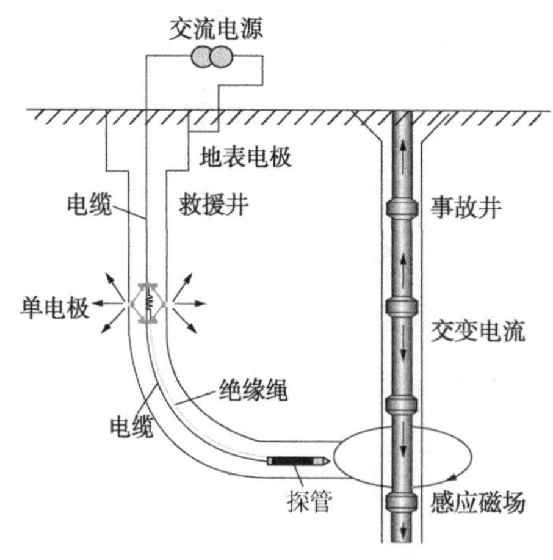

图1.59　救援井与事故井大角度连通导向系统工作原理

图1.59为救援井和事故井大角度(60°~90°)连通导向系统工作原理示意图。如图1.59所示，该连通导向系统的基本工作原理和救援井与事故井连通探测

系统相同，在此不再赘述，区别仅在于由于此时救援井中的探管处于水平井段，探管最大灵敏度轴线与救援井轴线重合，而与事故井轴线近似垂直，同时钻井工程师需要的唯一导向信息是救援井末端相对于事故井轴线是往左偏还是往右偏，此时救援井下一步的钻进方向只需在同一个平面内调整，因此垂直方位的变化可以不考虑。

如图 1.60 所示，利用救援井与事故井大角度连通导向系统的信号接收器探管探测由事故井套管内电流产生的磁场沿探管轴向的分量 $\boldsymbol{H}_a$。如果救援井与事故井垂直相交，则事故井套管上聚集的电流产生的交变磁场将垂直于探管的最大灵敏度轴线方向，此时探管将没有输出信号[36]；如果救援井与事故井没有对接，救援井的钻进方向偏离事故井的夹角为 θ，救援井的持续钻进导致其偏向事故井一侧，此时事故井套管周围的磁场存在沿探管最大灵敏度轴线方向的分量 $\boldsymbol{H}_a$ 和垂直于救援井钻进方向的分量 $\boldsymbol{H}_p$，其中探管轴线方向分量 $\boldsymbol{H}_a$ 与目标井套管上的交变电流有 180°的相位差，该磁场分量的大小与救援井在水平面内偏离事故井的角度 θ 成正比[36]，同时该磁场分量的大小也表示救援井偏离事故井的程度。因此，既不需要确定探管的自身方位，也不需要测量地磁场或者重力场就可以实现救援井相对于事故井的精确导向[9]。下面从理论上确定事故井套管周围的交变磁场沿最大灵敏度轴线方向的分量 $\boldsymbol{H}_a$ 的大小。

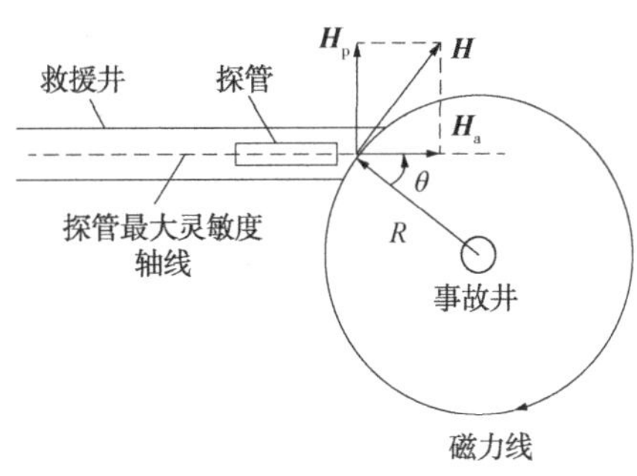

图 1.60　救援井与事故井大角度连通相对位置计算模型

如何利用目标井套管上聚集的电流来计算其在套管周围地层中产生的交变磁场是救援井与事故井大角度连通导向系统进行导向控制的理论关键。如图 1.60 所示，在地层中救援井垂直于事故井轴线，已知其钻进方向偏离事故井的夹角为 θ，事故井套管上聚集的向下流动的电流强度为 $I_3(z)$，探管到事故井套管轴线的距离为 r，则由事故井套管内向下流动的电流 $I_3(z)$ 产生的磁场沿井筒轴向的分量 $\boldsymbol{H}_a$ 可由式(1.53)求得

$$\boldsymbol{H}_a = \frac{I_3(z) \cdot \sin\theta}{2\pi r} \tag{1.53}$$

如图 1.61 所示，此时探管轴线与事故井轴线垂直，因此测段的平均井斜角 $\alpha_c = \pi/4$，将其代入式(1.19)中，可得当救援井与事故井垂直连通时事故井套管上聚集的向下流动的电流为

$$I_3(z)=\frac{\sqrt{2}dr_e^2I_0}{8\left(1+d^2/2\right)^{\frac{3}{2}}\left(r+\sqrt{2}d/2\right)^3} \tag{1.54}$$

将式(1.54)代入式(1.53)中，可得

$$\boldsymbol{H}_a=\frac{\sqrt{2}dr_e^2I_0\cdot\sin\theta}{16\pi r\left(1+d^2/2\right)^{\frac{3}{2}}\left(r+\sqrt{2}d/2\right)^3} \tag{1.55}$$

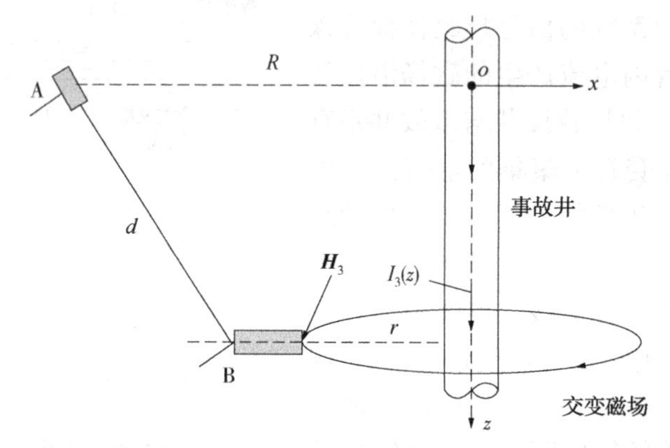

图1.61 救援井与事故井垂直连通时事故井套管对地层电流的响应

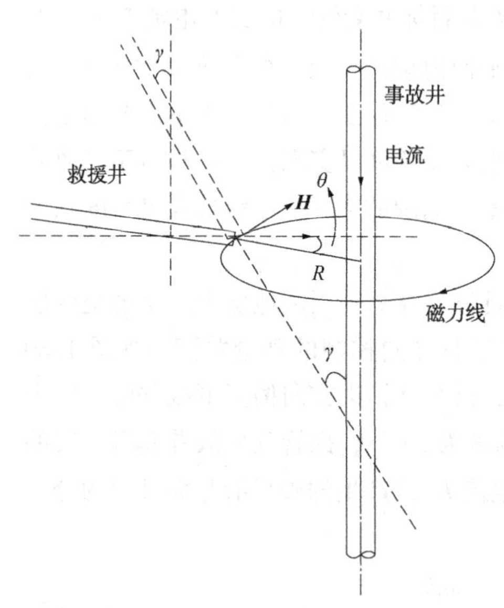

图1.62 救援井与事故井大角度连通相对位置空间示意图

在实际情况下，救援井实际上并不垂直于事故井轴线，如图1.62所示，救援井中工具轴线与事故井之间的夹角为γ，此时由事故井套管内电流产生的磁场沿探管最大灵敏度轴线的分量$\boldsymbol{H}_a$可表示为

$$\boldsymbol{H}_a=\frac{\sqrt{2}dr_e^2I_0\cdot\sin\theta\cdot\sin\gamma}{16\pi r\left(1+d^2/2\right)^{\frac{3}{2}}\left(r+\sqrt{2}d/2\right)^3} \tag{1.56}$$

利用MWD工具可以测得救援井中工具轴线与事故井之间的夹角γ，通过探管探测到的磁场信号的大小结合救援井测斜数据，利用以上两式就可以计算出救援井偏离事故井的夹角θ以及救援井底部与事故井套管之间的距离r，即可确定救援井在某一设定井深与事故井的相对位置[5,36]。钻井工程师根据这些计算结果调整救援井下一步钻进轨迹，直至与事故井连通。

7.2　探管及电子电路设计

利用救援井与事故井大角度连通导向系统中的探管来检测沿事故井套管向下流动的交变电流产生的磁场强度时，探管的设计相对比较简单，其基本组件为一个高灵敏度的环芯式交变磁场传感器[95,96]。如图 1.63 所示，交变磁场传感器的激励线圈缠绕在环形铁磁物质上，感应线圈绕在环形磁芯外面。激励磁场和被测磁场的方向相同[97]。传感器的轴线与探管的最大灵敏度轴线平行，也与救援井的水平段轴线平行。

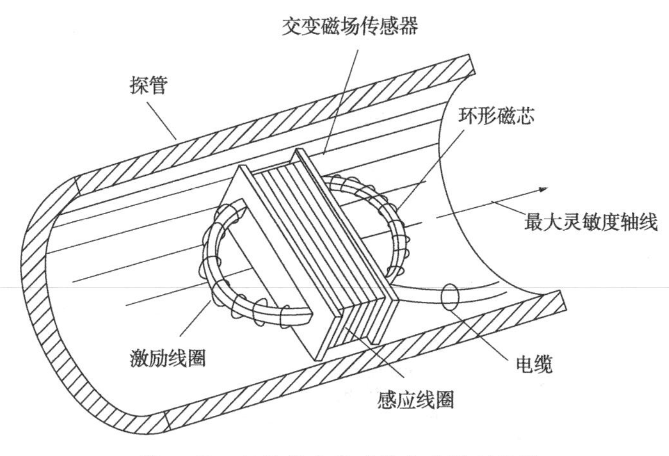

图 1.63　环芯式交变磁场传感器剖面图

图 1.64 为救援井与事故井大角度连通导向系统电子电路控制示意图，整个电子电路包括两部分：井下导向工具和地表设备[98]。如图 1.64 所示，导向工具包括一个模拟/数字转换器，其利用电缆接收来自探管内交变磁场传感器的输出信号，将信号转换成数字形式，然后利用适合的遥测线路通过电缆将其传送给地表设备。导向工具提供一个晶体振荡器线路和一个直流电源稳压器用来操作 A-D 转换器和遥测线路，同时为探管提供所需的激励信号[99]。

地表设备包括交流电源，其为电极提供交流电，也包括一个为井下设备供电的电源。地表设备接收来自井下遥测系统的信号，通过译码器将其传送到个人电脑，电脑主要有两个功能：一是解调井下探管探测到的微弱磁场信号；二是结合地表设备中的晶体振荡器与交流电源傅里叶分析这些信号，计算事故井套管周围交变磁场的强度和救援井相对于事故井的方位，从而确定救援井应该偏向什么方向来和事故井连通[100]。

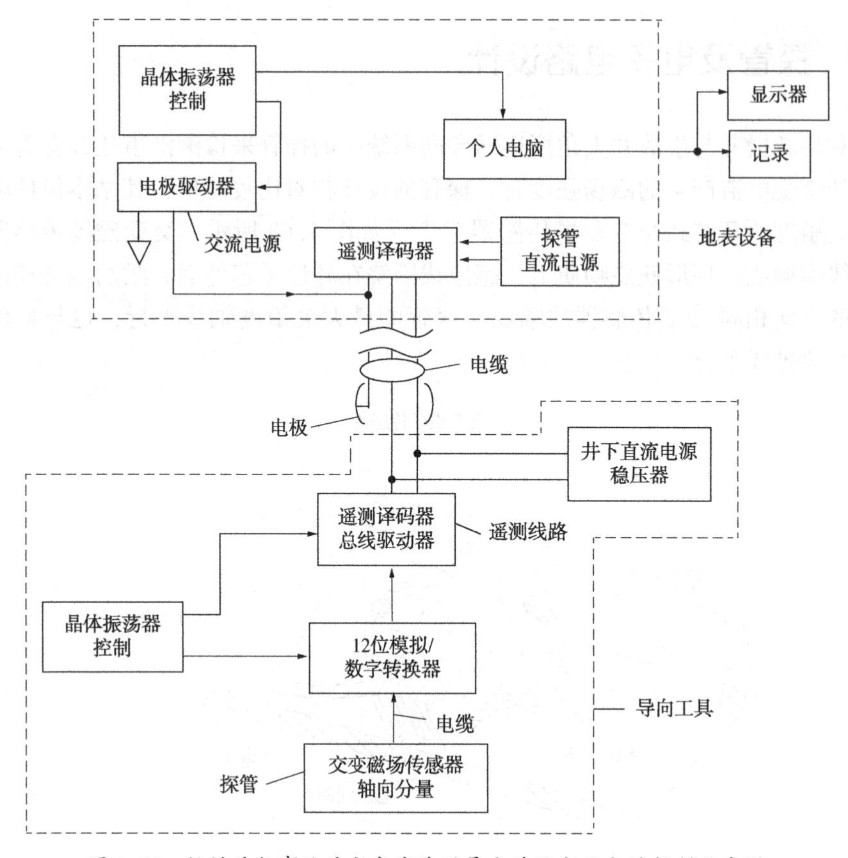

图 1.64　救援井与事故井大角度连通导向系统电子电路控制示意图

7.3　低频交变电流的传播与衰减的影响因素

利用 COMSOL 软件对在上述原理基础上建立的模型进行模拟仿真，用几何图形的方法模拟出地层和钻入地层的一口事故井，并在事故井附近一定距离上布置一个通电电极向地层中注入电流，通过分析通电电极注入地层的电流在事故井套管周围汇聚的电流密度的大小及分布规律，将数据传递到地面，经过数据分析处理，可以计算推导出救援井和事故井的相对距离和方位，将其信息传递给现场，指导救援井的钻进。

如图 1.65 所示，该模型为上述原理的全空间模型。该模型中垂直地层的方向为 z 轴(即事故井套管的方向)。模型中选取了合适地层的计算模型和接电电极与接地电极的位置，使该模型符合实际钻井要求，并有足够反应电流传播规律的地层范围。

模型中模拟的岩层，深度为 1000m，在其中用几何模拟出一口半径为 125mm 的事故井。空气的电导率几乎为 0，在模型中不可为 0，取 10^{-7} S/m。在深 100m 的地层中，由于地层的非均质性、岩层的分层现象，经过多个岩层电导率的分析计算和实际地层的特征，取岩层电导率为 1S/m，事故井套管的电导率大得多，取 10^{7} S/m。通电电极布置在地层垂直向下 600m 事故井套管的附近，通入 1A 的电流，接地电极布置在地面上，并连接着地面的数据接收设备[101]。如果改变模型中各元素的空间布局，所产生的信号就会不同，地面设备所得到并计算出的结果就会有很大区别。

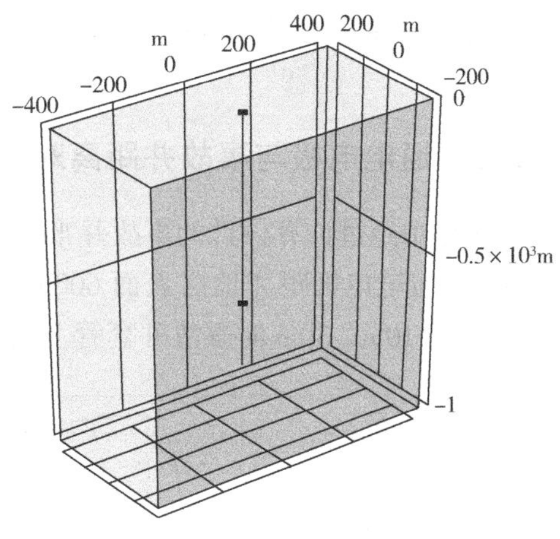

图 1.65　全空间模型

事故井套管的导电性比地层大得多，通电电极注入地层的低频交流电大部分汇聚在事故井的套管上，小部分电流在地层内传播。图 1.66 为电流在套管上汇聚形成的电场线分布图，其中由于空气电导率和地层电导率也有很大差距，在地层和空气交界处电场线发生转折，但是大部分电场线都闭合，从通电电极出发，回到接地电极。

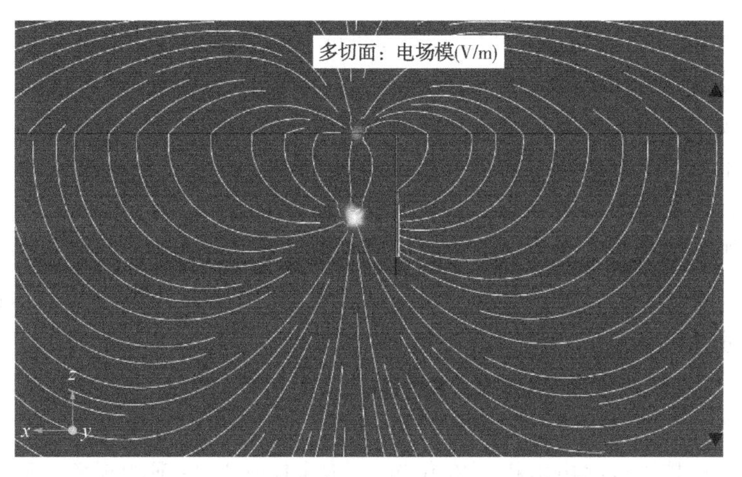

图 1.66　电流在套管上汇聚形成的电场线分布图

下面研究了事故井上汇聚的电流密度模量及 z 方向上电流密度受通电电极和事故井距离、两电极之间距离、不同的事故井套管半径的影响，分析影响救援井连通探测系统测量信号受影响的因素，从而使系统的测距导向能力更精确可靠。

7.3.1 通电电极与事故井距离对电流密度的影响

模型中经过计算设计的事故井半径为125mm，接电电极和接地电极垂直距离600m(即接电电极距离地层表面600m)。图1.67描述了事故井和通电电极的距离为1m、10m、30m时事故井套管上的电流密度模分布规律。

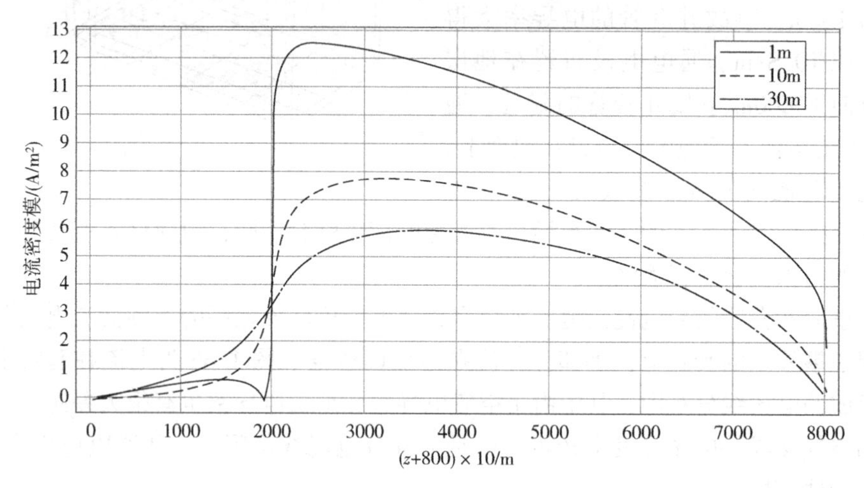

图1.67 接电电极与事故井距离1m、10m、30m时事故井套管上的电流密度模分布规律

从图1.67中可以看出，通电电极和事故井的距离越小，套管上汇聚的电流密度模值越大。当通电电极和事故井间距为1m时，电流密度模的0点位置在位于通电电极所处的深度处。当通地电极和事故井的水平距离为10m时，电流密度模的0点不在通电电极附近，而是远离通电电极。而当间距为30m时，图1.67中没有出现电流密度模的0点，且更加远离通电电极。

随着距离的增大，套管上电流密度的0点远离通电电极。通电电极和套管的距离越小，事故井上电流密度的变化幅度越大，即汇聚的电流越大。因此，通电电极和事故井距离越远，越不利于信号的收集[102]。事故井上汇聚的电流密度z分量(垂直于事故井方向)如图1.68所示。

当事故井和接电电极之间距离为30m时，电流密度z轴分量全为正值。距离越小，该0点越接近接电电极所在位置，与图1.68所呈现的现象一致。间距为1m时，电流密度最大值点位于事故井下深580m处，在该处电流密度最大，电流最强。在该点处的电流及磁场的信号较强，因此在此处布置传感器接收信号得出的结论会更准确。

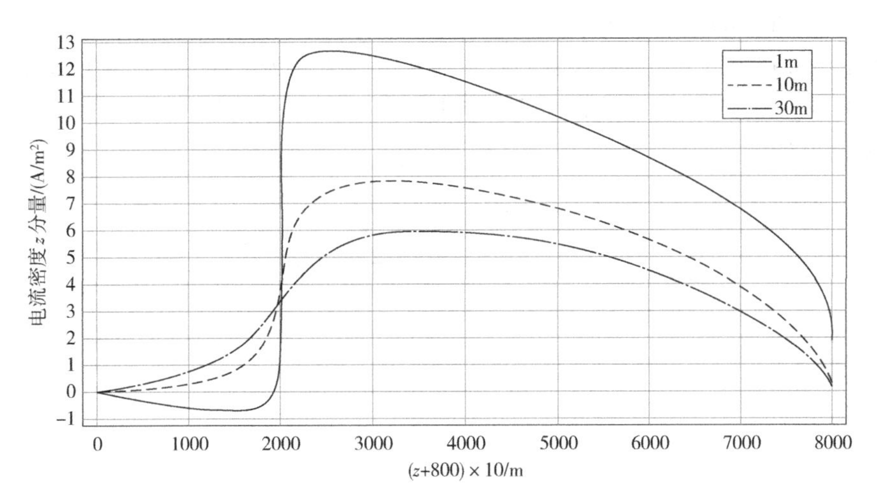

图 1.68　事故井上电流密度 z 分量

7.3.2　电极之间距离对电流密度的影响

图 1.69 表示事故井半径为 125mm，通电电极和套管的距离为 1m 时，随着两电极之间距离的改变，套管上电流密度模也会发生变化，其他地层参数不改变。

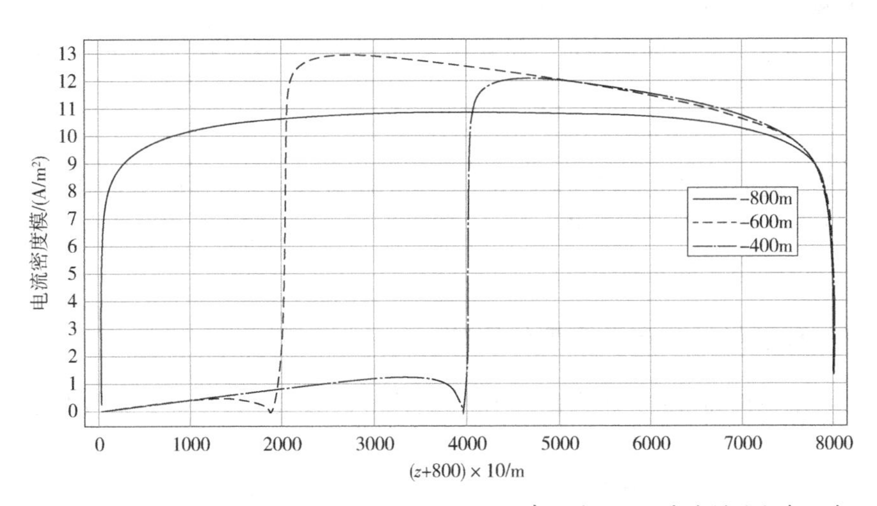

图 1.69　两个电极距离为 400m、600m、800m 时事故井上电流密度模的分布规律

由图 1.69 可知，两个电极之间的距离改变，对套管上电流密度模的幅值影响不大，主要影响的是套管上电流密度 0 点的分布。随着通电电极下深的增加，电流密度模的最大值所在位置也不断加深[103]。当两电极之间距离为 400m 和

600m 时，图 1.69 中出现电流密度模 0 点，分别在 410m 处附近和 620m 处附近，即通电电极在岩层下布置的位置附近。而两电极距离为 800m 时，由于模拟的岩层范围不够大，套管上电流密度模 0 点未在图中显示。事故井上电流密度 z 分量如图 1.70 所示。

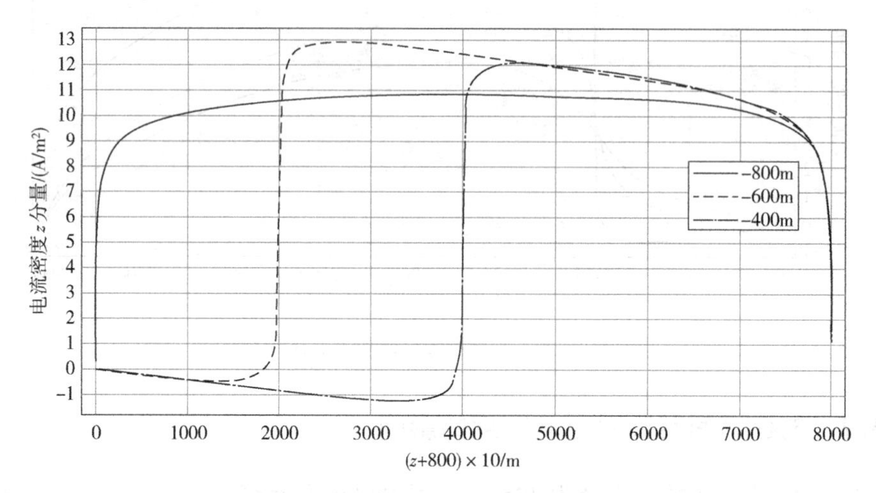

图 1.70　事故井电流密度 z 分量

由图 1.70 可知，事故井套管周围汇聚的电流密度 z 分量和电流密度模值所呈现的数据大致相同，距离为 400m 和 600m 时，图中显示出电流密度 0 点，即电流会沿事故井套管向下传播；距离为 800m 时，依旧没有在图中显示出电流密度 0 点，并且电流密度最大值变化不大，即对事故井汇聚电流能力无太大影响。

显然，随着两电极间隔越来越大，产生的电流越大，从而产生的磁通密度越大，越有利于数据接收和观测，因此加深接电电极在地层中布置的位置，可以提高数据接收的强度和准确性。

7.3.3　套管半径对电流密度的影响

当接电电极和事故井距离保持 1m，其他底层参数不改变时，事故井半径发生变化对其上汇聚的电流密度的影响如图 1.71 所示。

显然，当事故井半径为 125mm、213.9mm、315.5mm 时，事故井的半径越小，其事故井套管上汇聚的电流密度模值越大；半径越小，电流密度模的改变幅度越大，且电流密度模值 0 点在 620m 附近(接电电极所在位置)。经过比较，事故井半径为 125mm 时，其汇聚电流的能力最强，更有利于传感器接收信号，因此事故井套管选择 125mm 最合适。其事故井电流密度 z 分量如图 1.72 所示。

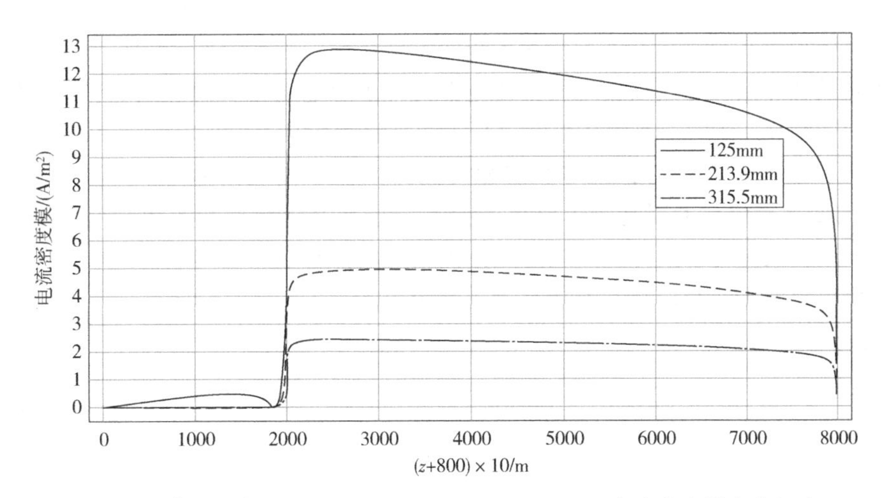

图 1.71　事故井半径为 125mm、213.9mm、315.5mm 电流密度模分布规律

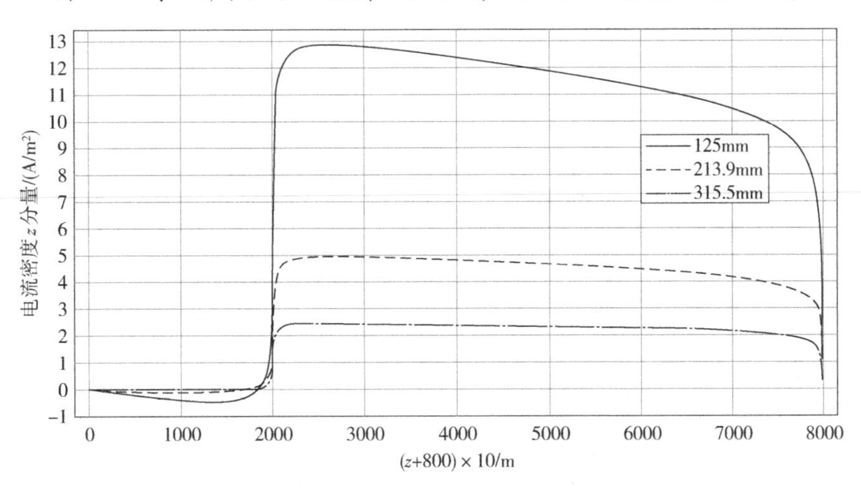

图 1.72　事故井电流密度 z 分量

当事故井半径为 125mm、213.9mm、315.5mm 时，电流密度 z 分量所呈现的和图 1.71 电流密度模相差不大，电流密度模值为 0 处基本吻合，且事故井半径越大，电流密度 z 分量越小。在电流密度 0 点下方，电流密度为负值很小，注入地层的电流大部分在事故井周围向上流动，很小部分向下流动，因此传感器的灵敏度必须很强，才能接收到其磁信号。显然，事故井半径越小，事故井上的电流越大，数据接收能力更强；反之，则数据接收能力变弱。

综上所述，接电电极和事故井距离越小，两电极之间的垂直距离越大，事故井半径越小，越有利于信号的收集，即计算测量的救援井和事故井的相对距离和方位就会更加精准。

救援井与事故井大角度连通导向系统为探管中心轴线与事故井轴线垂直时基

于单电极救援井与事故井连通探测系统的特殊情况，因此根据LW21-1-1探井的救援井设计方案，分别改变地面交流电源为井下单电极提供的电流I_0、单电极与探管的间距d，在采用救援井与事故井大角度连通导向系统时，救援井中探管检测到的磁场强度大小与救援井和事故井间距的关系曲线[图1.73(a)和图1.73(b)]的变化规律与采用基于单电极救援井与事故井连通探测系统相同，区别在于在采用救援井与事故井大角度连通探测系统时探管检测到的磁场强度信号要比基于单电极救援井与事故井连通探测系统小得多。

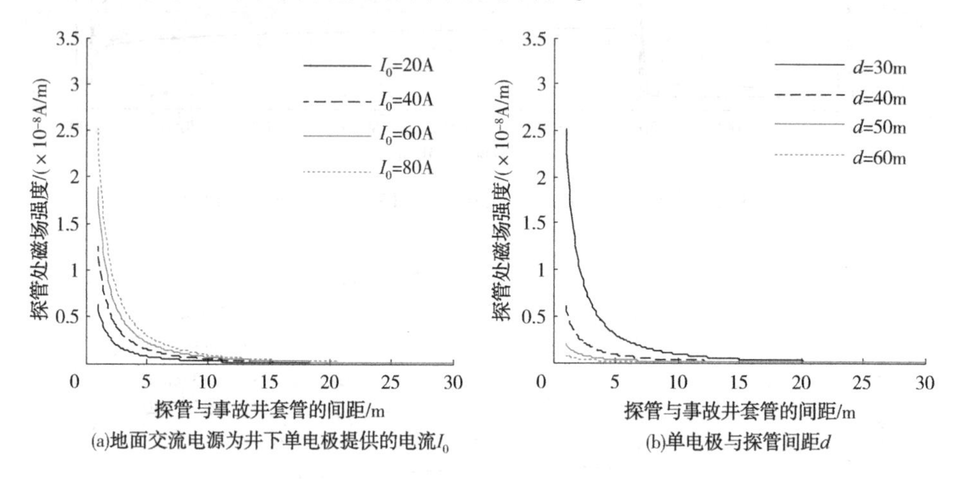

图1.73　2个参数对探管处磁场强度数值的影响

7.4　本章小结

(1)当事故井的井深较浅时，救援井与事故井的连通点距离井口较近，救援井只能与事故井以大角度(60°~90°)连通。此时需要采用救援井大角度连通导向工具引导救援井的定向钻进。当救援井与事故井接近垂直相交时，救援井末端为水平井段，救援井大角度连通导向工具的研发相对比较容易实现。

(2)救援井大角度连通导向工具无法实现随钻量，每次测量都需要提出钻头、钻杆，大大增加了钻井时间，因此，研发随钻测量救援井大角度连通导向工具势在必行，而且还可以在老井侧钻和丛式井邻井防碰中发挥重大导向作用。

(3)救援井大角度连通导向工具工作时，需要利用地面交流电源为井下电极通入低频交流电流，由于电流在地层中衰减严重，要求井下电极可以产生较大电流；同时，在事故井套管上流动的电流产生的交变磁场非常微弱，必须要求探管中的交变磁场传感器至少可以探测小于10^{-2}伽马的磁场。因此，产生大电流的电极和具有高灵敏度的交变磁场传感器将是我们自主研发救援井大角度连通导向工具首先要攻克的难题。

第八章　目标井口通电救援井连通探测系统测距导向算法

常规连通探测系统是通过将电流注入电极置于救援井中，利用井下电极提供低频交变电流，注入地层的电流在事故井套管上聚集，形成沿套管向上、向下的低频交变电流，并产生交变磁场，通过测量该磁场信号能够得到事故井和救援井之间的距离和方位。但是在研究过程中发现，常规连通探测系统无法应用于存在大量套管井的地区，受到邻井套管柱的干扰，会导致救援井连通探测系统的测量信号出现较大的偏差。为了解决这一难题，本章利用绝缘电缆将电极置于裸眼目标井中然后向地层中注入低频交变电流来产生磁场，利用这种方式注入地层的低频交变电流的强度要远大于常规救援井与事故井连通探测系统，而且可以避免常规救援井连通探测系统测量信号受邻井套管柱的影响，测距导向能力更精确可靠。

8.1　电流源与事故井距离对电流密度的影响

救援井与事故井连通探测系统的电流信号发射源和信号接收器(探管)均置于救援井中，从而适用于事故井井口因着火或释放有毒气体而无法接近的工况，但是在存在大量套管井的地区，该探测系统容易受到周围多口已钻井已下入套管的磁影响，因此并不能适用于丛式井邻井防碰的工况[13]。这是因为一方面该探测系统的电流信号发射源注入地层的低频交变电流会在救援井周围所有井的套管上聚集，产生多重磁场来干扰探管需要探测的有效磁场信号，从而使得救援井与目标井的连通导向变得更加困难；另一方面，救援井与事故井连通探测系统仅适用于包含套管或钻杆等金属导体的目标井和裸眼、未下套管的救援井，而不能用于裸眼、未下套管的目标井[104,105]。

当目标井所在区域存在多口井时，需要利用绝缘电缆将电极置于裸眼目标井中然后向地层中注入低频交变电流来产生磁场，利用这种方式注入地层的低频交变电流的强度要远大于救援井与事故井连通探测系统。如图 1.74 所示，救援井与事故井连通探测系统的地面供电设备位于救援井井口附近，用于为井下电极和

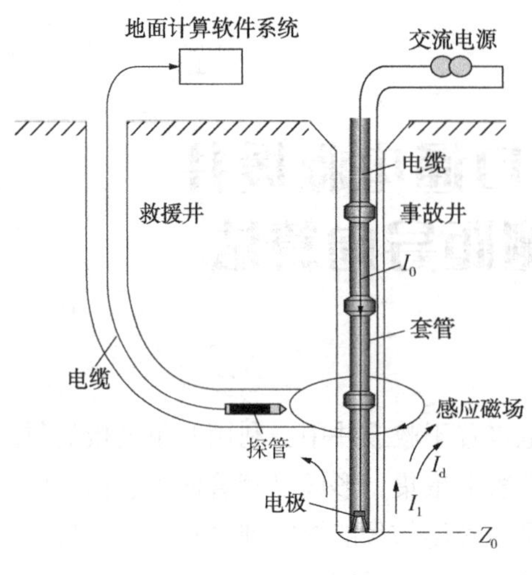

图 1.74　目标井口通电救援井连通探测系统工作示意图

地面信号采集和处理设备供电；接地电极与救援井的井口套管连接且接触性良好，用于接收由井下电极注入地层后在事故井套管上聚集的向上流动的电流及由井下电极注入地层、未在事故井套管上聚集的部分电流，以便形成电流回路；地面信号采集和处理设备与电缆相连，用于接收井下检测到的、由电缆传至地面的数据并进行数据处理，根据这些数据就可以计算出救援井与事故井套管的相对距离和方位。

电极位于绝缘电缆末端，如果目标井为套管井，电极接触目标井内金属套管的底部；如果目标井为裸眼井，则电极直接接触未下套管井的底部或者在预期对接点下部一段距离与井底地层接触[13]。电缆的上部末端与地面交流电源的一侧相连，地面交流电源的频率一般为 1~30Hz。电源的另一侧与地层相连。电流 I_0 由交流电源流出沿电缆向下流动，绝大部分经电极后沿套管或沿井周围地层向上流动，有很小部分会由电极流入目标井周围地层中而消散，该部分可以忽略不计。

8.2　目标井口通电救援井连通探测系统测距导向算法

如图 1.75 所示，在已下套管的目标井内向上流动的注入电流 I_1 主要在套管内流动，其大小接近于由地面交流电源直接流出的电流 I_0，但是由于电极与套管或周围地层相接触，电流 I_1 会有一部分向外泄漏流入地层，该部分泄漏电流表示为电流 I_d。取电极与套管的接触点为 z_0，沿目标井轴线向上方向为 z 轴，向上流动的电流 I_1 在点 z_0 处为最大值 I_0。把整个井眼都看成是强导电性的介质，以此来分析套管井井眼与周围地层中的电场分布。电流向上流动并逐渐往地层中消散，I_1 沿轴线按指数规律衰减，如图 1.75 所示。

在接触点 z_0 以上任意给定距离 z 处，套管中的电流 I_1 可表示为[106]

$$I_1 \approx I_0 e^{-z/\delta} \tag{1.57}$$

其中

$$\delta = \sqrt{\rho_e S_c} = \sqrt{\frac{2\pi r_c h_c \sigma_c}{\sigma_e}} \tag{1.58}$$

式中 δ——套管导电特征长度；

S_c——单位长度套管的电导[107,108]，$S_c = 2\pi r_c h_c \sigma_c$；

σ_e、σ_c——地层电导率和套管电导率，S/m；

ρ_e——地层电阻率，Ω·m；

r_c——套管半径，m；

h_c——套管管壁厚度，m。

沿套管任意点处的总电流 I 为由交流电源流出沿电缆向下流动电流 I_0 与沿套管向上流动电流 I_1 两者之差。

在未下套管的井中，地面交流电源提供的电流 I_0 在 z_0 处被注入地层并且在井筒周围向上流动，如图 1.75 所示在井附近的电流 I_1 以指数规律消散，即图 1.75 所示的电流 I_d。电流 I_1 与注入电流 I_0 相反，因此对未下套管的井，净电流为两者的差，这一点与套管井相同。

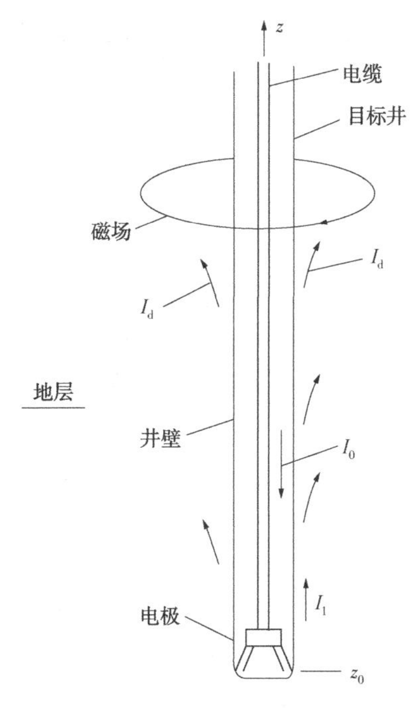

图 1.75 电流从目标井末端流入周围地层示意图

目标井中的净电流产生磁场，该磁场与直井筒的轴线 z 互相垂直。消散到地层中的电流从目标井内向各个方向流动，也就是说消散的电流在各个方向上是均匀的，不会产生净磁场[9]。在垂直于目标井平面内的净磁场可以通过电缆和套管电流之间的差值进行计算。在电极上部距离 z 处，净磁场可表示为

$$H \approx \frac{I_0}{2\pi r} - \frac{I_1}{2\pi r} \tag{1.59}$$

式中 H——磁场强度，A/m；

r——到套管的径向距离，m。

在电极接触点上部距离 z 处，磁场强度为

$$H = \frac{I_0}{2\pi r} - \frac{I_0 e^{-z/\delta}}{2\pi r} \tag{1.60}$$

由式(1.60)可知，净磁场等于电极注入电流与套管中(或者是未下套管的井筒周围地区)电流产生的磁场的差值[5~7]。

救援井在目标井底部以上选定距离 D 处开钻，这个距离等于或大于距离 z_1，在点 z_1 处套管中或井周围地层中向上流动的电流 I_1 消散为最大值的 37%或者小于该值，如图 1.76 所示。在这个水平上，依赖于电缆电流 I_0 的磁场要比套管电流 I_1 产生的磁场占优势，因此该磁场强度用来提供救援井相对目标井的精确和可靠

导向，要比其他探测系统更实用。

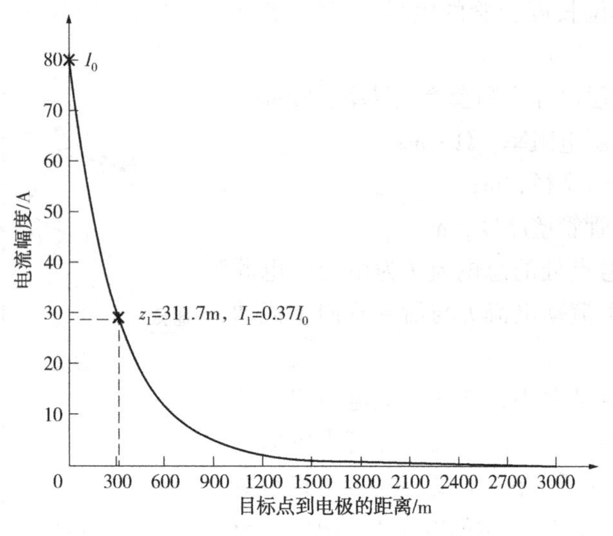

图 1.76　目标井套管内电流衰减示意图

8.3　目标井口通电电流注入法模型模拟

因为救援井必须在没有套管的井或裸眼井中布置供电电极，使其向地层注入电流，之后在事故井套管形成汇聚电流，所以将供电电极看作电流源，通过绝缘电缆放入救援井井底，井地电流注入法的二维模型如图 1.77 所示。图 1.77 中将供电电极布置在地面上或地平线以上，接地电极水平方向上距离事故井套管和供电电极到事故井套管的水平距离相等。供电电极位于地面以下 200m 处，事故井套管长度初始值为 400m。

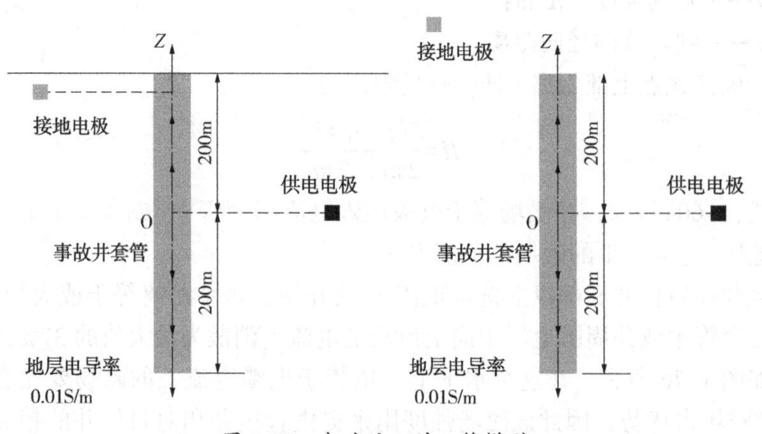

图 1.77　电流注入的二维模型

根据图 1.77 所建立的二维半空间的物理模型，利用 COMSOL 软件构建出事故井和救援井探测的全空间物理模型，获得事故井套管上的二维电流密度大小及分布情况，从二维电流密度分布情况可知。随着空间模型的不同，事故井套管上汇聚的电流大小以及分布规律也会随之改变，从而影响对事故井和救援井的相对距离和方位测量的精度和准确性[109]。基于 COMSOL 软件所构建的全空间模型，下面进行了供电电极注入地层电流大小和套管长度对事故井上汇聚电流密度的影响的分析。

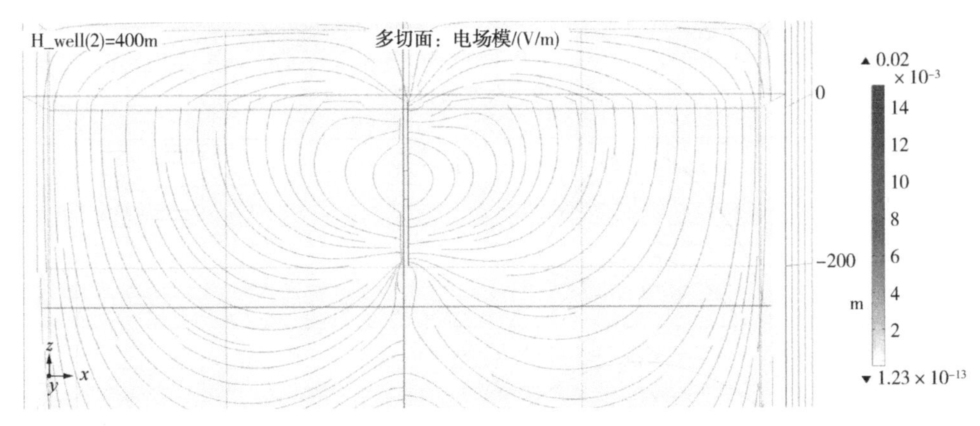

图 1.78　套管长度为 400m 时电场线分布图

图 1.78 为地层中 400m 的套管在地层注入电流条件下的电场线分布图，由于空气的电导率几乎为 0，地层电导率为 0.01S/m，相差很大，所以电场线在地层和空气交接处发生转折，但是大部分电场线规律依旧是从接电电极发出，最后回到接地电极。

利用 COMSOL 软件建立的全空间模型如图 1.79 所示，上半部分的介质为空气，没有导电性，电导率几乎为 0；下半部分介质是岩层，电导率取 0.01S/m，接近真实岩层电导率。将事故井和救援井模拟成两个等径圆柱体，套管电导率为 10^7S/m，在救援井井底设置一个供电电极，地面设置一个接地电极。再对模型进行网格剖分计算，其中模型中事故井套管下深 400m，半径为 125mm，救援井在事故井附近 5m 处，下深 200m，接下来对套管汇集电流密度的影响因素进行分析。

8.3.1　通入电流大小对套管汇聚的电流密度的影响

当通入电流分别取 10A、20A、30A 时，对套管汇聚的电流密度的影响规律如图 1.80 所示。

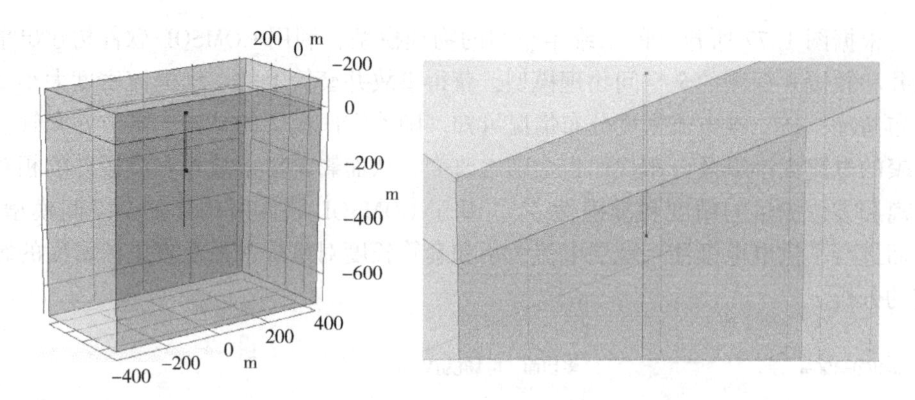

图 1.79　全空间模型

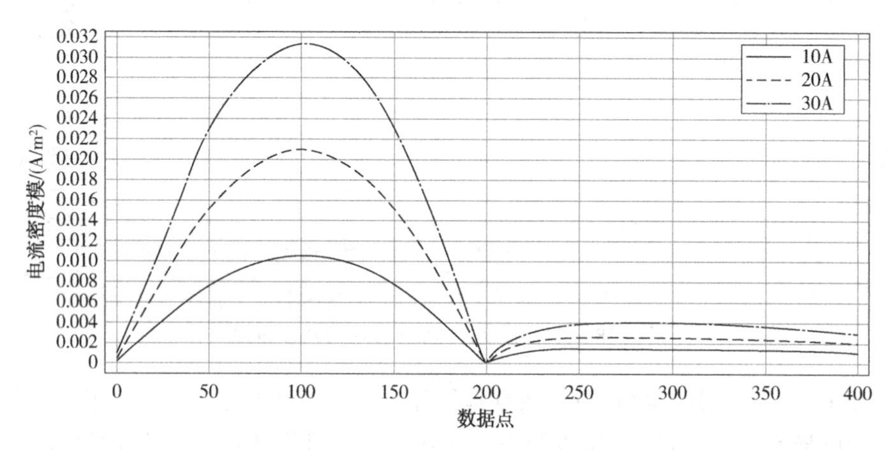

图 1.80　通入电流大小对汇聚的电流密度的影响

由图 1.80 可知，通电电极向地层注入的电流越大，套管上汇聚的电流密度模值越大。电流密度模先增大后减小至 0，在下深 100m 处电流密度最大，电流最强。电流密度模值为 0 的位置在套管下深 200m 附近，即供电电极所在的深度处，下深至 200m 之后，电流密度模值变化幅度很小。因此，在救援井的实施钻进过程中，在条件允许的前提下，为了增大测量范围、提高探测深度，应尽可能增大注入地层的电流。

8.3.2　套管长度对汇聚电流密度的影响

在建立的全空间模型中，电极和事故井套管之间间距保持不变为 5m，救援井下深不变为 200m，井底的供电电极位置不变，其注入地层电流为 10A，空气电导率几乎为 0，地层电导率取 0.01S/m，套管电导率取10^7S/m，分别取套管柱长度为 200m、400m、600m 时，分析套管长度的不同对套管柱汇聚电流密度的影响，影响规律如图 1.81 所示[10]。

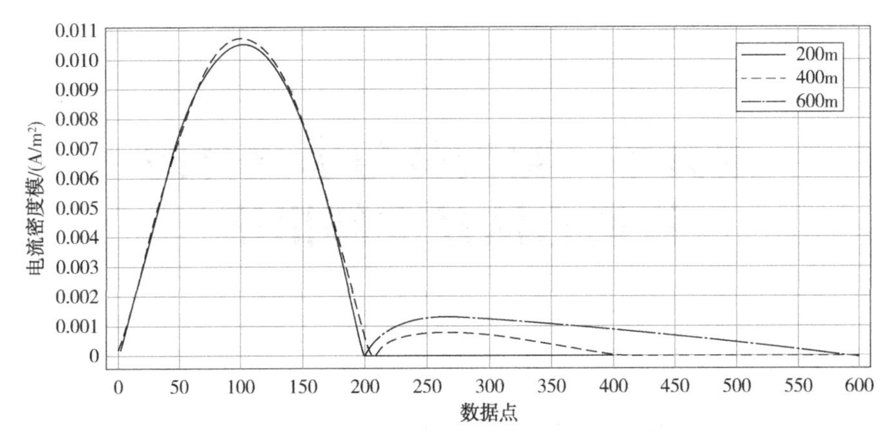

图 1.81　套管长度对汇聚电流密度的影响

从图 1.81 中可知，电流密度模的 0 点位置在套管下深 200m 附近，即供电电极所在的深度处。在供电电极以上 200m 的套管柱的汇聚的电流密度模值基本相等，此时套管长度的不同对该部分无影响，且都在 200m 处达到最小为 0。随深度的增加，200m 套管达到 0 之后不再变化。随着套管柱长度的增大，套管柱对应的汇聚电流密度模值也相应地增大，但并没有呈现出线性关系，电流密度增加的幅度随着套管长度的增加而减小。

8.4　本章小结

(1) 针对目前国内对救援井探测定位相关技术的现状，本章提出了目标井口通电救援井连通探测系统原理及测距导向算法，为连通探测系统后续研究提供了重要的理论依据。

(2) 通过绝缘电缆将电极置于裸眼目标井中，利用这种方式注入地层的低频交变电流的强度要远大于常规救援井与事故井连通探测系统。电极提供的电流越大，事故井套管上汇集的电流密度模值越大。为了增大连通系统的测量范围、提高探测深度，应尽可能增大注入地层的电流。

(3) 其他条件不变的情况下，套管汇聚电流大小随其长度的增加而增大，并没有呈现出线性关系，并且增大的幅度随套管长度的增加而减小。利用有限元仿真分析软件对理论原理模型模拟和物理场进行分析，为通电救援井连通探测系统测距导向系统的研究提供了重要的理论依据。

(4) 连通探测系统容易受到周围多口已钻井已下入套管的磁影响，因此并不能适用于丛式井邻井防碰的工况，仅适用于包含套管或钻杆等金属导体的目标井，而不能用于裸眼、未下套管的目标井。

第九章　救援井与事故井的连通方法及实施措施

9.1　救援井与事故井连通方法

救援井与事故井的连通方法包括：①直接由钻头连通；②低压的酸或者水连通；③水力压裂；④射孔枪或者爆炸；⑤侧钻。

在救援井距离事故井较远时，仍采用传统的测斜工具引导救援井的导向钻进；当救援井钻进至离事故井30m时，继续应用传统的测斜工具已无法保证救援井与事故井的精确连通，此时需要换用救援井与事故井连通探测系统精确探测救援井到事故井的相对距离和方位，以消除救援井与事故井相对位置的不确定性。在换用该探测系统的初期其探测精度相对较小，但随着救援井与事故井间距的减小，探测精度会逐步提高，因此在实际应用中可以根据探测信号的信噪比，采用增加测点的方法(即每隔1m测量一次信号)为定向井工程师提供更多的测量信息，以最终实现救援井井眼轨迹的精细控制。当救援井钻进至距事故井5m以内时，结合井眼轨迹不确定性分析和邻井距离扫描计算即可引导救援井与事故井直接连通，或将救援井引导至事故井附近然后采用压裂等方式使救援井与事故井成功连通。

救援井与事故井成功对接的理想程序是先下油层套管固井，然后射孔压通来制服井喷。采用油管传输式射孔(TCP)来进行连通时，需要高能量的子弹以及定向射孔技术。但必须考虑到当钻达目标点以后两井有可能自然连通，此时不得不用钻进时的那套钻具进行压井作业。

有时候，救援井完钻时的井底距事故井井底非常近，有可能刚刚钻开异常高压地层就发生严重井漏，导致钻井液只进不出。这时候就不允许或不可能再起钻，而必须当机立断，利用原钻具在裸眼内进行压井作业。因此，在即将钻开异常高压地层之前，最后一次下钻时钻头上不要安装喷嘴，这样才有利于用大排量泵入压井液或水泥浆压井。至于最后一次钻所下的钻具组合，仍然根据井眼轨迹能够准确钻达目标点的实际需要来决定。钻柱内带有适当数量的扶正器，有利于在压井过程中防止卡钻，以便压井后能够将钻具顺利起出井口。

当救援井钻开喷层发生严重井漏时，如果进行起钻是错误的，并且是非常危险的。由于在喷层内事故井周围泄压区的抽吸作用，可能将救援井井眼内的钻井液抽空而完全没有液柱，再加上起钻时的抽吸作用，会招致救援井也发生井喷，这就是我们为什么认为钻救援井的时候，必须考虑到被迫利用原钻具在裸眼内进行压井作业的道理，也是为什么在做设计的时候把油层套管作为备用套管来对待的理由。

9.2　救援井与事故井连通实施措施

救援井与事故井连通的具体实施措施主要包括四种情况，具体内容如下所述：

（1）在救援井距离事故井较远时，仍采用传统的测斜工具引导救援井的导向钻进；当救援井钻进至离事故井 30m 时，需要换用救援井与事故井连通探测系统精确探测救援井到事故井的相对距离和方位来精确控制钻进过程；当救援井钻进至距事故井 5m 以内时，结合井眼轨迹不确定性分析和邻井距离扫描计算，引导钻头继续钻进。

（2）如果救援井恰好钻到事故井上，代表救援井与事故井已直接连通。

（3）如果救援井与事故井没有直接连通，则救援井需要继续钻进，当邻井距离扫描显示救援井井眼轨道刚开始远离事故井眼时停钻，利用低压的酸或者水连通；如果不成功则利用水力压裂来建立连通通道。

（4）如果救援井井眼和事故井井眼偏离较远，则需要下入钻具进行侧钻，直至救援井井眼和事故井井眼距离很近，然后再采取上述措施进行连通。

参 考 文 献

[1] 郭永峰，纪少君，唐长全．救援井——墨西哥湾泄油事件的终结者[J]．国外油田工程，2010，26(9)：64-65.

[2] John Wright，Oldham G. General Relief Well Intervention Guidelines[J]. February，1999：13-23.

[3] Robert D G. Blowout and Well Control Handbook[M]. Oxford：Gulf Professional Publishing，2003：90-102.

[4] Grace R D，Kuckes A F，Branton J. Operations at a Deep Relief Well：the TXO Marshall[J]. SPE 18059，1988：367-375.

[5] 刁斌斌，高德利，唐海维，等．救援井与事故井邻井距离探测技术[C]//中国地质学会探矿工程专业委员会．第十六届全国探矿工程(岩土钻掘工程)技术学术交流年会论文集．北京：地质出版社，2011：201-205.

[6] Flak L H，Goins W C. New Relief Well Technology is Improving Blowout Control[J]. World Oil，197(7)：156-163.

[7] Bruist E H. A New Approach in Relief Well Drilling[J]. SPE 3511，1972，24(6)：713-722.

[8] Yu X，Jie J. Relief Well Drilling Technology[J]. International Meeting on Petroleum Engineering. Tianjin，China，1988.

[9] Kuckes A F，Ithaca A S. Subterranean Target Location by Measurement of Time-varying Magnetic Field Vector in Borehole[P]. United States，US4791373. Dec. 13，1988.

[10] 李翠，高德利．救援井与事故井连通探测方法初步研究[J]．石油钻探技术，2013，41(3)：56-61.

[11] Leraand F，Wright J W，Zachary M B，et al. Relief-well Planning and Drilling for a North Sea Underground Blowout[J]. SPE 20420，1992：266-273.

[12] Brooks A G，Wilson H. An Improved Method for Computing Wellbore Position Uncertainty and its Application to Collision and Target Intersection Probability Analysis[J]. SPE 36863，1996：411-420.

[13] Kuckes A F，Ithaca N Y. Borehole Guidance System Having Target Wireline[P]. United States，US5074365，1991.

[14] Mallary C R，Williamson H S，Pitzer R，et al. Collision Avoidance Using a Single Wire Magnetic Ranging Technique at Milne Point，Alaska[J]. SPE 39389，1998：813-818.

[15] 孙东奎，高德利，刁斌斌，等．RMRS 在稠油/超稠油田开发中的应用[J]．石油机械，2011，39(7)：73-76.

[16] Ray T O，John W W，et al. Rotating Magnetic Ranging Service and Single Wire Guidance Tool Facilitates in Efficient Down Hole Well Connections[J]. SPE 119420，2009：1-7.

[17] 刁斌斌，高德利，吴志永．双水平井导向钻井磁测距计算方法[J]．中国石油大学学报(自然科学版)，2011，35(6)：71-75.

[18] 刁斌斌，高德利. 螺线管随钻测距导向系统[J]. 石油学报，2011，32(6)：1061-1066.
[19] 王德桂，高德利. 管柱形磁源空间磁场矢量引导系统研究[J]. 石油学报，2008，29(4)：608-611.
[20] 沈忠厚，黄洪春，高德利. 世界钻井技术新进展及发展趋势分析[J]. 中国石油大学学报(自然科学版)，2009，33(4)：64-70.
[21] 乔磊，申瑞臣，黄洪春，等. 煤层气多分支水平井钻井工艺研究[J]. 石油学报，2007，28(3)：112-115.
[22] 胡汉月，陈庆寿. RMRS 在水平井钻进中靶作业中的应用[J]. 地质与勘探，2008，44(6)：89-92.
[23] 童金松. 煤层气多分支水平井钻井技术实践[J]. 钻采工艺，2015，38(6)：105-109.
[24] 王洪光，肖利民，赵海艳. 连通水平井工程设计与井眼轨迹控制技术[J]. 石油钻探技术，2007，35(2)：76-78.
[25] 杨力. 和顺地区煤层气远端水平连通井钻井技术[J]. 石油钻探技术，2010，38(3)：40-43.
[26] Wolf M A. Use of New Ranging Tool to Position a Vertical Well Adjacent to a Horizontal Well [J]. SPE Drilling Engineering，1992：93-99.
[27] Grills T L. Magnetic Ranging Technologies for Drilling Steam Assisted Gravity Drainage Well Pairs and Unique Well Geometries a Comparison of Technologies[J]. SPE 79005，2002：1-8.
[28] Kuckes A F，Hay R T，Mcmahon J，et al. New Electromagnetic Surveying/ranging Method for Drilling Parallel Horizontal Twin Wells[J]. SPE 27466，1996：85-90.
[29] 吴敬涛，杨彦明，周继坤，等. 连通水平井钻井技术在芒硝矿中的应用[J]. 石油钻探技术，1999，27(4)：7-9.
[30] Diao Binbin，Gao Deli. Electromagnetic Detection Method of Parallel Distance Between Adjacent Wells While Drilling[J]. Petroleum Science and Technology，2013，31：2643-2651.
[31] Diao Binbin，Gao Deli. Study on a Ranging System Based on Dual Solenoid Assemblies，for Determining the Relative Position of Two Adjacent Wells[J]. Computer Modeling in Engineering & Sciences，2013，90(1)：77-90.
[32] Rach N M. New Rotating Magnet Ranging Systems Useful in Oil Sands，CBM Developments[J]. Oil & Gas Journal，2004：47-49.
[33] Kuckes A F，Ithaca N Y. System Located in Drill String for Well Logging While Drilling[P]. United States，US4529939，1985.
[34] Kuckes A F，Ithaca N Y. Method and Apparatus for Determining Distance for Magnetic and Electric Field Measurements[P]. United States，US005218301A，1993.
[35] Aadnoy B S，Rogaland U. Relief Well Breakthrough at Problem Well 2/4-14 in the North Sea [J]. SPE 20915，1990.
[36] 姜海涛. 救援井与事故井连通技术研究[D]. 青岛：中国石油大学(华东)，2014.
[37] Kuckes A F，Hay R T，Mcmahon J，et al. An Electromagnetic Survey Method for Directionally

Drilling a Relief Well into a Blowout Oil or Gas Well[J]. SPE J 10946, 1984: 269-274.
[38] 陈炜卿，管志川. 井眼轨迹测斜计算方法误差分析[J]. 中国石油大学学报(自然科学版), 2006, (6): 42-45.
[39] Wolff C J. Borehole Position Uncertainty Analysis of Measuring Methods and Derivation of Systematic Error Model[J]. SPE 9223, 1981.
[40] Blount E M. Dynamic kill: Controlling Wild Wells a New Way[J]. World Oil, 1981, 193 (5): 159-170.
[41] Kuckes A F, Ithaca N Y. Apparatus for Locating an Elongated Conductive Body by Electromagnetic Measurement While Drilling[P]. United States, US4933640. 1990.
[42] Kuckes A F, Ithaca N Y. Alternating and Static Magnetic Field Gradient Measurements for Distance and Direction Determination[P]. United States, US5305212. 1994.
[43] Kuckes A F, Ithaca N Y. Method for Determining the Location of a Deep-well Casing by Magnetic Field Sensing[P]. United States, US4700142. 1987.
[44] Runge R J. Method of Ultra Long Spaced Electric Logging of a Well Bore to Detect Horizontally Disposed Geologically Anomalous Bodies in the Vicinity of Massive Vertically Disposed Geologically Anomalous Bodies Lateral to and not Intercepted by the Well Bore[P]. United States, US3778701. 1973.
[45] Runge R J. Vertical Resistivity Logging by Measuring the Electric Field Created by a Time-varying Magnetic Field[P]. United States, US3479581. 1969.
[46] Runge R J, Worthington A E, Yungul S H. Method of Detecting Geologically Anomalous Bodies Lateral to a Well Bore by Comparing Electrical Resistivity Measurements Made Using Short-spaced and Long-spaced Electrode Systems[P]. United States, US3256480. 1966.
[47] Philip S W. Electromagnetic Prospecting From Bore Holes[P]. United States, US2723374. 1955.
[48] Henderson J K. Method for Directional Drilling a Relief Well to Control an Adjacent Wild Well [P]. United States, US3282355. 1966.
[49] Keller H J. Method and Apparatus for Controllably Drilling Off-vertical Holes[P]. United States, US3285350. 1966.
[50] Isham C E. Apparatus and Method for Determining Relative Orientation of Two Wells[P]. United States, US3722605. 1971.
[51] David E W, Robert G P, Peter R R. Method and Apparatus for Indicating the Position of One Well Bore with Respect to a Second Well Bore[P]. United States, US4016942. 1972.
[52] Charies A S. Magnetic Detection and Magnetometer System Therefor[P]. United States, US 3731752. 1971.
[53] Robert D G. Advanced Blowout & Well Control[M]. United States of America: Gulf Publishing Company, 1994: 318-336.
[54] Morris F J, Walters R L, Costa J P. A New Method of Determining Range and Direction from a Relief Well to a Blowout[J]. SPE 6781, 1977.

[55] Kuckes A F, Ithaca N Y. Electromagnetic Homing System Using MWD and Current Having a Fundamental Wave Component and an Even Harmonic Wave Component Being Injected at a Target Well[P]. United States, US5343152. 1994.

[56] Torgeir T, Inge E, Arild F, et al. Drilling Fluid Affects MWD Magnetic Azimuth and Wellbore Position[J]. SPE 87169, 2004: 1-8.

[57] Kuckes A F, Ithaca N Y. Electromagnetic Homing System Using MWD and Current Having a Fundamental Wave Component and an Even Harmonic Wave Component Being Injected at a Target Well[P]. United States, US5343152. 1994.

[58] Kuckes A F, Ithaca N Y. Plural Sensor Magnetometer for Extended Lateral Range Electrical Conductivity Logging[P]. United States, US4323848. 1982.

[59] Kuckes A F, Cornell U, Ritch H J. Successful ELREC Logging for Casing Proximity in an Offshore Louisiana Blowout[J]. SPE 11996, 1983.

[60] Kuckes A F. Apparatus Including a Magnetometer Having a Pair of U-shaped Cores for Extended Lateral Range Electrical Conductivity Logging[P]. United States, US4502010. 1980.

[61] 李翠，高德利，刁斌斌，等. 基于三电极系救援井与事故井连通探测系统[J]. 石油学报，2013，34(6)：1181-1188.

[62] Li Cui, Gao Deli, Wu Zhiyong, et al. A Method for the Detection of the Distance & Orientation of the Relief Well to a Blowout Well in Offshore Drilling[J]. Computer Modeling in Engineering & Sciences, 2012, 89(1): 39-55.

[63] 陈小斌，赵国泽. 关于人工源极低频电磁波发射源的讨论——均匀空间交流点电流源的解[J]. 地球物理学报，2009，52(8)：2158-2164.

[64] Arnwine L C, Ely J W. Polymer Use in Blowout Control[J]. SPE 6835, 1977.

[65] Jackson J D. Classical Electrodynamics[M]. John Wiley and Sons Inc. New York City, 1962.

[66] Abramowitz M, Stegun I A. Handbook of Mathematical Functions with Formulas, Graphs and Mathematical Tables[M]. Dover Publications Inc, New York City, 1965.

[67] 刘修善. 井眼轨道几何学[M]. 2 版. 北京：科学出版社，2019.

[68] 韩志勇. 定向钻井设计与计算[M]. 青岛：中国石油大学出版社，2007：118-128.

[69] 管志川，陈庭根. 钻井工程理论与技术[M]. 2 版. 青岛：中国石油大学出版社，2017.

[70] 管志宁. 地磁场与磁力勘探[M]. 北京：地质出版社，2005：8-12.

[71] Isham C E. Apparatus and Method for Determining Relative Orientation of Two Wells[P]. United States, US3722605. 1971.

[72] 尹国平，魏琳. 井斜方位仪在石油测井领域中的应用[J]. 石油仪器，2010，24(2)：31-33.

[73] 涂疑，郭文生，曹大平. 磁通门传感器的应用与发展[J]. 雷战与舰船防护，2002，10(1)：36-38.

[74] 庞巨丰. 测井原理及仪器[M]. 北京：科学出版社，2008：5-7.

[75] 楚泽涵，高杰，肖立志，等. 地球物理测井方法与原理(上册)[M]. 北京：石油工业出

版社，2007：97-101.
[76] 张庚骥. 电法测井(上册)[M]. 北京：石油工业出版社，1984：45-50.
[77] Roes V C，Hartmann R A，Wright J W. Makarem-1 Relief Well Planning and Drilling[J]. SPE 49059，1998.
[78] 王德桂. 底部钻具动态特性和磁特性的测量研究[D]. 北京：中国石油大学(北京)，2008：10-11.
[79] Liu Xiushan. Numerical Approximation Improves Well Survey Calculation[J]. Oil & Gas Journal，2001，99(15)：50-54.
[80] Wolff C J，Wardt J P. Wellbore Position Uncertainty-analysis of Measuring Methods and Deviation of Systematic Error Model[J]. Journal of Petroleum Technology，1981：2339-2350.
[81] 葛云华，卢发掌. 丛式井和救险井井眼轨迹相互位置计算[J]. 石油钻采工艺，1990，12(5)：13-22.
[82] 刘修善. 实钻井眼轨迹的客观描述与计算[J]. 石油学报，2007，28(5)：128-132.
[83] 陆卫忠，刘文亮. C++ Builder 6 程序设计教程[M]. 2 版. 北京：科学出版社，2011.
[84] 罗斌. C++ Builder 精彩编程实例集锦[M]. 北京：中国水利水电出版社，2005.
[85] 刘维. 精通 Matlab 与 C/C++混合程序设计[M]. 3 版. 北京：北京航空航天大学出版社，2012.
[86] 魏俊鹏，于秋生. C++ Builder 6 实用编程 100 例[M]. 北京：中国铁道出版社，2004.
[87] 高德利，吴志永. 一种用于邻井距离随钻电磁探测的测量仪：CN200910210078.5[P]. 2012-10-31.
[88] 干露. 高灵敏度环形磁通门传感器的研究与设计[D]. 武汉：华中科技大学，2008.
[89] 谢子殿，朱秀. 基于磁通门与重力加速度传感器的钻井测斜仪[J]. 传感器技术 2004(7)：30-33.
[90] 张森. 基于低频注入电流的磁测距计算方法研究[D]. 北京：中国石油大学(北京)，2023.
[91] 高德利，刁斌斌，吴志永. 一种邻井平行间距随钻电磁探测系统：201010127557.3[P]. 2012-08-29.
[92] 丁鸿佳，隋厚堂. 磁通门磁力仪和探头研制的最新进展[J]. 地球物理学进展，2004，19(4)：743-745.
[93] Keller H J. Method and Apparatus for Controllably Drilling Off-vertical Holes[P]. United States，US3285350. 1966.
[94] Tejedorm R E，et al. External Fields Created by Uniformly Magnetized Ellipsoids and Spheriods[J]. IEEE Trans Magn，1995，31(1)：830-360.
[95] 郭家玉，倪化生，孔德义，等. 三维方向磁传感器的电路设计[J]. 仪表技术，2008(9)：65-68.
[96] 管志川，张苏，王建云，等. 油井套管对地磁场的影响实验[J]. 石油学报，2013，34(3)：540-544.
[97] 郭爱煌，傅君眉. 基于地球重力场和磁场测量的测斜技术[J]. 仪器仪表学报，2001(4)：

400-403.
[98] 万剑华，刘娜，马张宝. 基于 OpenGL 的三维地层可视化控件的设计与实现[J]. 地质与勘探，2005，41(5)：69-71.
[99] 田立慧. 基于 OpenGL 的三维地质可视化研究[J]. 能源技术与管理，2008，(2)：104-105.
[100] 孙正义，李玉，杨敏. 钻井轨道设计与井眼轨迹监测三维可视化系统[J]. 西安石油学院学报(自然科学版)，2002，17(6)：71-74.
[101] 贾惠芹，刘容，刘美，等. 基于点源的救援井探测模型分析与仿真[J]. 石油钻采工艺，2016，38(4)：422-426.
[102] 郝希宁，王宇，党博，等. 救援井电磁探测定位方法及工具研究[J]. 石油钻探技术，2021，49(3)：75-80.
[103] 吴瑶，毛剑琳，李峰飞，等. 深水油气勘探救援井精确探测技术研究[J]. 石油钻采工艺，2014，36(4)：26-29.
[104] 郭智勇，刘得军. 一种圆环电流空间磁场数值计算方法[J]. 科学技术与工程，2013，13(29)：8715-8720.
[105] Guo Zhiyong，Liu Dejun，Chen Zhuo，et al. Modeling on Ground Magnetic Anomaly Detection of Underground Ferromagnetic Metal Pipeline[J]. ICPTT 2012 /ASCE 2013，1011-1024.
[106] 谢树棋，储昭坦，李克沛，等. 套管井电阻率测井方法研究[J]. 测井技术，1990(5)：338-343.
[107] 王伟，庞巨丰，许思勇，等. 套管井电阻率测井方法及其影响因素分析[J]. 西安石油大学学报(自然科学版)，2008(2)：40-43.
[108] 高杰，刘福平，包德洲，等. 非均匀套管井中的过套管电阻率测井响应[J]. 地球物理学报，2008(4)：1255-1261.
[109] 王瑞芹，李翠，李浩然，等. 目标井口通电救援井连通探测系统测距导向算法研究[J]. 内蒙古石油化工，2022，48(8)：10-14.

第二部分

邻井随钻电磁防碰测距导向技术

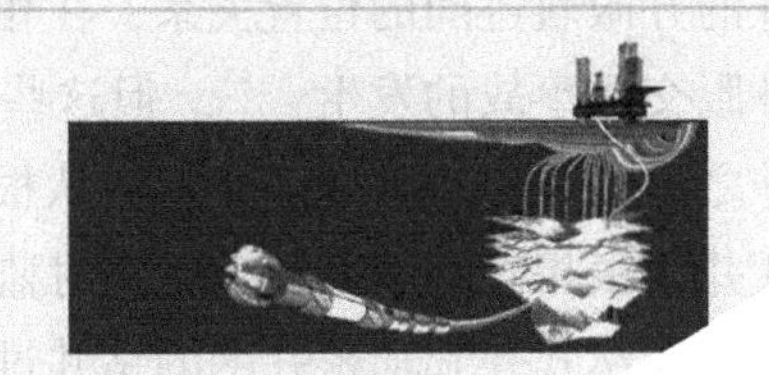

随着油气资源勘探难度的增加，复杂结构井钻井技术成为高效开发低渗透、非常规及海洋油气等复杂油气田的关键技术，其中利用水平井、加密井和丛式井开发低渗透、页岩油气等低品位油气资源在国内外均取得了良好的开发效果[1~4]。随着丛式井在海洋、陆地的应用越来越多，井距越来越小，加上各种老区加密井的增加，传统的防碰扫描方法无法解决多口邻井交叉碰撞的技术难题[5]。如何有效避免多井井眼碰撞是确保丛式井钻井生产安全、加密井调整开发方案顺利实施的关键，一旦发生井眼相碰事故，将会给油田开发造成巨大的经济损失。

传统邻井防碰方法总是采用常规的井眼防碰技术，基于尽量减少井眼轨迹误差的原理，通过实测井眼轨迹参数拟合出井眼轨迹，利用防碰扫描算法计算拟合出钻进井与邻井的井眼轨迹间的位置关系，在相对距离小于安全距离处采取措施绕障，以避免井眼交碰事故的发生[6~8]。但这些方法只是预防，无法做到实时监测正钻井与邻井之间的距离，因此还是无法从根源上避免井眼碰撞[9,10]。要想从根源上解决丛式井井眼相碰的问题，唯有实时监测正钻井与周围多口邻井的间距和方位，才能真正让丛式井和加密井网的钻井过程安全可靠。

在现有的防碰技术中，被动式防碰扫描算法受制于实钻井眼轨迹测量误差，难以有效解决井眼碰撞问题，基于振动信号分析的测距防碰技术需严格借助定向井设计、随钻测量技术（Measurement While Drilling，简称 MWD）的测量数据资料，且准确提取钻头振动信号难度大、防碰效果不理想[11~14]。主动防碰技术是相对于目前普遍使用的防碰技术而言的，其主要思路是测量套管对随钻仪器的磁场干扰，或者是通过声波、振动等信号来计算和判断井间距离及方位，从而对目标进行实时距离和空间方位测量的技术，提供实时有效的防碰参考[15]。国外石油公司如 Vector Magnetics 等已经对此进行了多年的研究，并且形成了自己的核心技术和产品[16~18]。国内部分公司也开展了主动防碰技术研究，但相关技术还不成熟，未实现现场的应用及推广。

图 2.1 为井眼碰撞示意图，从图中可以看出，复杂结构井钻井井眼轨迹纵横交错，相邻井发生碰撞的情况复杂多变，为了解决丛式井、加密井等复杂结构井邻井井眼碰撞问题，本部分在前期工作的基础上，开展了基于磁场强度和磁场梯度的随钻电磁防碰测距导向算法研究。首先充分调研国内外相关技术研究现状及发展动态，分别确定基于磁场强度和基于磁场梯度的随钻电磁防碰测距导向工具的工作原理；然后以套管的磁化特性和磁化后套管的矢量磁场测量为研究对象，确定基于磁场强度和磁场梯度的随钻电磁防碰测距导向算法，利用数值模拟方法分析复杂条件下探管接收到的磁场强度信号的影响因素，同时设计随钻电磁防碰

测距导向工具的关键组件，为自主研制防碰测距导向工具提供理论技术支持。

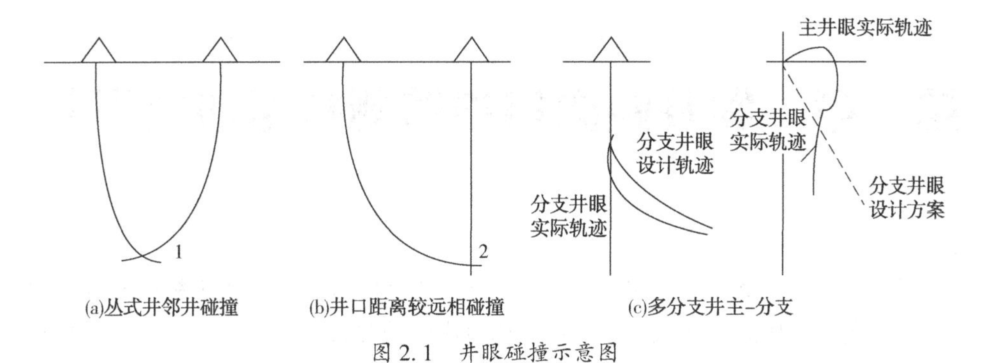

图 2.1 井眼碰撞示意图

第一章　邻井距离扫描监测技术研究现状

目前，国内外丛式井、加密井网等复杂结构井防碰主要依赖于精确控制井眼轨迹，使之尽量接近设计轨道。一系列相对成熟的井眼防碰技术和措施主要包括优化整体防碰设计方案、随钻测斜和防碰扫描计算、井眼轨迹控制技术等。井眼轨迹的插值计算、实钻井眼轨迹的测斜计算、邻井距离扫描计算、井眼轨迹误差计算及邻井分离系数计算等都属于邻井距离监测计算的技术范畴[19~22]。

在复杂结构井设计中，一般使用井眼轨迹插值计算方法，即利用井身剖面的主要参数，逐点计算出设计轨迹的描述参数。刘修善等学者提出了圆柱螺线、空间圆弧、自然曲线等井眼轨迹的插值模型，并给出了与这些插值模型相对应的插值计算公式，基本可以满足各种井眼轨迹内插和外推计算的需要[12~15]。典型的井眼轨迹测斜计算方法有最小曲率法[19~21]、曲率半径法[22]、平均角法、平衡正切法、自然曲线法[23~28]、曲线结构法[29]、数值积法[30]等。刘修善等学者的研究结果表明，基于井眼轨迹三次样条曲线模型的数值积分法是计算精度较高的计算方法，这样的数值解从钻井工程的应用角度来看可以近似为精确解[15]。由井眼轨迹的误差分析可知，测斜计算引起的误差相对井眼轨迹的测量误差要小得多，因此在钻井现场井眼轨迹的测斜计算仍多用圆柱螺线法和最小曲率法。

井眼轨迹的误差分析主要有两大误差分析理论，即 Walstrom[31]的随机误差理论和 Wolff 和 de Wardt[32]的系统误差理论(以下简称 WdW 系统误差理论)。尤其是在 20 世纪 80 年代初，Wolff 和 de Wardt 等人基于磁力测斜仪和陀螺测斜仪，建立了一套适用于直井和一般定向井的系统误差分析理论，目前还在使用[30]。在国内，高德利、董本京、葛云华、何辛等学者借鉴了 WdW 系统误差理论和 Books 等人的方法，在井眼轨迹误差椭球的计算、绘图和误差分析方法等方面开展了一些研究[33~40]。陈炜卿等人研究了井眼轨迹误差的三维可视化问题，提出了“井眼轨迹误差包络曲面”的概念，以便比较直观地显示井眼轨迹误差随井深增加的基本变化趋势[41~43]。

高德利、刁斌斌[41,42,44]等学者对比了传统分离系数和定向分离系数的不同，并利用空间解析几何方法，给出一种计算邻井定向分离系数的新方法，在 Visual

C++ 2005. NET 平台上与 OpenGL 三维可视化技术相结合开发了复杂结构井邻井距离监测计算软件，实现了井眼轨迹的插值计算和测斜计算、邻井距离扫描计算、井眼轨迹的 WdW 模型误差分析和邻井定向分离系数的计算，并利用 OpenGL 技术实现了井眼轨迹误差椭球的三维可视化(见图 2.2)。通过实例验证，该软件可以在定向钻井与丛式井防碰设计控制中推广应用。

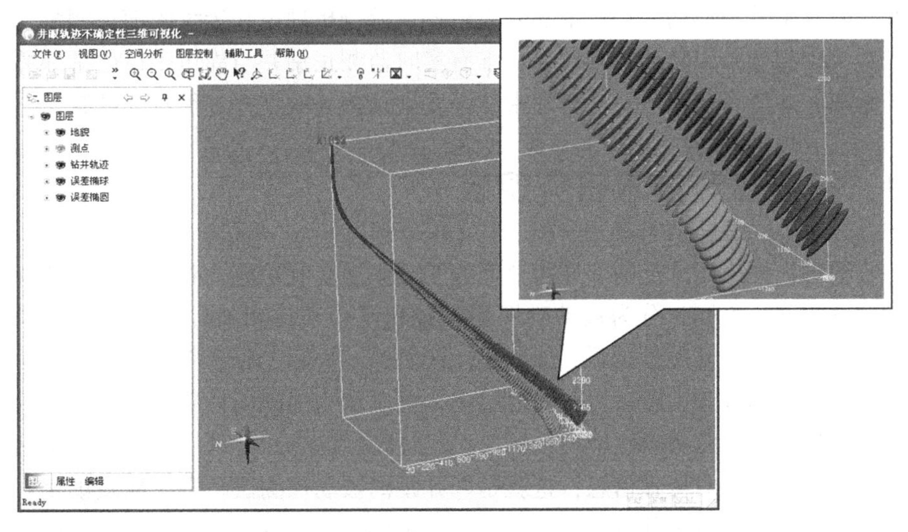

图 2.2　井眼轨迹误差椭球的三维可视化

目前，已经形成的邻井距离扫描计算方法包括法面距离扫描、最近距离扫描和水平距离扫描三种(见图 2.3)。根据相邻两口井的井眼轨迹测斜数据，以其中一口井为参考井，另一口井为比较井。韩志勇、高德利等学者首先在国内对邻井距离扫描计算与绘图进行了研究[1,21]，此后刘修善和鲁港等学者对邻井距离扫描计算中的井眼轨迹拟合、插值及快速算法等进行了研究[10]。在监测实钻井眼轨迹变化方面，一般优先考虑进行邻井法面距离扫描计算，但为了防止邻井相碰，在丛式井设计和定向钻井施工时，一般优先使用邻井最近距离扫描计算[45~49]。

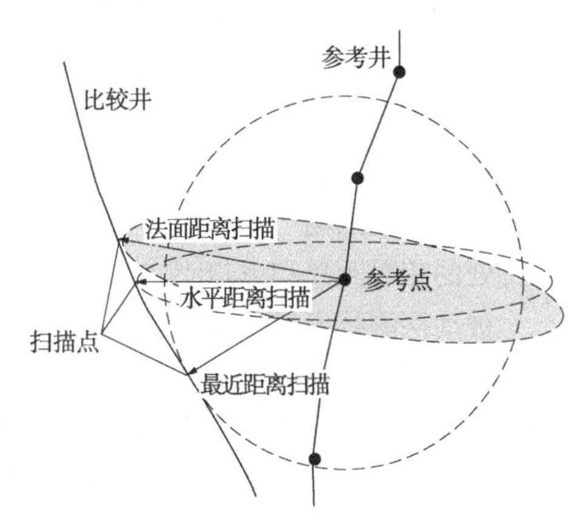

图 2.3　三种不同的防碰扫描法示意图

综上所述，钻进过程中，根据正钻井和已钻井的井眼轨迹数据，通过邻井距离扫描实时计算正钻井和已钻井之间的距离，得到分离系数，来预测经验是否会发生碰撞。虽然国内外很多学者对井眼轨迹计算模型进行了深入研究，精度已经很高，但是分析井眼轨迹的不确定性只能在一定程度上为控制井眼轨迹提供决策依据，依然无法避免误差。随着井深的增加，井眼轨迹计算误差加上测斜仪器的误差，累积误差逐渐增大，也将会导致发生井眼碰撞的概率增加[11,12]。要想从根源上解决复杂结构井组多邻井套管柱存在时的井眼碰撞问题，特别是对密集丛式井、双水平井和连通井，仅依靠井眼轨迹误差分析理论和传统的随钻测量工具难以达到理想的井眼轨迹控制效果，唯有实时监测正钻井与周边多口已钻邻井之间的距离，才能真正让丛式井、加密井等复杂结构井的钻井过程安全可靠。

1.1 被动探测技术研究现状

目前国内外应用广泛的邻井距离监测工具主要是利用电、磁原理工作的探测工具，根据原理不同，分为被动磁探测工具和主动磁探测工具[13]。在钻头周围的地层中，如果有铁磁性物质(如套管、铁矿等)存在，地磁场会受到影响而发生变化。在无铁矿等铁磁性岩石的地层中，可以认为地磁场只受铁磁性套管的影响，此时通过检测钻头附近地磁场的值，经过特定的方法处理后，可以获得钻头与铁磁性套管的相对位置信息，这就是邻井距离被动探测法。由于地磁场相对较弱，套管对其影响微乎其微，需要高精度的传感器来进行探测。实际钻井作业一般利用 MWD 进行导向钻进，其内部的三轴高精度磁通门传感器可以用来探测微弱的地磁场信号，通过三轴磁通门的测量数据就可以计算邻井的相对位置信息。被动磁探测工具主要有美国的 CDI 公司的 MagTrac 系统和 VM 公司的 PMR 系统，均通过 MWD 自带的三轴磁通门传感器采集探管处的地磁场数据，由于邻井套管的剩磁会对地磁场产生影响，根据当地的标准地磁场数据，即可以反算出邻井套管所处的相对距离和方位[12~18]。

被动探测技术对邻井套管的依赖较大，套管对地磁场影响很小，因此受限于磁场测量仪器的精度，被动测距系统分辨率较低，其可探测的两井间距不能超过5m，探测精度也较低。当周围有多口井同时存在时，无法测量每口井与正钻井的距离和方位。MagTrac 系统原理示意见图 2.4。

1.2 主动探测技术研究现状

与被动探测法不同，主动探测技术的主要特点是提供一个足够强的激励信号(强磁场、电场等)，对邻井套管进行激励或直接接收激励信号，激励信号较强，因此可以获得较远的探测距离和较高的精度。

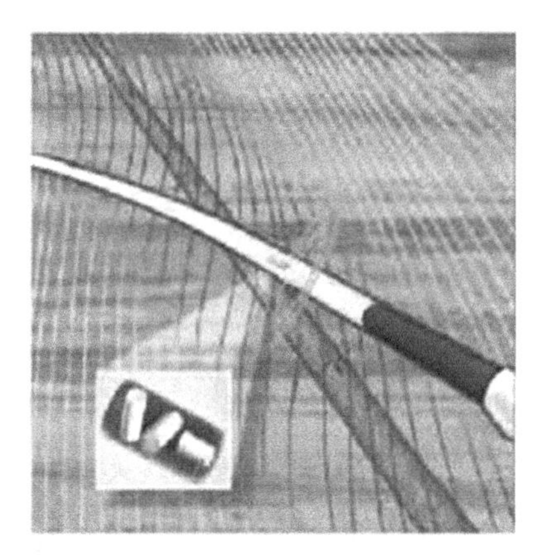

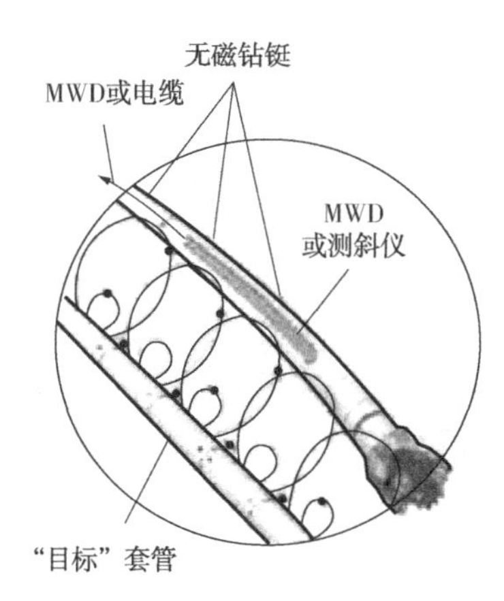

图 2.4　MagTrac 系统原理示意图

目前已经投入使用的主动探测工具主要有电磁引导工具、旋转磁场测距导向系统、Wellspot 目标井探测工具和单电缆引导工具，如图 2.5 所示。这些主动电磁探测工具广泛应用在双水平井、连通井、救援井和丛式井等复杂结构井，取得了显著效益，但各类工具都具有限制使用条件，例如 MGT 电磁引导工具、RMRS 旋转磁场测距导向系统测量过程较烦琐，常规测量一次邻井间距大约需要数分钟，同时已钻井中下入的磁源或探管位置需要紧跟钻头移动，需要多人参与，劳动强度大[17]；Wellspot 工具需要提出钻具才能进行测量，因此不是很适合丛式井防碰应用[18,19]；SWGT 是目前在丛式井钻井中最有效的防碰探测工具，克服了 MGT 和 RMRS 测量烦琐的问题，降低了劳动强度，也不需要提出钻具进行测量，但是其需要在已钻井中下入电缆，影响已钻井的生产，当正钻井周围有多口已钻井可能相碰时，需要下入多根电缆[20,21]。同时，这些主动磁探测工具均需要在已钻井中下入设备，也影响已钻井的生产。由于国外产品的核心技术仍被保密和垄断，相关资料多数是介绍这些工具的应用情况，均未给出其完整的工作原理和测距导向算法。这些工具虽已商业化应用，但也存在各自的技术缺陷，因而在邻井距离探测技术方面仍有较大的改进或创新空间。

1.3　国内相关技术研究现状

国内在复杂结构井随钻电磁防碰技术方面的研究尚处于初期阶段，还没有自主研发出能够推广应用的主动式随钻电磁防碰工具。中国石油大学(华东)管志川教授课题组针对邻井套管对随钻测斜仪器磁测量的影响方面做了大量的研究工作，但由于受到 MWD 测量精度的影响，该类方法尚无法实现正钻井相对周边井的实时监测。中国石油大学(北京)高德利教授课题组正进行研发"邻井距离随钻

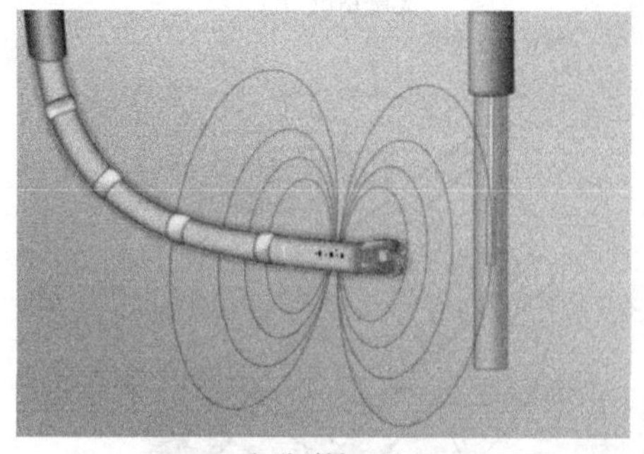
电磁引导工具

旋转磁场测距导向系统

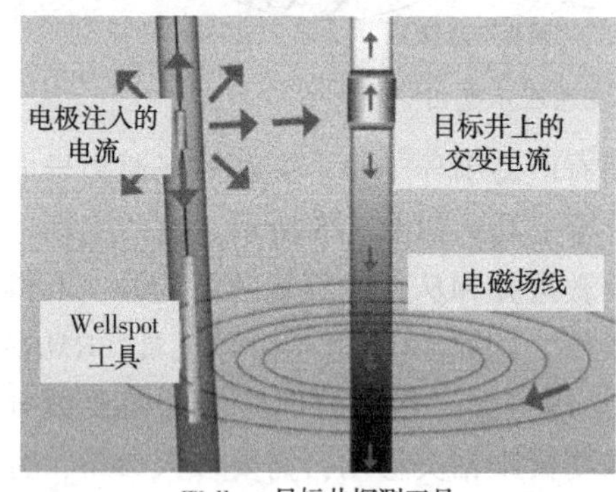

Wellspot目标井探测工具

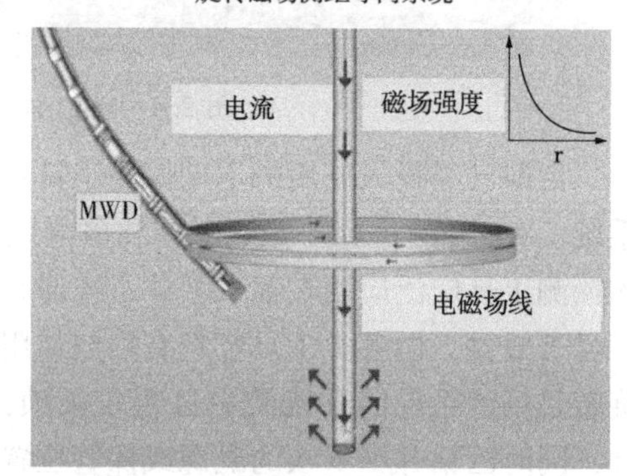

单电缆引导工具

图 2.5　主动磁探测工具工作示意图

电磁探测系统"的相关工作，但该课题组设计的邻井距离随钻电磁探测系统的地面试验最大测距 10m，在下井试验过程中，发现仪器结构方面存在无法克服的缺陷问题，仍需继续改进，因此离仪器推广应用尚远，尚需进一步设计与改进[31,32]。中国石油大学(华东)刘刚教授课题组在丛式井防碰监测理论与技术方面也开展了相关研究，其基于振动波机理提出了一种定向井防碰地面监测方法，但该方法要严格借助定向井设计、随钻测量资料，应用局限性较大。中海油研究总院近年来也开展了磁测距导向技术的研究，但其主要侧重点为海上救援井与事故井的连通作业，工具的测距原理与使用范围有较大的区别，且其尚处于初步调研阶段[50~57]。中国石化胜利石油工程有限公司钻井工艺研究院之前也进行过相关技术的研究，主要针对振动防碰预警技术进行了初步研究，基于振动信号分析的测距防碰技术需严格借助定向井设计、MWD 资料，且准确提取钻头振动信号难度大，防碰效果不理想，在实际钻井过程中并不实用。目前，国内部分科研院所对随钻陀螺仪防碰技术也进行了相关研究，虽然随钻陀螺仪具有抗磁干扰、数据精度高且能随钻测量的技术优势，但是当井深和井斜较大时，电缆陀螺无法顺利下入，且陀螺造价昂贵、在井下高温高压环境下性能不稳定，因此只能用于丛式井浅层防碰，尚无法有效解决井网加密导致的深层防碰问题[28]。

1.4　本章小结

防碰扫描法通过实测井眼轨迹参数拟合出井眼轨迹，利用防碰扫描算法计算拟合出钻进井与邻井的井眼轨迹间的位置关系，在相对距离小于安全距离处采取措施绕障，以此来避免井眼交碰事故的发生。

防碰方法成立需要有 4 个前提：

（1）实测井眼轨迹参数准确无误，且能表示出实钻轨迹的状态；

（2）拟合方法合理，拟合出的轨迹与实钻轨迹高度吻合；

（3）邻井数据精确，计算出的轨迹亦与实钻轨迹高度吻合；

（4）防碰扫描算法，能够精确计算出两轨迹各点间的相对位置。

如以上 4 点任何一点出现误差，都将直接影响防碰扫描效果，进而影响到防碰措施的应用效果。从而可以看出上述 4 点的成立与否决定着防碰施工的成败。这类方法在使用效果上并不理想。防碰扫描结果显示相碰的两井不会相碰，而防碰扫描发现不可能相碰的两井却时有发生井眼碰撞的现象。

对于各种电磁探测工具，MGT、RMRS、Wellspot 工具和 SWGT 都可以进行邻井距离测量，可以用于丛式井防碰。但 MGT 和 RMRS 工具测量过程较烦琐，常规测量一次邻井间距大约需要数分钟，而且已钻井中下入的磁源或探管位置需要紧跟钻头移动，需要多人参与，劳动强度大；Wellspot 工具需要提出钻具才能进行测量，因此不是很适合丛式井防碰应用；SWGT 是目前为止在丛式井钻井中最有效的防碰探测工具，克服了 MGT 和 RMRS 测量烦琐的问题，降低了劳动强度，也不需要提出钻具进行测量，但其最大缺点是必须在已钻井中下入电缆，影响已钻井的生产，当正钻井周围有多口已钻井可能相碰时，需要下入多根电缆。另外 SWGT 技术国外垄断，且服务费用非常昂贵，因此为了降低单井成本，国内很少采用。

随着丛式井在海洋、陆地的应用越来越多，井距越来越小，加上各种老区加密井的增加，传统的防碰扫描方法已经不能满足丛式井防碰的需要。随钻电磁防碰测距导向系统作为丛式井、加密井等复杂结构井周边多口邻井防碰撞工况所必备的导向系统，能够实现随钻测量、无须在邻井放入磁源或传感器、低成本并能同时测量周边多口已钻井，能够极大降低邻井相碰的风险，对丛式井钻井安全有很大的意义，有着广阔的市场前景。

第二章　基于磁场强度的随钻电磁防碰测距导向技术

为了提高老油田的采收率，需要在老井网的基础上钻加密调整井，但受老井网加密调整使井间距离更密、老井的测斜数据不全或不准确、井眼轨迹控制产生误差等因素的影响，因而存在井眼碰撞风险，影响调整井钻井作业的顺利进行。此外，在海上平台、人工岛密集丛式井以及陆上丛式井的钻井过程中，同样面临着严重的井眼碰撞问题，井眼防碰技术已成为定向井、调整井安全作业的重点技术之一。目前国外已经形成了一系列相对成熟的井眼防碰技术和措施，主要包括优化整体防碰设计方案、随钻测斜和防碰扫描计算、井眼轨迹控制技术等，但加密井和丛式井在钻井过程中依然存在一定的碰撞风险，而且国内尚无成型的丛式井防碰监测设备。为此笔者研制了基于磁场强度的邻井随钻电磁防碰工具，该工具可以对钻井过程进行防碰实时监测，随时调整正钻井相对于老井的井间距离和方位，从而提高预测井眼防碰的准确性。

2.1　基于磁场强度的随钻电磁防碰工具工作原理

MGT、RMRS、SWGT 等电磁探测工具都需要在邻井中下入信号源或探管，才能测量正钻井与邻井之间的距离和方位[58~64]。为了实现实时测量邻井间距以防止邻井相碰，而同时又不影响周边生产井的正常生产，本书提出一种新的邻井距离电磁探测工具——基于磁场强度的随钻电磁防碰工具来实现邻井距离的随钻实时测量，具体原理如图 2.6 所示。在正钻井的井下动力钻具后面，安装丛式井随钻电磁防碰工具的探管，探管两端各有一个磁源，两个磁源磁极互相平行，发出的磁场方向相反，如图 2.6 中实线所示。此磁场将附近邻井中的套管磁化，套管磁化后产生一个沿套管轴向的磁场，如图 2.6 中虚线所示，探管内部的磁场传感器探测到邻井套管被磁化后发出的新的磁场的磁感应强度数据，利用此数据结合探管自身姿态等数据，确定正钻井与邻井的相对距离和方位。两个磁源在探管中部磁场传感器位置处产生的磁场刚好互相抵消，因此磁场传感器接收到的磁场只有套管磁化后产生的磁场和地磁场。

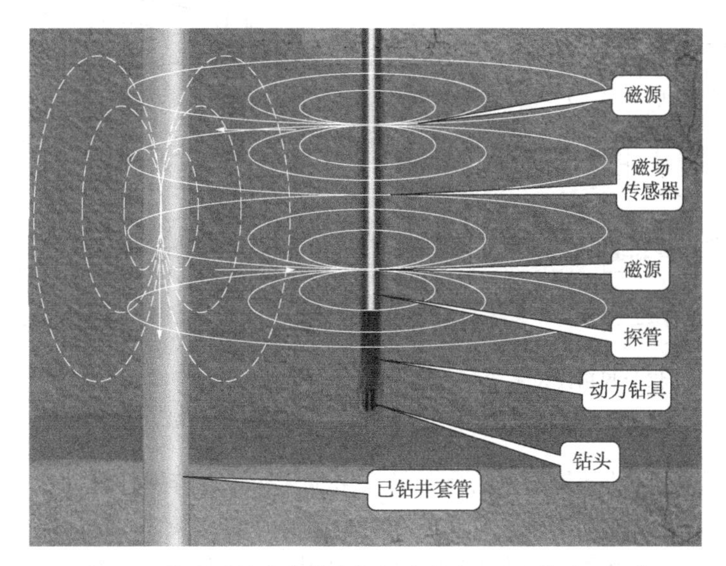

图 2.6　基于磁场强度的随钻电磁防碰工具工作原理示意

探管内部结构如图 2.7 所示。探管中间是一个磁场传感器，两端各放置有一个磁源。两个磁源相对于磁场传感器对称放置，两个磁源轴向平行，但磁极方向相反。

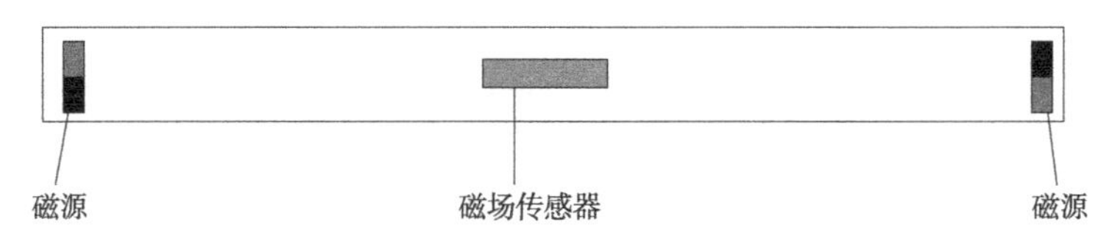

图 2.7　探管内部结构示意图

当探管周围没有铁磁性的套管存在时，如图 2.8 所示，由于两个磁源发出的磁力线方向相反，如果两个磁源的磁场强度一致，则在两个磁源中间的磁场传感器的位置，两个磁源发出的磁场互相抵消，合成磁场为零。

当探管周围有铁磁性套管存在时，如图 2.9 所示，在套管所在位置，两个磁源发出的磁力线在套管轴向上的分量方向是相同的，因此套管将会被这个磁场磁化，磁化方向是沿着套管轴向的方向，此时套管变成一个磁铁，产生新的磁力线，如图 2.9 中的虚线所示。此磁场没有被抵消，因此会被探管中间的磁场传感器探测到，进而得到相应的磁感应强度数据。获得相应的磁感应强度数据以后，就可以通过特定的计算方法，计算出两口邻井之间的相对距离和方位。

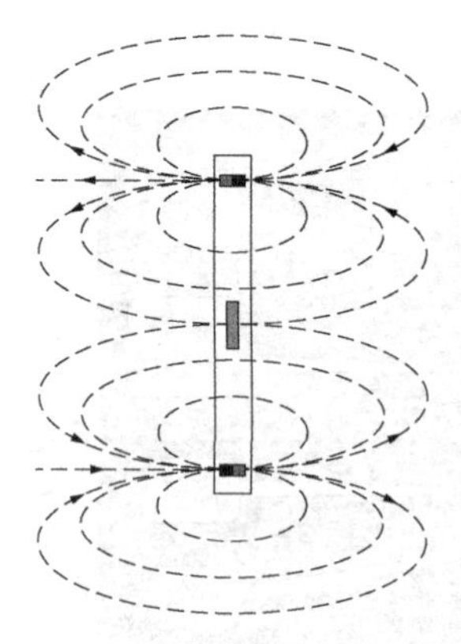

图 2.8　探管周围没有套管存在时的磁力线分布

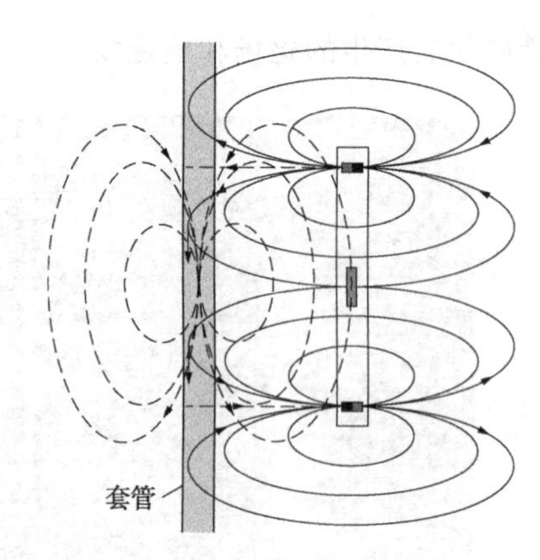

图 2.9　探管周围有套管存在时的磁力线分布

基于磁场强度的随钻电磁防碰工具工作时，探管随着钻柱转动，在钻柱旋转过程中，如果正钻井周围没有套管或距离很远的时候，探管内部磁场传感器探测到的数据为地磁场数据，钻柱旋转一周过程中，将得到如图 2.10 所示的数据；当正钻井周围有套管的时候，如图 2.11 中的 A 井和 B 井，探管内部磁场传感器探测到的将是地磁场与套管磁化磁场的合成磁场数据，钻柱旋转一周过程中，将得到如图 2.11 所示的数据。

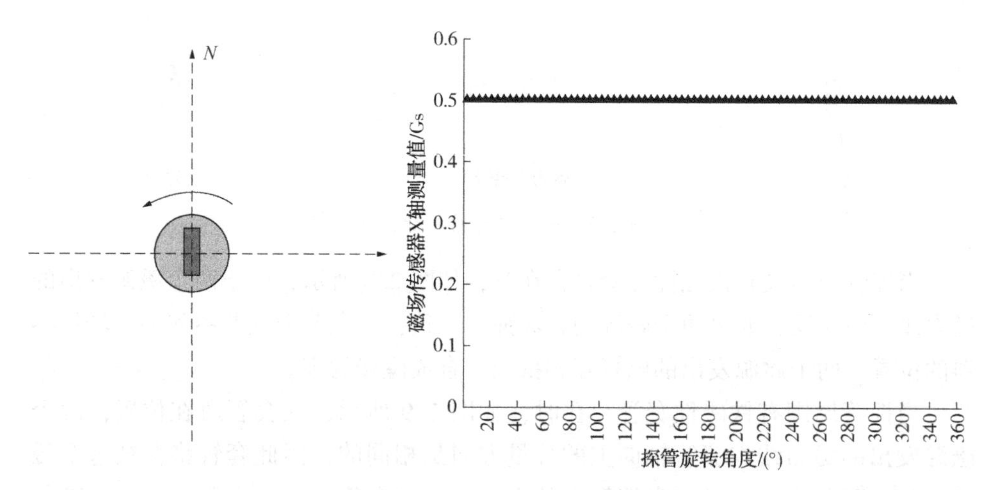

图 2.10　无套管时探测的数据

●—正钻井；●—已钻井

图 2.10 和图 2.11 中，位于坐标系中心位置的圆形代表正钻井，周边两个圆形 A 和 B 代表已钻井。当探管内部的磁源磁极正对已钻井套管时，探管将探测到一个不同于地磁场的峰值或谷值信号，已钻井套管离正钻井越近信号越强。当

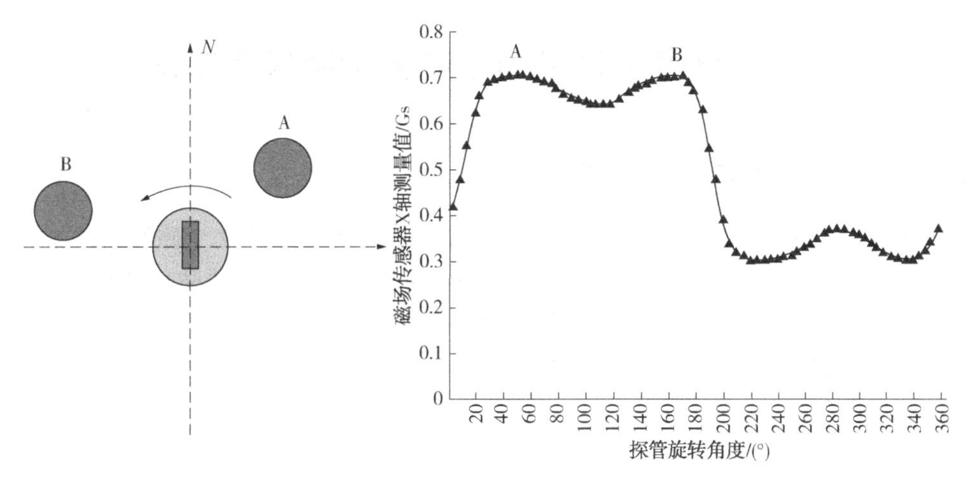

图 2.11　有套管时探测的数据

●—正钻井；●—已钻井

正钻井周围有多口已钻井时，可以探测到多个波峰或波谷，这样就可以同时探测多口已钻井的相对距离和方位信息，进而获知最可能相碰的邻井，由定向井工程师对钻进方向适当进行调整，以防止邻井相碰。

基于磁场强度的随钻电磁防碰工具结构如图 2.12 所示。系统最核心的部件是井下的探管，探管与 MWD 共用泥浆脉冲单元进行数据传输，数据传输到地面后，由信号处理单元进行解码，解出井下测得的数据，再将获得的数据输入计算机软件，计算出相关距离参数，并将数据发送到司钻读数器中进行显示，指导钻进[65]。

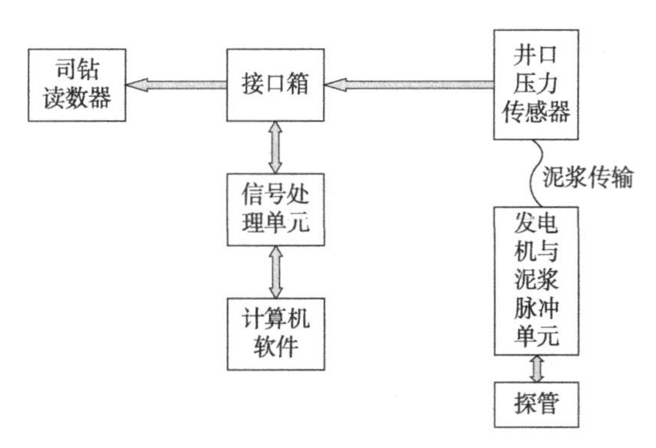

图 2.12　丛式井随钻电磁防碰系统结构图

基于磁场强度的随钻电磁防碰工具是应用于丛式井防碰、救援井后期引导等的理想电磁探测工具，其优势是可以随钻实时测量、无须起下钻，极大降低了钻井成本、提高了钻进效率、保障了丛式井的钻井安全。

2.2 基于磁场强度的随钻电磁防碰测距导向算法

2.2.1 磁源周围磁场分布规律

基于磁场强度的随钻电磁防碰工具的电磁探管两端放置有 2 个磁源，磁源长度一般在 100～200mm 之间，直径在 20～50mm 之间。在丛式井防碰的应用中，邻井之间的距离应保持 3m 以上，磁源的尺寸远小于邻井间的距离，因此可以将磁源看作磁偶极子[66～68]，如图 2.13 所示。

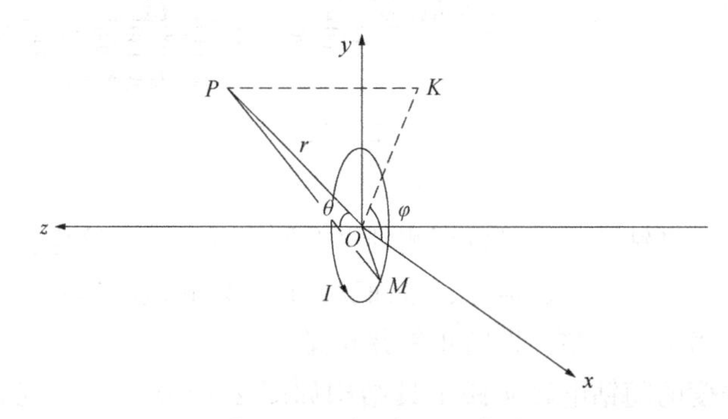

图 2.13　磁偶极子示意图

以磁偶极子中心为原点，z 轴指向磁偶极子磁矩的方向，建立如图 2.13 所示坐标系，同时建立球坐标系。P 为空间任意一点，其球坐标为(r, θ, φ)，r 为 P 点到圆心 O 的距离，θ 为 PO 与 y 轴的夹角，φ 为 PO 在 xOy 平面上的投影 KO 与 x 轴的夹角。在圆周上取任意点 M，其坐标为$(R, \pi/2, \varphi_1)$，此处有一电流元 $I\mathrm{d}\boldsymbol{l}$，根据毕奥-萨伐尔定律，其在空间点 P 处产生的磁感应强度为

$$\mathrm{d}\boldsymbol{B}=\frac{\mu}{4\pi}\frac{I\mathrm{d}\boldsymbol{l}\times\boldsymbol{a}}{\boldsymbol{a}^3} \tag{2.1}$$

式中　$\boldsymbol{a}$——M 点到 P 点的向量；

$\mathrm{d}\boldsymbol{l}$——M 点的切向量；

μ——周围空间磁导率。

则

$$\boldsymbol{a}=MP=OP-OM=(r\sin\theta\cos\varphi-R\cos\varphi_1)i+(r\sin\theta\sin\varphi-R\sin\varphi_1)j+(r\cos\theta)k \tag{2.2}$$

圆周切向量

$$\mathrm{d}\boldsymbol{l}=(-R\sin\varphi d\varphi,\ R\cos\varphi d\varphi,\ 0) \tag{2.3}$$

将式(2.2)和式(2.3)代入式(2.1)可得

$$\begin{cases} B_x = \dfrac{\mu IRr\cos\theta}{4\pi}\displaystyle\int_0^{2\pi} \dfrac{\cos\varphi_1}{(\sqrt{r^2+R^2})^3}\left[1+\dfrac{3(2Rr\sin\theta)}{2(r^2+R^2)}\cos(\varphi-\varphi_1)\right]\mathrm{d}\varphi_1 \\ B_y = \dfrac{\mu IRr\cos\theta}{4\pi}\displaystyle\int_0^{2\pi} \dfrac{\sin\varphi_1}{(\sqrt{r^2+R^2})^3}\left[1+\dfrac{3(2Rr\sin\theta)}{2(r^2+R^2)}\cos(\varphi-\varphi_1)\right]\mathrm{d}\varphi_1 \\ B_z = \dfrac{\mu IR}{4\pi}\displaystyle\int_0^{2\pi} \dfrac{R-r\sin\theta\cos(\varphi-\varphi_1)}{(\sqrt{r^2+R^2})^3}\left[1+\dfrac{3(2Rr\sin\theta)}{2(r^2+R^2)}\cos(\varphi-\varphi_1)\right]\mathrm{d}\varphi_1 \end{cases} \tag{2.4}$$

对式(2.4)积分可得

$$\begin{cases} B_x = \dfrac{3\mu}{8}\dfrac{IR^2}{(\sqrt{r^2+R^2})^3}\dfrac{r^2\sin2\theta\cos\varphi}{r^2+R^2} \\ B_y = \dfrac{3\mu}{8}\dfrac{IR^2}{(\sqrt{r^2+R^2})^3}\dfrac{r^2\sin2\theta\sin\varphi}{r^2+R^2} \\ B_z = \dfrac{\mu}{2}\dfrac{IR^2}{(\sqrt{r^2+R^2})^3}\left[1-\dfrac{3r^2\sin^2\theta}{2(r^2+R^2)}\right] \end{cases} \tag{2.5}$$

由于磁偶极子磁矩为

$$m = IS = I\pi R^2 = \pi IR^2 \tag{2.6}$$

将式(2.5)用磁矩表达

$$\begin{cases} B_x = \dfrac{3\mu}{8\pi}\dfrac{m}{(\sqrt{r^2+R^2})^3}\dfrac{r^2\sin2\theta\cos\varphi}{r^2+R^2} \\ B_y = \dfrac{3\mu}{8\pi}\dfrac{m}{(\sqrt{r^2+R^2})^3}\dfrac{r^2\sin2\theta\sin\varphi}{r^2+R^2} \\ B_z = \dfrac{\mu}{2\pi}\dfrac{m}{(\sqrt{r^2+R^2})^3}\left[1-\dfrac{3r^2\sin^2\theta}{2(r^2+R^2)}\right] \end{cases} \tag{2.7}$$

当丛式井随钻电磁防碰工具采集数据的时候，钻柱带动探管旋转，即磁偶极子绕 y 轴旋转。此时邻井套管与磁偶极子的距离 r 可看作常数，$\varphi=0$，$0\leqslant\theta\leqslant 2\pi$，则

$$\begin{cases} B_x = \dfrac{3\mu}{8\pi}\dfrac{m}{(\sqrt{r^2+R^2})^3}\dfrac{r^2\sin2\theta}{r^2+R^2} \\ B_y = 0 \\ B_z = \dfrac{\mu}{2\pi}\dfrac{m}{(\sqrt{r^2+R^2})^3}\left[1-\dfrac{3r^2\sin^2\theta}{2(r^2+R^2)}\right] \end{cases} \tag{2.8}$$

因此

$$B=\sqrt{B_x{}^2+B_z{}^2}=\sqrt{\left[\frac{3\mu}{8\pi}\frac{m}{(\sqrt{r^2+R^2})^3}\frac{r^2\sin2\theta}{r^2+R^2}\right]^2+\left\{\frac{\mu}{2\pi}\frac{m}{(\sqrt{r^2+R^2})^3}\left[1-\frac{3r^2\sin^2\theta}{2(r^2+R^2)}\right]\right\}^2} \tag{2.9}$$

由于套管到磁偶极子的距离远远大于磁源的半径，$r\gg R$，于是有：

$$B=\frac{\mu m}{2\pi r^3}\sqrt{1-\frac{3}{4}\sin^2\theta} \tag{2.10}$$

设 $\mu=4\pi\times10^{-7}\mathrm{H/m}$，$m=200\mathrm{A\cdot m^2}$，$r=1\mathrm{m}$，则 θ 从 $0\sim2\pi$ 取值时，绘制磁感应强度 B 的曲线如图 2. 14 所示。

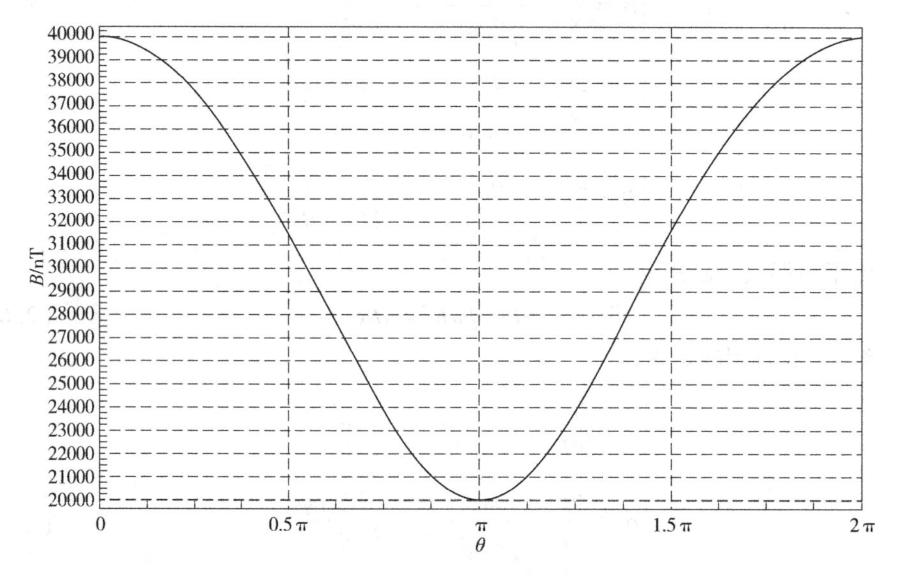

图 2. 14　磁感应强度仿真图

由图 2. 14 可知，在探管旋转过程中，磁源的轴向正对套管时，即图中的 0、π 和 2π 点，套管处有最大磁感应强度。利用这个最大磁感应强度，就可以判断邻井套管所在方向；而套管被磁化后磁感应强度的大小和探管与套管的距离有关，利用探测到的磁感应强度大小，即可计算出探管与套管的相对距离。

2. 2. 2　套管磁化磁场计算模型

首先提出以下五个假设条件：①地层均匀各向同性；②套管无限长；③套管的半径远小于正钻井与邻井套管之间的距离；④套管各向同性；⑤地层中无磁导率高的铁磁性矿物存在[69,70]，利用式(2. 9)即可计算邻井套管位置的磁感应强度数值。

如图 2. 15 所示，以探管上部磁源中心为原点 C，探管轴线为 y 轴，磁源轴线

为 z 轴，建立直角坐标系。探管中心到套管轴线的距离 OE 为 d，套管轴线方向与探管轴线方向（y 轴方向）的夹角为 α，探管两端的两个磁源之间的距离为 $2h$，套管上任一点与磁源轴线的夹角为 θ_1，与 C 点磁源的距离为 r_1。A 点是 C 点的磁源轴线延长线与套管轴线 AB 的交点，B 点是 D 点的磁源轴线延长线与套管轴线 AB 的交点。

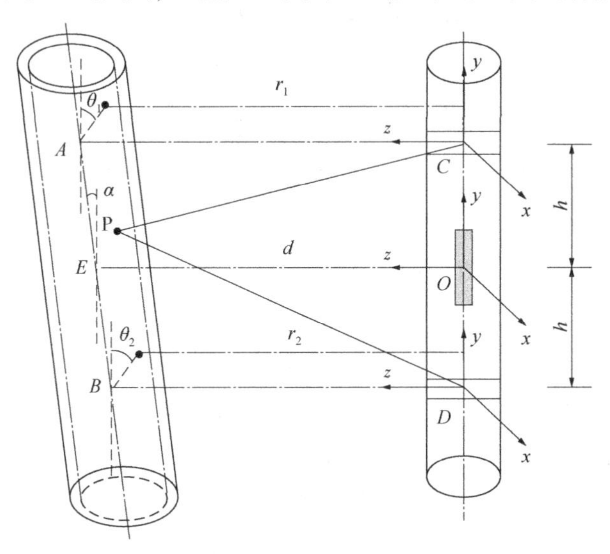

图 2.15　套管磁化磁场计算模型

邻井距离探测过程中，由于套管到磁源的距离远远大于磁源的半径，即 $r \gg R$，根据式(2.7)，于是 C 点的磁源周围的磁场分布为

$$\begin{cases} B_{Cx} = \dfrac{3\mu}{8\pi} \dfrac{m}{r_1^3} \sin 2\theta_1 \cos\varphi \\ B_{Cy} = \dfrac{3\mu}{8\pi} \dfrac{m}{r_1^3} \sin 2\theta_1 \sin\varphi \\ B_{Cz} = \dfrac{\mu}{2\pi} \dfrac{m}{r_1^3} \left(1 - \dfrac{3}{2} \sin^2\theta_1\right) \end{cases} \tag{2.11}$$

由图 2.9 可知，探管的磁源轴向正对套管时，套管位置的磁感应强度最大，传感器探测到的磁感应强度也达到最大，此时求 C 点磁源轴向与套管所在平面的磁场分布，有

$$\begin{cases} B_{Cx} = 0 \\ B_{Cy} = \dfrac{3\mu m}{8\pi r_1^3} \sin 2\theta_1 \\ B_{Cz} = \dfrac{\mu m}{2\pi r_1^3} \left(1 - \dfrac{3}{2} \sin^2\theta_1\right) \end{cases} \tag{2.12}$$

设磁源周围空间磁导率为μ，则磁场强度H为：

$$\begin{cases} H_{\mathrm{C}x}=\dfrac{B_{\mathrm{C}x}}{\mu}=0 \\ H_{\mathrm{C}y}=\dfrac{B_{\mathrm{C}y}}{\mu}=\dfrac{3m}{8\pi r_1^3}\sin2\theta_1 \\ H_{\mathrm{C}z}=\dfrac{B_{\mathrm{C}z}}{\mu}=\dfrac{m}{2\pi r_1^3}\left(1-\dfrac{3}{2}\sin^2\theta_1\right) \end{cases} \tag{2.13}$$

对于C点的磁源来说，在套管上任取一点，设套管的磁导率为μ_1，则套管被磁化后的磁场为

$$\begin{cases} B'_{\mathrm{C}x}=\mu_1 H_{\mathrm{C}x}=0 \\ B'_{\mathrm{C}y}=\mu_1 H_{\mathrm{C}y}=\dfrac{3\mu_1 m}{8\pi r_1^3}\sin2\theta_1 \\ B'_{\mathrm{C}z}=\mu_1 H_{\mathrm{C}z}=\dfrac{\mu_1 m}{2\pi r_1^3}\left(1-\dfrac{3}{2}\sin^2\theta_1\right) \end{cases} \tag{2.14}$$

同探管上部磁源一样，以探管下部磁源中心点为原点D，探管轴线为y轴，磁源轴线为z轴，建立直角坐标系。套管上任一点与磁源轴线的夹角为θ_2，与D点磁源的距离为r_2。D点的磁源与C点的磁源磁矩大小相等，磁极方向相反，则D点的磁源在套管位置处的磁场分布为

$$\begin{cases} B_{\mathrm{D}x}=0 \\ B_{\mathrm{D}y}=-\dfrac{3\mu m}{8\pi r_2^3}\sin2\theta_2 \\ B_{\mathrm{D}z}=-\dfrac{\mu m}{2\pi r_2^3}\left(1-\dfrac{3}{2}\sin^2\theta_2\right) \end{cases} \tag{2.15}$$

对于D点的磁源来说，套管被磁化后的磁场为

$$\begin{cases} B'_{\mathrm{D}x}=\mu_1 H_{\mathrm{D}x}=0 \\ B'_{\mathrm{D}y}=\mu_1 H_{\mathrm{D}y}=-\dfrac{3\mu_1 m}{8\pi r_2^3}\sin2\theta_2 \\ B'_{\mathrm{D}z}=\mu_1 H_{\mathrm{D}z}=-\dfrac{\mu_1 m}{2\pi r_2^3}\left(1-\dfrac{3}{2}\sin^2\theta_2\right) \end{cases} \tag{2.16}$$

在实际应用中，两个磁源是同时存在的，套管上的总磁化磁场是两个磁源各自产生的磁化磁场之和。为了求得套管的总磁化磁场，以磁场传感器所在的O点为原点，建立直角坐标系，P点为套管上任意一点。

根据式(2.14)和式(2.16)可知，套管被 C 点和 D 点的两个磁源磁化后的磁场并不是均匀分布的，为此，沿着套管轴线方向将套管均匀分割成若干小段厚度均为 δ 的微元，如图2.16所示，D 为套管直径。

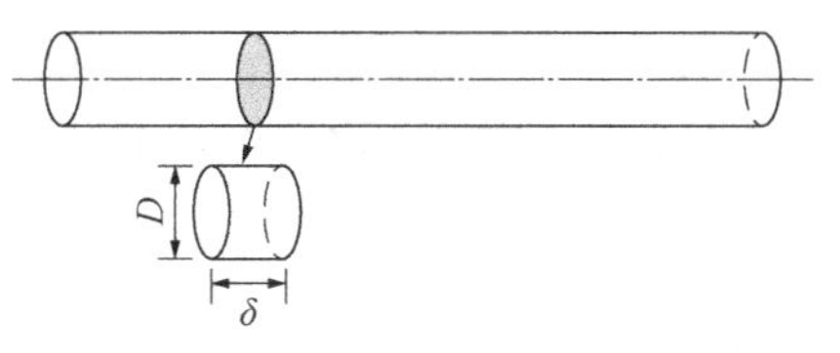

图2.16　套管分割原理

对于套管 P 点处的微元，其总磁化磁场为被 C 点和 D 点两个磁源磁化后的磁场之和，即

$$\begin{cases} B_{Px}=B_{PCx}+B_{PDx}=0 \\ B_{Py}=B_{PCy}+B_{PDy}=\dfrac{3\mu_1 m}{8\pi}\left(\dfrac{\sin2\theta_1}{r_1^3}-\dfrac{\sin2\theta_2}{r_2^3}\right) \\ B_{Pz}=B_{PCz}+B_{PDz}=\dfrac{\mu_1 m}{2\pi}\left(\dfrac{1-\dfrac{3}{2}\sin^2\theta_1}{r_1^3}-\dfrac{1-\dfrac{3}{2}\sin^2\theta_2}{r_2^3}\right) \end{cases} \tag{2.17}$$

式中　θ_1——P 点与 C 点的连线与 z 轴的夹角；

r_1——P 点与 C 点的距离；

θ_2——P 点与 D 点的连线与 z 轴的夹角；

r_2——P 点与 D 点的距离。

在图2.15所示的坐标系中，设 P 点的直角坐标为 $P(x, y, z)$，由图2.9中的几何关系可知，$x=0$，$z=d+y\tan\alpha$，则将 θ_1、r_1、θ_2、r_2 用 P 点的直角坐标表示为

$$\begin{cases} r_1=\sqrt{(y-h)^2+(d+y\tan\alpha)^2} \\ \theta_1=\arctan\left(\dfrac{y-h}{d+y\tan\alpha}\right) \\ r_2=\sqrt{(y+h)^2+(d+y\tan\alpha)^2} \\ \theta_2=\arctan\left(\dfrac{y+h}{d+y\tan\alpha}\right) \end{cases} \tag{2.18}$$

将式(2.18)代入式(2.17)可得 P 点的微元被探管两端的两个磁源磁化后的磁感应强度表达式为

$$\begin{cases} B_{Px}=0 \\ B_{Py}=\dfrac{3\mu_1 m}{4\pi}\left\{\dfrac{(y-h)(d+y\tan\alpha)}{\left[\sqrt{(y-h)^2+(d+y\tan\alpha)^2}\right]^5}-\dfrac{(y+h)(d+y\tan\alpha)}{\left[\sqrt{(y+h)^2+(d+y\tan\alpha)^2}\right]^5}\right\} \\ B_{Pz}=\dfrac{\mu_1 m}{2\pi}\left\{\dfrac{1-\dfrac{3(y-h)^2}{2\left[(y-h)^2+(d+y\tan\alpha)^2\right]}}{\left[\sqrt{(y-h)^2+(d+y\tan\alpha)^2}\right]^3}-\dfrac{1-\dfrac{3(y+h)^2}{2\left[(y+h)^2+(d+y\tan\alpha)^2\right]}}{\left[\sqrt{(y+h)^2+(d+y\tan\alpha)^2}\right]^3}\right\} \end{cases} \tag{2.19}$$

设$\mu_1=4\pi\times10^{-3}$H/m，$m=10$A·m^2，$h=1$m，$\alpha=0°$，分别绘制$d=1$m、2m、3m、4m时，套管上各点的磁感应强度B的曲线如图2.17所示。

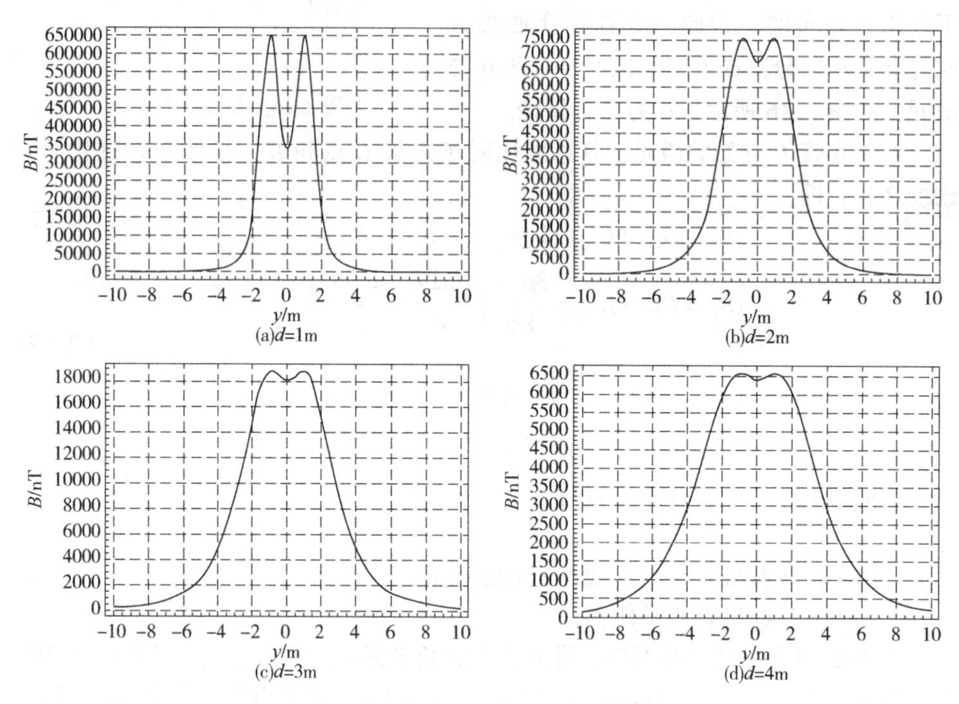

图2.17　套管上磁感应强度仿真图

图2.17中，$y=0$m的位置即为磁场传感器正对的套管的位置，套管被探管的两个磁源磁化后，其磁化磁场以$y=0$m的位置为中心对称分布，磁场主要集中于中心附近区域，距离较远的位置磁感应强度很弱。

2.2.3　丛式井邻井距离的计算

磁场传感器位于探管中两个磁源的中点，磁场传感器感应到的磁场除了地磁场、磁源的磁场，还有套管的磁化磁场。

对于C点磁源在磁场传感器位置产生的磁场，有$\varphi=\dfrac{3\pi}{2}$，$\theta_1=\dfrac{\pi}{2}$，根据式(2.12)可得

$$\begin{cases}B_{Cx}=0\\B_{Cy}=0\\B_{Cz}=-\dfrac{\mu m}{4\pi h^3}\end{cases}\tag{2.20}$$

同理，D 点的磁源在磁场传感器位置产生的磁场为

$$\begin{cases} B_{\mathrm{D}x}=0 \\ B_{\mathrm{D}y}=0 \\ B_{\mathrm{D}z}=\dfrac{\mu m}{4\pi h^3} \end{cases} \tag{2.21}$$

则两个磁源在磁场传感器位置产生的总磁场为

$$\begin{cases} B_{\mathrm{CD}x}=B_{\mathrm{C}x}+B_{\mathrm{D}x}=0 \\ B_{\mathrm{CD}y}=B_{\mathrm{C}y}+B_{\mathrm{D}y}=0 \\ B_{\mathrm{CD}z}=B_{\mathrm{C}z}+B_{\mathrm{D}z}=0 \end{cases} \tag{2.22}$$

由式(2.22)可知，探管两端的两个磁源在磁场传感器位置的合成磁场为 0，磁场传感器感应到的磁场只剩下地磁场和套管的磁化磁场。地磁场在短时间内可以看作恒定的，通常也可以查询到探管所在位置的地磁场数值大小，数据采集时可以直接减掉地磁场的数值，只剩下套管的磁化磁场。因此，后续推导暂时不考虑地磁场的影响。

与邻井间距离 d 相比，P 点的微元很小，可以将其看作磁偶极子。对于磁场传感器位置 O 点处，根据磁偶极子周围的磁场分布规律，可得

$$\begin{cases} B_x=\dfrac{3\mu}{8\pi}\dfrac{m'}{r^3}\sin 2\theta\cos\varphi \\ B_y=\dfrac{3\mu}{8\pi}\dfrac{m'}{r^3}\sin 2\theta\sin\varphi \\ B_z=\dfrac{\mu}{2\pi}\dfrac{m'}{r^3}\left(1-\dfrac{3}{2}\sin^2\theta\right) \end{cases} \tag{2.23}$$

式中　μ——地层磁导率，H/m；

m'——磁偶极子的磁矩，A · m²；

r——P 点微元与 O 点的距离，m；

θ——PO 与 z 轴的夹角；

φ——PO 在 xOy 平面内的投影与 x 轴的夹角。

当磁源正对套管时，将 θ 和 r 用 P 点的直角坐标表示为

$$\begin{cases} \theta=\arctan\left(\dfrac{y}{d+y\tan\alpha}\right) \\ r=\sqrt{y^2+(d+y\tan\alpha)^2} \end{cases} \tag{2.24}$$

将式(2.24)代入式(2.23)得

$$\begin{cases} B_x = 0 \\ B_y = -\dfrac{3\mu m' y(d+y\tan\alpha)}{4\pi[\sqrt{y^2+(d+y\tan\alpha)^2}]^5} \\ B_z = \dfrac{\mu m'}{2\pi[\sqrt{y^2+(d+y\tan\alpha)^2}]^3}\left\{1-\dfrac{3y^2}{2[y^2+(d+y\tan\alpha)^2]}\right\} \end{cases} \tag{2.25}$$

其中，磁偶极子的磁矩 m' 为

$$m' = V\chi_{\mathrm{m}} H \tag{2.26}$$

式中 V——P 点微元的体积，m^3；

χ_{m}——套管的磁化率，无量纲；

H——P 点磁偶极子的磁场强度，A/m。

已知套管直径为 D，则有

$$V = \frac{\pi D^2 \delta}{4} \tag{2.27}$$

代入式(2.26)得

$$m' = \frac{\pi D^2 \delta \chi_{\mathrm{m}} (\sqrt{B_{\mathrm{P}y}^2 + B_{\mathrm{P}z}^2})}{4\mu_1} \tag{2.28}$$

计算过程中，首先应用式(2.19)计算 P 点的磁感应强度，然后依据式(2.28)计算磁偶极子的磁矩，再根据式(2.25)即可计算 P 点的磁偶极子在磁场传感器处的磁感应强度。

式(2.19)、式(2.25)和式(2.28)已经计算出磁场传感器测得的 P 点产生的磁化磁场，套管是一个很长的圆柱体，理论上说，套管上任意一点都会被磁化，产生的磁场都可以被磁场传感器感应到。因此，磁场传感器感应到的总磁感应强度为

$$\begin{cases} B_{\mathrm{O}x} = \int_{-\infty}^{\infty} B_x \mathrm{d}x = 0 \\ B_{\mathrm{O}y} = \int_{-\infty}^{\infty} B_y \mathrm{d}y \\ B_{\mathrm{O}z} = \int_{-\infty}^{\infty} B_z \mathrm{d}z \end{cases} \tag{2.29}$$

已钻井的套管一般很长，而磁场在地层传输过程中，衰减是很快的。因此，计算总磁感应强度的时候，没必要从套管的一端计算到另一端。邻井距离随钻电磁系统本身的测距范围约 10m，根据式(2.7)可以算出，$y=10\mathrm{m}$ 时，磁场已经衰减到 nT 级别，而这种微弱的磁场，经地层传输到磁场传感器位置后，已经衰减

到 pT 级别，对于磁场传感器来说已经无法分辨。仿真计算时，只取以磁场传感器为中心，±10m 的范围来计算。计算机计算时是采用离散型的数值来计算的，即将±10m 的范围分成 N 个等分，每个等分长度为 δ，计算每一个点的磁感应强度 B_{Pi}，然后计算出每一个点在磁场传感器位置产生的磁感应强度 B_{Oi}，最后按照式(2.30)进行计算

$$\begin{cases} B_{Ox} = 0 \\ B_{Oy} = \sum_{i=1}^{N} B_{Pyi} \\ B_{Oz} = \sum_{i=1}^{N} B_{Pzi} \end{cases} \tag{2.30}$$

即得到磁场传感器所探测到的总磁感应强度数值。

在式(2.22)、式(2.25)和式(2.28)中，除了变量 y，都是已知量，因此套管被磁化后的磁场和探管与套管的距离 d 有确定的关系，可以通过磁场传感器的数值来计算。

2.3　基于磁场强度的随钻电磁防碰工具测距影响因素分析

根据本章推导的基于磁场强度的随钻电磁防碰测距导向算法，影响工具测量结果的因素主要包括探管内的磁源间距、磁源的磁矩、套管的相对磁导率、套管的直径，以及正钻井与邻井的夹角，这些参数都会对测量结果产生一定的影响。假设地层是均匀且各向是同性的，周围地层中无铁磁性矿物的影响，分别分析各种影响因素对随钻电磁防碰工具测量结果的影响。

2.3.1　磁源对测量结果的影响

磁源是基于磁场强度的随钻电磁防碰工具的关键部件，它对外提供了磁场激励源，在磁场传感器精度有限的情况下，其磁场强度直接影响到系统的测量距离和精度[71]。通过分析磁源对测量精度的影响，找到最佳的磁源方案设计，对于增加随钻电磁防碰工具的探测距离和提高探测精度都非常必要。

磁源对测量精度的影响主要包括磁源间距和磁源磁矩。设真空磁导率 $\mu_0 = 4\pi\times10^{-7}$H/m，套管相对磁导率为 1000，地层磁导率为真空磁导率，正钻井和邻井夹角为0°，套管直径为 127mm。假设磁源磁矩固定为 10A · m^2，磁源间距取不同值时，探管与套管之间距离为 0.5~10m 的数据进行仿真，结果如图 2.18 所示。

由图 2. 18 可知，探管与套管之间的距离达到 3m 以上时，测量结果变化趋势很小，很难看清几条曲线的区别，且 0. 5~3m 范围的数据趋势与 3~10m 范围的数据趋势一致，因此本章以下内容将只取 0. 5~3m 范围的数据进行绘图分析。将绘图范围改为 0. 5~3m，结果如图 2. 19 所示。

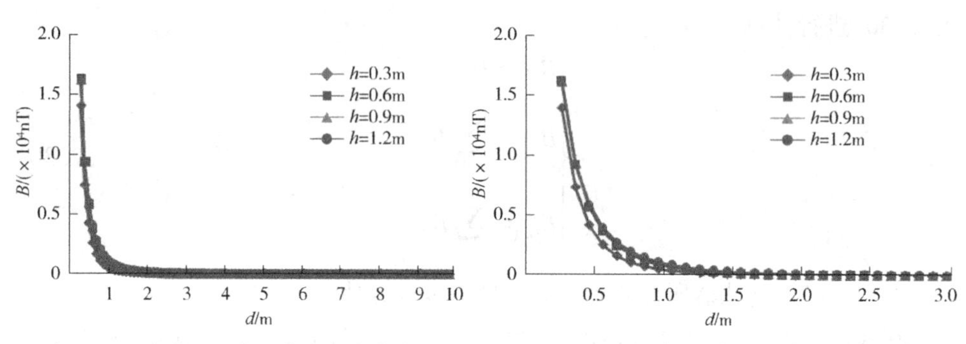

图 2. 18　磁源间距对测量结果的影响 1　　图 2. 19　磁源间距对测量结果的影响 2

由图 2. 19 可知，当磁源磁矩相同，磁源间距为 0. 6m 时，探管探测到的磁感应强度较小；随着磁源间距增加，探管探测到的磁感应强度也在增加，但磁源间距超过 1. 2m 时，随着磁源间距增加，探管探测到的磁感应强度增加幅度很小，可以忽略。因此，在设计探管结构时，磁源间距应设计大于 1. 2m，以使探管探测到的磁感应强度最大。

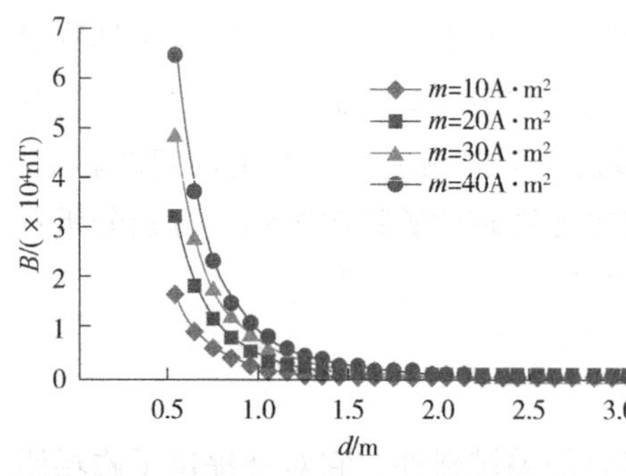

图 2. 20　磁矩对测量结果的影响

假设磁源间距固定为 1. 2m，磁源磁矩取不同值时，对探管与套管之间的距离为 0. 5~3m 的数据进行仿真，结果如图 2. 20 所示。

由图 2. 20 可知，当磁源间距固定时，磁源的磁矩越大，探管探测到的磁感应强度越大。因此在设计探管结构时，应尽量选取磁矩大的磁源。本书选用高磁矩的钕铁硼磁铁作为磁源，但永磁铁的磁矩受制于永磁铁的体积，而在空间狭小的井下，无法安装大的永磁铁，而电磁信号源的磁矩由信号源的匝数和电流决定，随着电子技术尤其是超导材料和超级电容技术的进步，电磁信号源有广阔发展前景，是电磁探测工具未来的发展方向[72]。

2. 3. 2　套管对测量结果的影响

由于探管周围主要为磁导率很低的地层，地层对探管内部的磁源发出的磁场影响较小，而邻井中具有较高磁导率的套管会对磁源发出的磁场产生较大的影响。假设磁源间距固定为1.2m，磁矩固定为10A·m^2，正钻井和邻井夹角为0°，套管直径为127mm，套管的相对磁导率取不同值时，对探管与套管之间距离为0.5~3m的数据进行仿真，结果如图2.21所示。

由图2.21可知，当磁源固定时，套管的相对磁导率越大，探管探测到的磁感应强度越大。套管的相对磁导率由套管自身的性质决定，不同的套管相对磁导率不同，系统计算邻井距离前，需要对邻井套管的相对磁导率进行测量，得到较准确的相对磁导率才能保证测量结果有足够的精度。

当套管的相对磁导率为1000时，取不同的套管直径，对探管与套管之间距离为0.5~3m的数据进行仿真，结果如图2.22所示。

u1=500
u1=1000
u1=1500
u1=2000
B/(×10⁴nT)
d/m

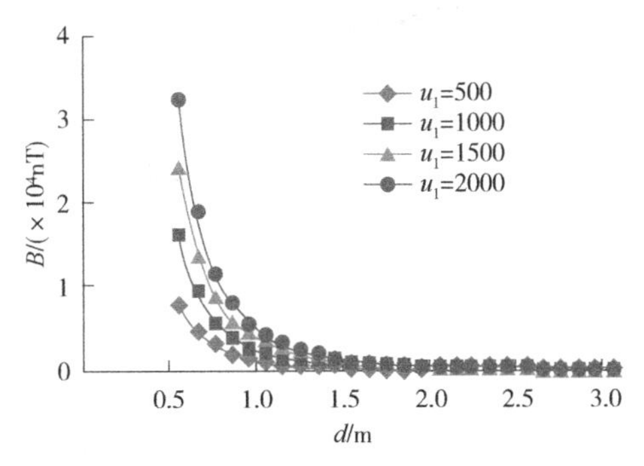

图2.21　套管相对磁导率对测量结果的影响

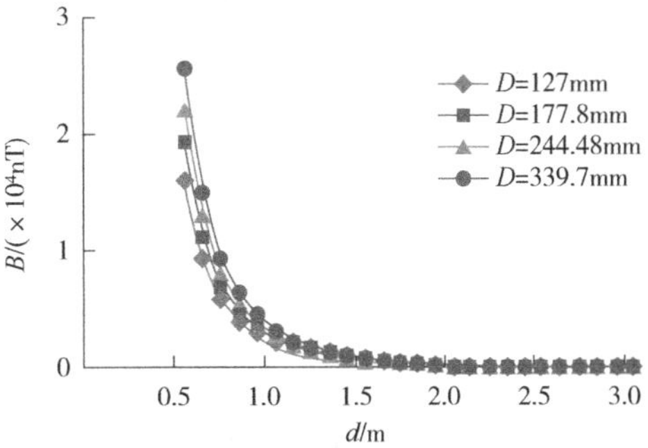

D=127mm
D=177.8mm
D=244.48mm
D=339.7mm
B/(×10⁴nT)
d/m

图2.22　套管直径对测量结果的影响

由图2.22可知，当套管的相对磁导率固定时，套管的直径越大，探管探测到的磁感应强度越大，越容易被探测到，而在邻井间距相同的条件下，直径较大的套管碰撞的风险会增加，这也从另一方面证明了本系统用于丛式井防碰的优越性。

2.3.3　正钻井和邻井的夹角对测量结果的影响

实际的丛式井、加密井网等复杂结构井中，正钻井与邻井往往不是平行关系，而是有一定的夹角，由于夹角的存在，探管两端的两个磁源与探管的距离不同，会对探管探测到的磁感应强度产生一定的影响。假设磁源间距固定为1.2m，磁矩固定为10A·m^2，套管的相对磁导率固定为1000，套管直径为127mm，当正钻井和邻井的夹角在0°~90°之间变化时，对探管与套管之间的距离为0.5~3m的数据进行仿真，结果如图2.23所示。

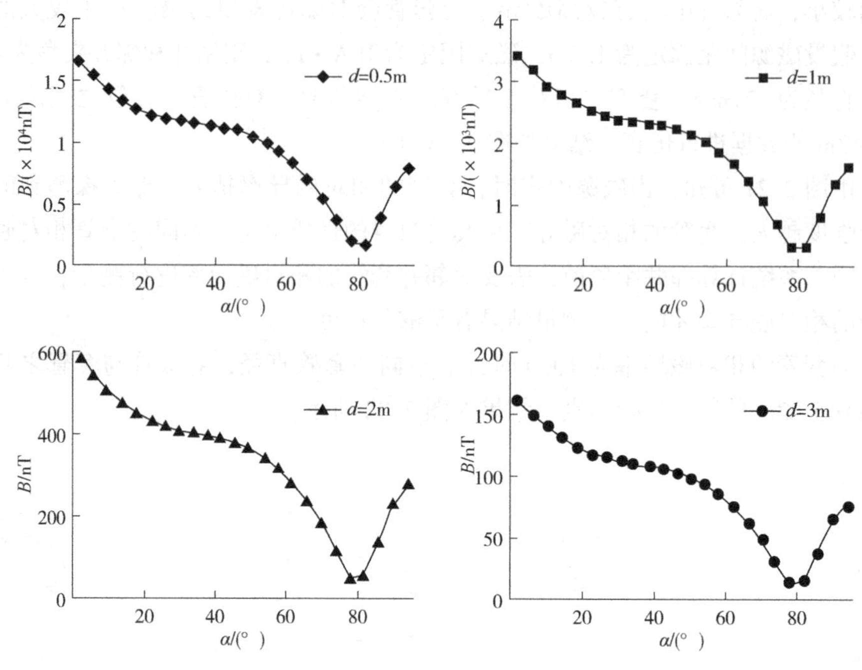

图 2.23　正钻井和邻井的夹角对测量结果的影响

从图 2.23 可看出，不管距离远近，在正钻井和邻井的夹角为 80°左右时，探管探测到的磁感应强度数据变化趋势发生了突变。产生这种现象的原因是正钻井和邻井的夹角过大时，探管内距离套管较远的磁源在套管上产生的磁化磁场过小，磁源的磁极正对的方向也指向了套管的远处，相当于探管内只有一个磁源对套管产生了磁化作用，磁力线分布发生了变化，导致曲线发生突变。正钻井和邻井的夹角从 0°变化到 50°左右时，探管探测到的磁感应强度数据基本已经降低到原来的一半，此时采集到的信号已经比较微弱。另外，超过 50°时，磁感应强度数据与夹角不再是一一对应关系。因此在系统实际应用过程中，应避免在正钻井和邻井的夹角超过 50°时应用，对于过大的夹角，应更换其他测距工具进行测距，防止受正钻井和已钻井的夹角影响而导致数据偏差大，使邻井距离计算不准确而产生钻井事故。

2.4　本章小结

（1）基于磁场强度的随钻电磁防碰工具是一种能够实现随钻实时测量的电磁探测工具。本章阐述了其原理：利用安装在探管两端的两个磁源发出的磁场，磁化已钻邻井的套管，通过测量套管的磁化磁场来计算邻井距离和方位。基于磁场强度的随钻电磁防碰工具是应用于丛式井防碰、救援井后期引导等的理想电磁探测工具，测量时无须起下钻，极大降低了钻井成本、提高了钻进效率、保障了丛式井的钻井安全。

（2）探管两端的磁源轴线互相平行，对称分布在磁场传感器的两端，磁源的磁场方向相反，大小相同。探管旋转过程中，由于邻井套管的存在而使探管内的磁场传感器感应到波峰和波谷信号，将此信号通过泥浆脉冲传输至地面后，由地面的数据分析软件来计算邻井距离和方位。

（3）磁源的半径远远小于邻井间的距离，可以将磁源看作磁偶极子。本章利用磁偶极子理论，推导了磁偶极子附近磁场分布公式，通过仿真，得到磁源正对套管时，磁场传感器能探测到磁场的峰值或谷值，验证了丛式井随钻电磁防碰系统原理的可行性。根据磁偶极子附近磁场分布，本章推导了套管被磁源磁化后的磁感应强度计算公式，并通过该公式，推导了磁场传感器探测到的磁感应强度计算公式。根据磁场传感器探测到的磁感应强度，可以计算出邻井距离。再次证明了基于磁场强度的随钻电磁防碰工具的可行性，为后续工具的研发提供了理论支持。

第三章　基于磁场梯度的随钻电磁防碰测距导向技术

基于径向磁场梯度测量的邻井电磁防碰工具主要由地面电源设备、信号采集设备、数据处理系统、地面电极、井下电极和井下探管组成，如图 2.24 所示。

基于磁场梯度的邻井电磁防碰工具的工作原理如图 2.25 所示。邻井电磁防碰工具在作业过程中，将井下电极和井下探管通过电缆放入正钻井的钻杆中。由于周边生产井内套管的导电性比地层大得多，井下电极注入地层的低频交流电会汇聚在周边生产井的套管上，形成如图 2.25 所示沿套管向上和向下流动的电流。沿套管向下流动的电流将在套管周围地层中产生低频交变磁场，在相同的井深位置处，两个不同的磁场 H_1和 H_2在径向方向上由井下探管进行测量。井下探管在工具横轴平面内平行安装有两个三轴磁场传感器。两磁场传感器之间的距离已知，通过消除未知参数，可以得到磁场梯度与两井间距离的几何关系。进一步可以得到正钻井与周边生产井的间距和方位。

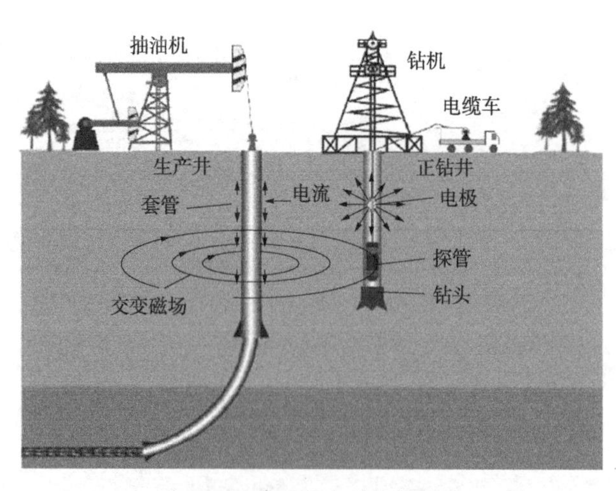

图 2.24　基于径向磁场梯度的邻井电磁防碰工具组成

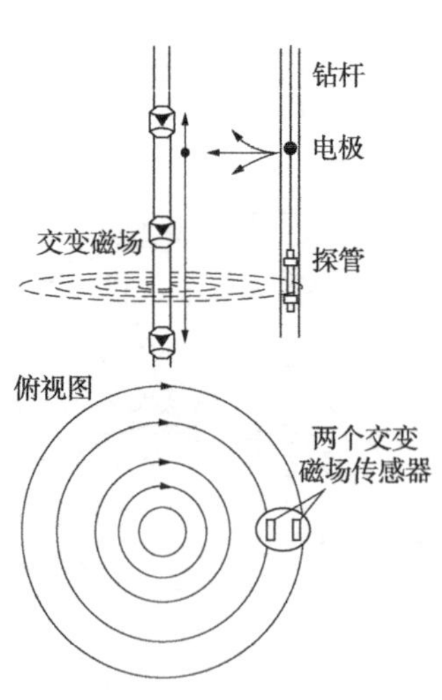

图 2.25　基于磁场梯度测量的邻井电磁防碰工具的工作原理

3.1　基于径向磁场梯度的随钻电磁防碰测距导向算法

测距过程中，井下电极向地层中注入低频交流电流。电流在地层中的传播衰减规律受到地层非均匀性的影响。大部分电流会在地层中消减，只有一小部分电流会在周边生产井的套管上汇聚，最终流回地表电极。假设套管无限长，套管的半径远小于正钻井与周边生产井轴线之间的距离，空心套管可以近似为地层圆柱体。该圆柱体单位长度的电阻等于生产井套管单位长度的电阻，地层圆柱体的等效半径为[73~76]

$$r_e=\sqrt{\frac{2\sigma_c}{\sigma_e}r_c h_c} \tag{2.31}$$

式中　σ_e——地层电导率，S/m；

σ_c——套管电导率，S/m；

r_c——套管半径，m；

h_c——套管管壁厚度，m。

将井下电极近似为直流电源，在地层中距离电极 R 处由该电极产生的电流密度 j_0 可表示为

$$j_0=\frac{I_0}{4\pi R^2} \tag{2.32}$$

根据电场和电流密度之间的关系 $j=\sigma E$，可得在地层中距离电极 R 处的电场为

$$E_0=\frac{I_0}{4\pi\sigma_e R^2} \tag{2.33}$$

在套管上聚集的电流可表示为

$$I_{\rho 1}=\sigma_e\cdot\pi r_e^2 E_0=\frac{r_e^2}{4R^2}I_0 \tag{2.34}$$

式中　E_0——地层中距离电极 R 处的电场，V/m；

I_0——井下电极注入地层的电流，A；

R——距井下电极任意距离处的等位面的半径，m。

套管上聚集的电流在探管相同深度处为 $I(z)$，根据 Biot-Savart 定律，探管处的磁场强度可以表示为

$$H=\mu_0\frac{I(z)}{2\pi r} \tag{2.35}$$

探管中两个交变磁场传感器相对于所钻井筒的位置关系是不确定的。引入角θ，定义为两个交变磁场传感器所处的直线与两井在同一深度的轴线之间的夹角。正钻井与周边生产井的空间位置关系计算模型如图 2.26 所示。当正钻井的井角为α时，井筒的水平投影为椭圆，如图 2.27 所示。O_1和O_2是两口井的井筒中心。P和Q是两个交变磁场传感器在水平面上的投影，P与Q之间的距离为$2d'$。θ'是角θ在水平面上的投影角度。α是施工井的井角。δ是两个交变磁场传感器与正北方向之间的夹角，可以通过测量得到。β_1和β_2为两个交变磁场传感器的方位角。r_1和r_2为生产井的井筒中心分别和P、Q的距离。

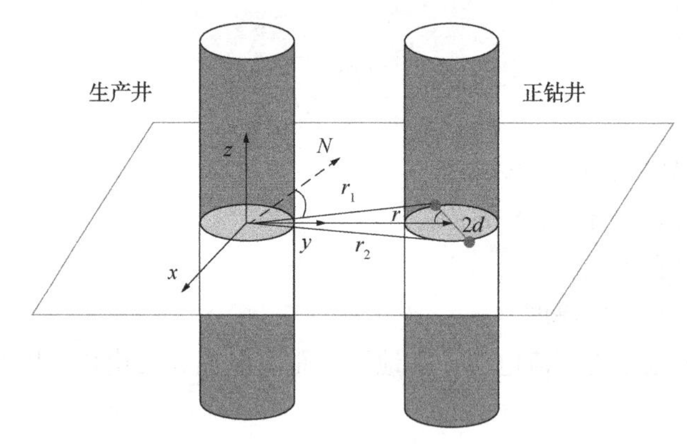

图 2.26　正钻井与生产井空间位置关系的计算模型

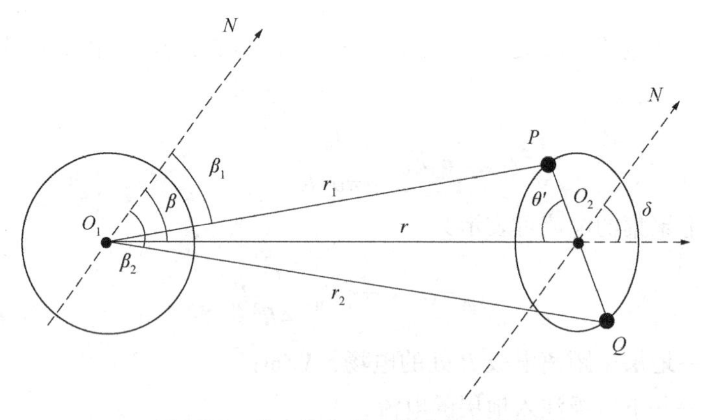

图 2.27　两口井在同一深度的水平投影

套管中心与探管中的两个交变磁场传感器的距离分别为

$$
\begin{aligned}
r_1 &= \sqrt{(r-d\cos\theta\cos\alpha)^2+(d\sin\theta)^2} \\
r_2 &= \sqrt{(r+d\cos\theta\cos\alpha)^2+(d\sin\theta)^2}
\end{aligned}
\tag{2.36}
$$

两个磁场在径向的强度为

$$H_1=\frac{I_1}{2\pi r_1}$$
$$H_2=\frac{I_2}{2\pi r_2} \tag{2.37}$$

当正钻井存在一定井斜角时，两个交变磁场对应的电流是不相等的。但由于两个磁场传感器的间距远小于两口井的井距，可以认为 $I_1=I_2$，由此可得

$$\frac{H_1}{H_2}=\frac{r_2}{r_1} \tag{2.38}$$

由图 2.27 可知，各变量之间的几何关系如下所示

$$d'=\sqrt{(d\cos\theta\cos\alpha)^2+(d\sin\theta)^2} \tag{2.39}$$

$$\tan\theta'=\frac{d\sin\theta}{d\cos\theta\cos\alpha} \tag{2.40}$$

根据正弦定理可知

$$\begin{cases}\dfrac{r}{\sin(\pi-\beta_1-\delta)}=\dfrac{d'}{\sin(\beta_1+\delta-\theta')}\\[2ex]\dfrac{r}{\sin(\beta_1+\delta)}=\dfrac{d'}{\sin(\theta'-\beta_2-\delta)}\end{cases} \tag{2.41}$$

根据余弦定理可知

$$r_1^2+r_2^2-(2d')^2=2r_1r_2\cos(\beta_1-\beta_2) \tag{2.42}$$

根据式(2.36)~式(2.42)可得，正钻井与周边生产井的井距与磁场梯度的关系如式(2.43)所示

$$\begin{cases}\theta'=\arctan\left(\dfrac{d\sin\theta}{d\cos\theta\cos\alpha}\right)\\[2ex]\beta_1=\arctan\left[\dfrac{d'\sin\delta-r\sin(\delta-\theta')}{r\cos(\delta-\theta')-d'\cos\delta}\right]\\[2ex]\beta_2=(\theta'-\delta)-\arcsin\left[\dfrac{d'\sin(\beta_1+\delta)}{r}\right]\\[2ex]\cos(\beta_1-\beta_2)=\dfrac{r^2-(d\sin\theta)^2-(d\cos\theta\cos\alpha)^2}{\sqrt{[(r-d\cos\theta\cos\alpha)^2+(d\sin\theta)^2][(r+d\cos\theta\cos\alpha)^2+(d\sin\theta)^2]}}\\[2ex]\dfrac{H_1}{H_2}=\sqrt{\dfrac{(r+d\cos\theta\cos\alpha)^2+(d\sin\theta)^2}{(r-d\cos\theta\cos\alpha)^2+(d\sin\theta)^2}}\\[2ex]\beta=\theta'-\delta\end{cases} \tag{2.43}$$

将已知参数 α、d、δ、H_1、H_2代入式(2.43)，即可确定正钻井与周边生产井

的距离和方位。将四组数据代入式(2.43)，结果如表2.1所示。

表2.1 距离和方向的计算结果

算例数目	H_1/H_2	d/m	δ/(°)	α/(°)	θ/rad	r/m	β/rad
例1	1.05	0.1	0	30	0	2.611	−0.245
例2	1.05	0.1	0	30	0.1	2.598	−0.045
例3	1.01	0.1	30	0	1.2	1.835	0.645
例4	1.01	0.1	30	0	1.3	2.685	0.776

由表2.1可以看出，当H_1、H_2确定时，旋转角θ和距离r可唯一确定。方位值范围是[0°，360°]，因此实际的方位应该是$\beta \pm n\pi/2(n=0, 1, 2, 3)$。

特别是当旋转角度$\theta=90°$时，两个交变磁场传感器相对井筒中心对称。此时两个磁场强度相等，不存在梯度，因此利用上述方法无法确定正钻井与生产井的相对位置关系。

3.2 基于径向磁场梯度的随钻电磁防碰测距导向系统影响因素分析

3.2.1 磁场强度的影响因素

磁场强度的主要影响因素是正钻井与生产井的井距r和套管上汇聚的电流$I(z)$。令$I(z)$分别取0.1mA、0.2mA、0.4mA、0.6mA、0.8mA、1.0mA，$\mu_0=4\pi\times10^{-7}$(T·m)/A时，磁场强度与井距的关系如图2.28所示。

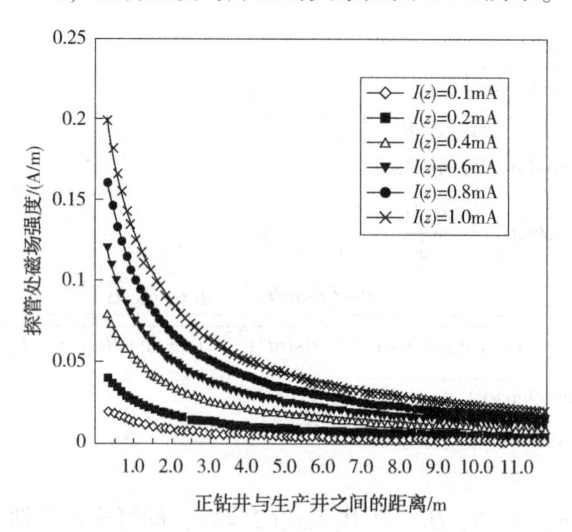

图2.28 集中电流$I(z)$对磁场强度的影响

从图 2.28 可以看出，磁场强度随着电流的增大而增大，随着井距的增大而减小。通常选取的磁场传感器的灵敏度可达 0.1nT，当电流 $I(z)=1$mA 时，最大测距范围为 2m；当 $I(z)=0.8$mA 时，最大测距范围为 1.6m；当 $I(z)<0.6$mA 时，最大测距范围在 1m 以内。可以通过增加井下电极注入电流的方法来增加测距范围。由图 2.28 还可以看出，两井之间的距离越小，测量精度越高。因此，基于径向磁场梯度测量的邻井随钻防碰方法适用于两井间的近距离测量，理论上满足丛式井的防碰要求。

3.2.2 磁场梯度的影响因素

根据径向磁场梯度测量原理，影响磁场梯度的因素主要有两井间距 r、两个传感器的间距 $2d$、旋转角 θ 和井倾角 α。

3.2.2.1 两个传感器间距 2d 对磁场梯度的影响

当 $\theta=0°$、$\alpha=0°$，以及 $2d$ 分别取 0.1m、0.2m、0.3m、0.4m 时，数值模拟结果如图 2.29 所示。从图 2.29 可以看出，磁场梯度随着 r 的减小而增大，随着 $2d$ 的增大而增大。

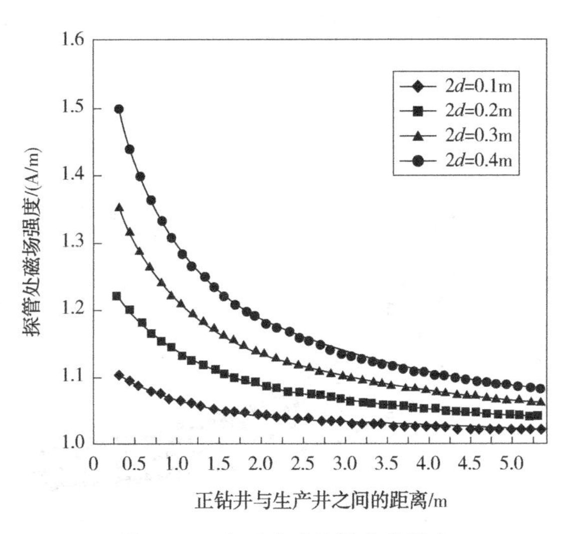

图 2.29　井距对磁场梯度的影响

3.2.2.2 旋转角 θ 对磁场梯度的影响

测距时，磁场梯度的角度有一定的影响。当 $r=2$m、$\alpha=0°$，以及 $2d$ 分别取 0.1m、0.2m、0.3m、0.4m 时，旋转角 θ 对磁场梯度的影响如图 2.30 所示。当 θ 趋于 0°或 180°时，磁场梯度较大。当 $\theta=90°$时，两个磁场传感器测得的磁场强度相等，磁场梯度为 1，不存在梯度。d 越大，磁场梯度越大。

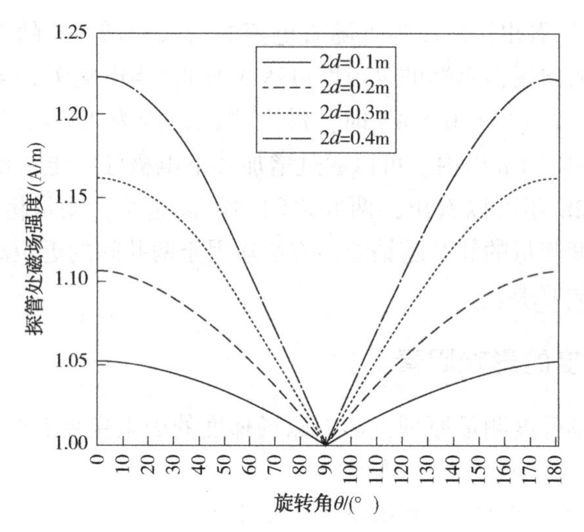

图 2.30 旋转角对磁场梯度的影响

3.2.2.3 井斜角 α 对磁场梯度的影响

当生产井为直井段时，正钻井的井斜角的大小对磁场梯度有一定的影响。当 $\theta=0°$、$2d=0.2m$ 时，α 分别取 0°、15°、30°、45°、60°，仿真结果如图 2.31 所示。磁场梯度随正钻井井斜角的增大而减小。

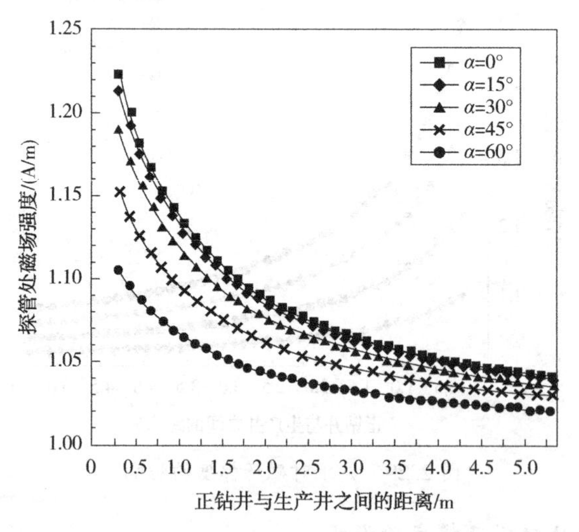

图 2.31 正钻井的井斜角对磁场梯度的影响

3.3 本章小结

(1) 通过分析周边生产井套管上汇集的交流电流所产生的磁场强度分布，建立了正钻井与生产井相对距离和方位的计算模型。研究表明，与传统的邻井测距方法相比，基于径向磁场梯度测量的邻井电磁防碰工具可以直接计算两口井的相对距离和相对方位。井距越小，测量精度越高。该方法较好地满足了丛式井等复杂结构井的防碰撞需求。

（2）探管中两个交变磁场传感器的灵敏度和传感器的间距对测量结果有一定影响。磁场传感器的灵敏度越高，间距越大，测量精度越高。由于探管的尺寸受实际井筒尺寸的限制，在设计探管时尽量使用高灵敏度的交变磁场传感器来提高测量精度。磁场梯度随着旋转角的变化而周期性变化。在实际工作条件下，为了增加测距范围，应在两个交变磁场传感器与生产井筒中心排列在三个点（$\theta=0°$或180°）处进行测距。

第四章　邻井随钻电磁防碰工具样机设计

邻井随钻电磁防碰工具实现了邻井间近距离的精确探测，其核心特性有两点：一是实现了随钻测量，不需要任何上提下放钻具的操作，减少了钻台工人的工作量；二是无须在邻井下入设备，当邻井已投产时，这将节约大量的工作。前面章节已经对邻井随钻电磁防碰工具的工作原理及邻井距离算法进行了分析和仿真，有了理论如何实现真正可下井工作的仪器，是本章的重点，也是难点。本章将在前述分析的基础上，从机械结构、电路板和软件三个方面对邻井随钻电磁防碰工具进行全面设计。

4.1　邻井随钻电磁防碰工具结构设计

4.1.1　总体结构设计

为了实现钻井过程中随钻测量邻井距离，邻井随钻电磁防碰工具必须安装在井下钻具组合中，理论上距离钻头越近越好[63,75]。但实际定向井钻井过程中，钻头后面一般需要安装井下动力钻具，而邻井随钻电磁防碰工具需要泥浆脉冲传输数据到地面，如果直接安装在钻头后面，很难与泥浆脉冲发射器相连接。因此探管的最佳安装位置是井下动力钻具后面，井下钻具组合如图 2. 32 所示。

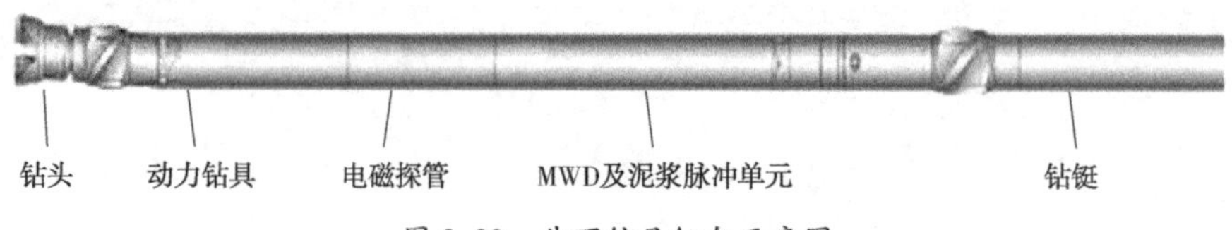

图 2. 32　井下钻具组合示意图

实际电磁探测系统设计时，探管直接与动力马达相连，与 MWD 极为类似。因此系统的结构设计以 MWD 的结构为基础，用传感器短节替代 MWD 探管，在探管外壳两端安装磁源，泥浆从磁源与探管外壳之间的间隙，以及传感器短节与探管外壳之间的间隙流过。探管总体结构如图 2.33 所示。

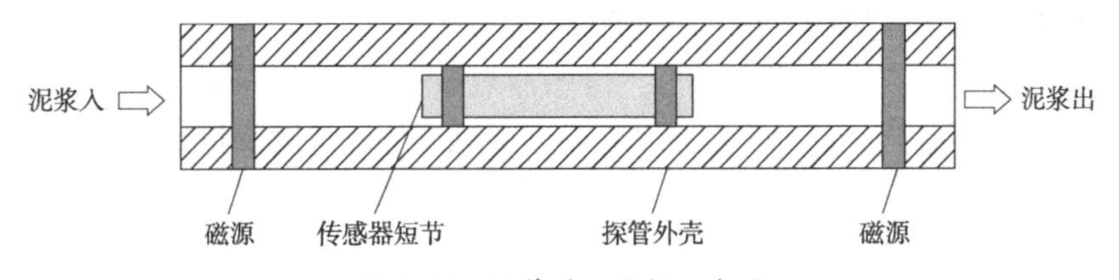

图 2.33　探管总体结构示意图

邻井随钻电磁防碰工具暂时处于研究试验阶段，还未达到现场应用推广阶段，因此暂时按照 3000m 以内井深的工况来设计，系统主要技术参数如下：

（1）最大测距范围：10m；

（2）测距精度：±20%；

（3）角度精度：±10°；

（4）最大井深：3000m；

（5）最高工作温度：125℃；

（6）最高工作压力：100MPa。

探管结构的总体设计方案中，探管主要由外壳、磁源和传感器短节组成，系统所有结构都需要按照现场标准设计。其结构设计如图 2.34 所示。

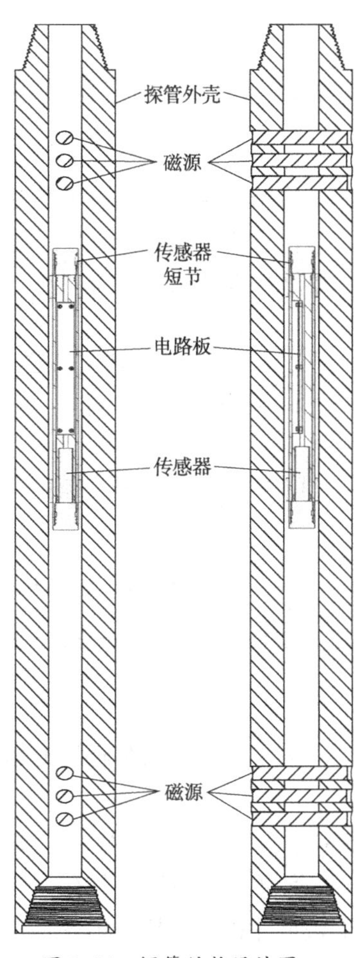

图 2.34　探管结构设计图

磁场会被铁磁性的钻铤屏蔽，因此，探管外壳与 MWD 一样，采用高强度、无磁的低碳高铬锰合金钢材料制造，其接头两端都是 API 标准扣型，可使探管牢固地与井下动力钻具及其他钻柱连接在一起。探管外壳的外径使用标准的 6¾in 钻铤的外径 171.4mm，总长度设计为 2000mm。为了保证足够的强度，探管中间的孔直径设计为 71.4mm，钻井液能通过中空流到井底。

根据 RMRS 的应用情况可知，磁源的个数对系统的探测距离有很大影响[77~80]。在磁源相同的情况下，磁源数量越多，探测距离越远。为了尽量提高系统探测距离，本书在探管两端各设计 3 个磁源。两端共 6 个磁源，轴线相互平行，关于探管中心对称，两组磁源最小距离为 1600mm。磁源直径为 30mm，长度为 150mm，可以安装永磁铁或电磁螺线管。磁源两端各有一个弹簧卡圈，磁源安装好后，两端各用专用耐高温树脂胶封固，以防止钻井液泄漏。

传感器短节安装在探管中空里，传感器短节长度为750mm，外径为45mm。传感器短节外面有扶正器，安装在探管中间的孔里。安装时要保证传感器中心位于探管两端磁源的中心点。根据探管设计图生成的探管三维视图如图2.35所示。

图2.35　探管三维视图

4.1.2　传感器短节结构设计

传感器短节主要功能是采集三轴磁场数据和自身姿态数据，并将数据处理后，将结果通过泥浆脉冲传送至地面，由地面系统对数据进行进一步处理和显示。传感器短节的核心是三轴磁场传感器、三轴加速度计和信号处理电路板，其主要结构设计如图2.36所示。

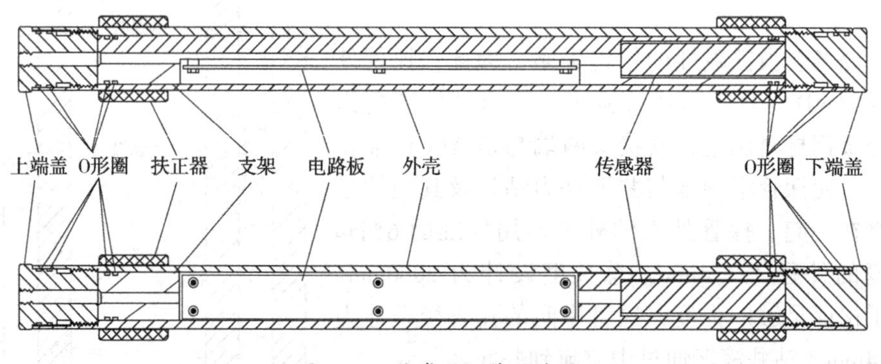

图2.36　传感器短节设计图

为了防止外壳对磁场的影响，传感器短节的外壳与探管外壳一样采用高强度、无磁的低碳高铬锰合金钢材料制造，传感器短节外壳外径45mm、壁厚5mm，与MWD探管基本一致。

传感器短节两端各有一个端盖密封头，防止钻井液进入传感器短节中。上下端盖尺寸相同，都由无磁的低碳高铬锰合金钢制成。上下端盖内部各有2个O形圈槽，组装时装上合适的O形圈，拧紧后可以保证良好的密封性。上端盖上留有出线孔，用于将处理过后的数据通过电缆输出至泥浆脉冲器。

传感器短节内部的传感器和信号处理电路板均安装在一个无磁的铝制支架上，传感器位于支架下部的孔内，与传感器短节的轴线一致。信号处理电路板安装在支架的上部，电路板呈长条状，用铜柱和不锈钢螺丝固定在支架上。传感器短节外观和内部结构的三维视图分别如图 2. 37 和图 2. 38 所示。

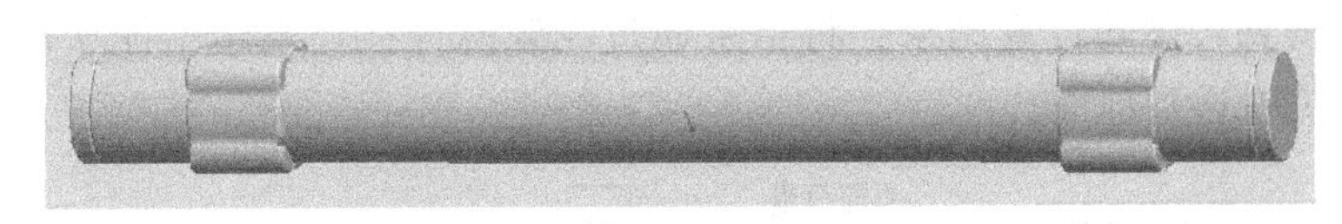

图 2. 37　传感器短节外观三维视图

图 2. 38　传感器短节内部结构三维视图

4. 2　邻井随钻电磁防碰工具电路设计

4. 2. 1　总体电路结构设计

从式井正常钻进过程中，井下有动力钻具驱动钻头钻井，动力钻具本身会有 120~180r/min 的转速，而转盘转速一般都控制在 25~100r/min 以内[77~79]。从本部分第二章的分析中，可以看出钻柱旋转时系统采集到的是一组交变信号，信号周期与转盘旋转一周的周期相关。转盘旋转一周的周期是 0. 6~2. 4s，当正钻井周围没有已钻井时，转盘周期与磁场信号周期相同，那么磁场信号的频率为 0. 4~1. 7Hz；当正钻井周围有 N 组已钻井存在时，磁场信号频率会提高 N 倍，而实际的从式井钻井中，一般一口正钻井周围的 10m 内不会超过 20 口井，因此磁场信号的频率最大一般不会超过 34Hz。因此实际工作中磁场传感器的输出信号是一个 0. 4~34Hz 之间的交变信号。

当系统正常工作时，磁场传感器除了采集交变信号，还能采集到地磁场的直流信号，交变信号叠加在地磁场的直流信号之上。磁场传感器的交变信号是计算邻井距离和方位的关键，而其又非常弱，可能为 10^{-1}nT 数量级，因此需要设计一套完善的放大滤波电路，专门对交变信号进行放大，才能通过井下处理器采集到足够强度的信号。

除了磁场传感器的交变信号，磁场传感器的地磁信号也需要同时采集，地磁信号主要用于和加速度传感器结合，计算探管自身的井斜、方位以及当前旋转的角度，以便由地面数据分析软件确定邻井的方位。

信号处理电路板总体结构如图 2.39 所示。三轴磁场传感器直流分量信号直接进行模数转换，交流分量经交流放大滤波电路处理后再进行模数转换，三轴加速度传感器直接由微处理器采集数据。井下微处理器将数据读入后，通过软件分析处理，得到最终的计算结果，将结果通过泥浆脉冲接口发送给泥浆脉冲发射器，将数据发送到地面。

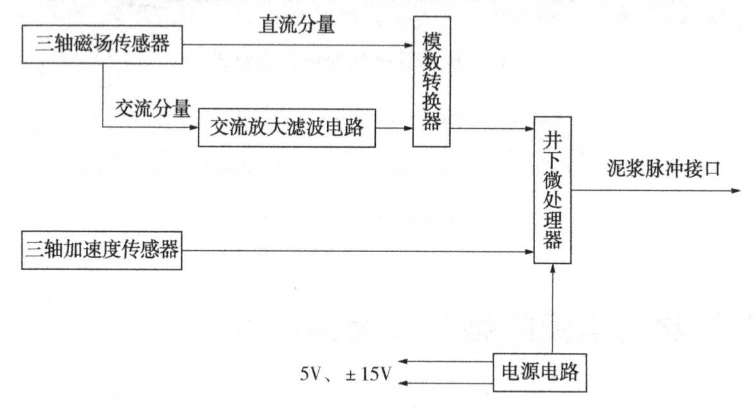

图 2.39　信号处理电路板总体结构图

4.2.2　传感器的选型

邻井随钻电磁防碰工具工作时，需要采集邻井套管被磁化后发出的磁场信号、地磁场信号以及加速度传感器的信号，因此系统所需要的传感器主要是磁场传感器和加速度传感器，下面分别介绍两种传感器的选型。

4.2.2.1　磁场传感器的选型

通过第 2.1 章节和第 2.2 章节的分析，磁场传感器感应到的套管磁化磁场信号最低达到 10^{-1}nT 数量级，因此需要高精度、高分辨率、低噪声的磁场传感器才能得到较好的数据。实际钻进中两口邻井一般不是平行的，而是相互呈一定的角度，因此还需要三轴磁场传感器同时测量才能获得准确的数据进行邻井距离计算。

随着信息产业的发展，磁场传感器已形成了一个庞大的产品族。这些传感器已在科研、生产和社会生活的方方面面得到广泛的应用。自从磁场传感器作为一种独立产品进入应用以来，迄今，从 10^{-14}T 的人体弱磁场到高达 25T 以上的强磁场，都可以找到相应的传感器进行检测。目前已形成的磁场传感器的主要类型如表 2.2 所示[80,81]。

表 2.2　不同类型的磁场传感器对比

类型	测量范围/T	应用领域
霍尔效应器件	$10^{-7}\sim10$	位置速度及电流电压传感器
半导体磁敏电阻	$10^{-3}\sim1$	旋转和角度传感
磁敏晶体管	$10^{-6}\sim10$	位置速度及电流电压传感器
巨磁电阻器	$10^{-3}\sim10^{-2}$	高密度磁读头
载流子畴器件	$10^{-6}\sim1$	磁强计、输出频率信号
核磁共振传感器	$10^{-12}\sim10^{-2}$	磁场精密测量
磁电感应传感器	$10^{-13}\sim10^{2}$	磁场测量及位置和速度传感
磁通门传感器	$10^{-11}\sim10^{-2}$	弱磁场测量
磁光传感器	$10^{-10}\sim10^{2}$	磁场测量及电流、电压传感
超导量子干涉器件	$10^{-14}\sim10^{-8}$	生物磁场检测

由表 2.2 对比可知，为了实现 10^{-1}nT 数量级(即 10^{-10}T)的弱磁场测量，且有较好的结果，传感器的灵敏度至少为 10^{-2}nT 数量级，只有核磁共振磁强计、磁电感应传感器、磁通门传感器、磁光传感器和超导量子干涉器件这五种传感器符合要求，而井下环境高温、高压、强振动的工况，加上狭小的空间，能在井下应用的磁场传感器只有磁电感应传感器和磁通门传感器两种[82,83]。

磁电感应传感器利用电磁感应原理进行工作，其结构简单、工作稳定、灵敏度高[84]，但由于天线线圈内部存在一定的分布电容，这些分布电容对不同频率的磁场信号会产生不同的响应，即不同频率、相同幅度的磁场信号，传感器输出信号幅度不一致，需要复杂的后续电路做幅频校正，还需要进行复杂的标定才能满足测量需求。另外，市场上无此种类型的传感器成品，而本章的研究目前处于实验室阶段，磁场传感器本身并不是本章的主要研究内容，因此为了简化研究过程，暂时不考虑使用磁电感应传感器，待产品成熟后推向市场时，可以根据实际情况考虑是否使用磁电感应式磁场传感器。

磁通门传感器的基本原理是基于磁芯材料的非线性磁化特性，其敏感元件为高磁导率、易饱和的铁磁材料制成的磁芯，由激励线圈和感应线圈围绕磁芯。在交变激励磁场的作用下，磁芯的导磁特性发生周期性的饱和与非饱和变化，从而在感应线圈中感应出与外磁场成正比的调制信号，该调制信号的各谐波成分中，只有偶次谐波含有外磁场的信息。因此，通过特定的检测电路，可以提取外磁场信息[85,86]。

通过多方调研，能满足丛式井随钻电磁防碰系统要求的三轴磁通门传感器只有美国 APS 公司的 MODEL536 三轴磁通门传感器，此传感器主要参数如表 2.3 所示[87,88]。

表 2.3 MODEL536 主要参数

名称	参数	名称	参数
量程	±1Gs	三轴正交度	0.2°
灵敏度	10V/G	供电电源	±15V 60mA
噪声	0.01nT RMS/$Hz^{1/2}$		

MODEL536 三轴磁通门传感器量程是±1Gs，而地磁场大约是 0.5Gs，叠加的交变信号都是 nT 数量级，因此量程满足要求。另外 MODEL536 的噪声很低，在磁场信号很弱的情况下，可以达到更高的信噪比，便于后续的软件分析。因此，丛式井随钻电磁防碰系统选用该传感器作为系统的磁场传感器。MODEL536 外观如图 2.40 所示。

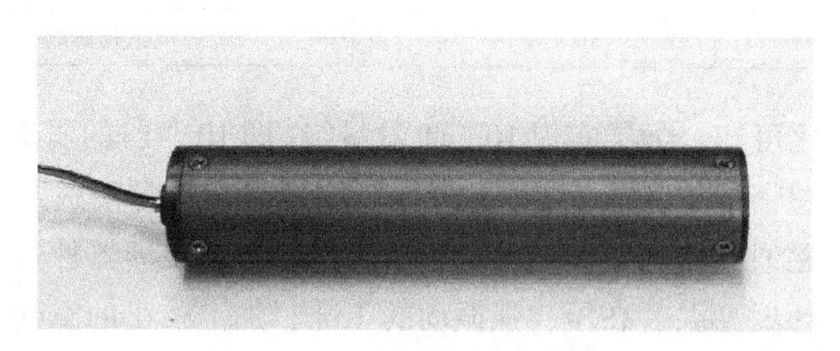

图 2.40 MODEL536 外观图

4.2.2.2 加速度传感器的选型

加速度传感器主要用于探管自身的姿态计算，精度达到 0.5°即可满足计算需求。为了降低系统设计难度、减少传感器校准的环节，本书选用的是 APS 公司数字接口的 MODEL544 微型角定位传感器作为系统的加速度传感器使用。MODEL544 内部包含一个三轴磁通门传感器、一个三轴加速度传感器和一个温度传感器，其内部的三轴磁通门传感器精度较低，无法满足 10^{-1}nT 数量级的磁场测量需求，因此暂时不使用其数据，只使用其内部的三轴加速度传感器数据。MODEL544 主要技术参数如表 2.4 所示[89]。

表 2.4 MODEL544 主要技术参数

名称	参数	名称	参数
工具面角精度	0.4°	工作温度	0~125℃
接口	T TL	供电电源	12V 55mA

MODEL544 具有 TTL 的数字输出接口，内部已经对测量的角度进行了校准，这大大简化了其外围电路的设计，也简化了探管的校准过程。MODEL544 外观如图 2.41 所示。

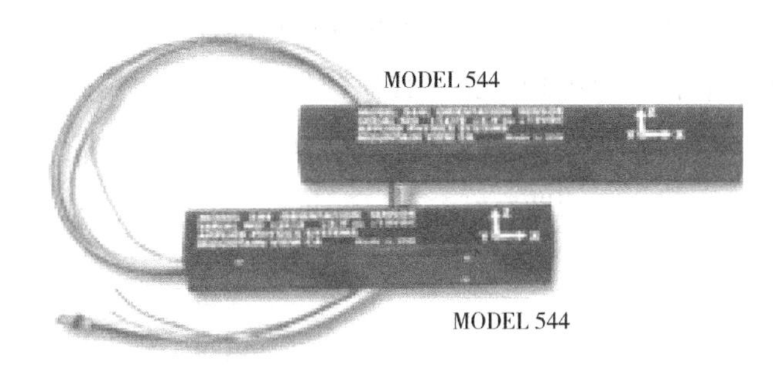

图 2.41　MODEL544 外观图

4.2.3　信号处理及控制电路的设计

4.2.3.1　交变信号处理电路的设计

三轴磁通门传感器输出信号是±10V 的电压信号，交变信号叠加在直流信号之上，邻井距离计算所需要最关键的数据是交变信号，而其往往又很弱，AD 转换器很难对其进行精确采集，信噪比较低。为了尽量准确采集交变信号，本书利用高通滤波电路将交变信号单独取出后进行放大，大大提高了信噪比。随着距离从 1~10m 的变化，三轴磁通门传感器感应到的磁场为 10^4~10^{-1}nT 数量级，对应的传感器输出信号在 0.01mV~1V 的范围，信号相差 10^5倍，在保证精度的前提下，增益不变的放大器无法适应如此大的输入信号范围。因此，设计时需要在放大电路中加入增益控制电路，根据输入信号强弱，调整信号到合适的增益，以满足不同输入信号的情况下的数据采集要求[90~93]。本章所设计的交变信号处理电路结构如图 2.42 所示。

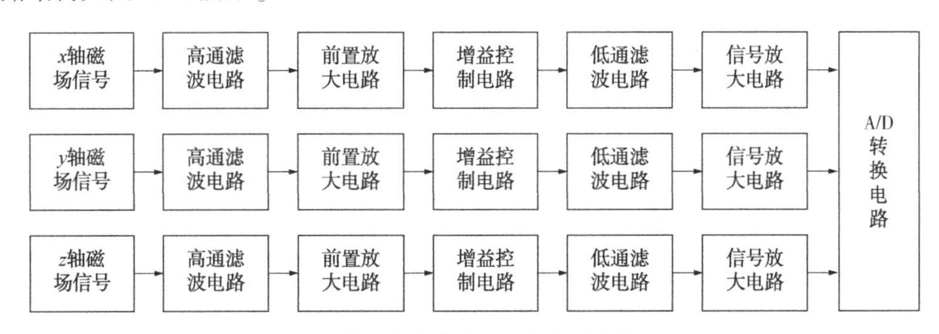

图 2.42　交变信号处理电路结构框图

三轴磁通门传感器输出信号包含地磁场信号，而地磁场大约为 0.5Gs，因此其正常工作时会有一个 0~5V 的直流信号输出。直流信号本身电平已经足够高，无法再继续放大，因此传感器输出直接接高通滤波电路，取出其中的交变成分，隔离掉直流分量。

传感器有三个轴同时输出信号，三个轴在信号处理过程中是完全一样的。本章后续将只介绍 x 轴的信号处理电路，其他轴与 x 轴相同。x 轴高通滤波电路如图 2.43 所示。

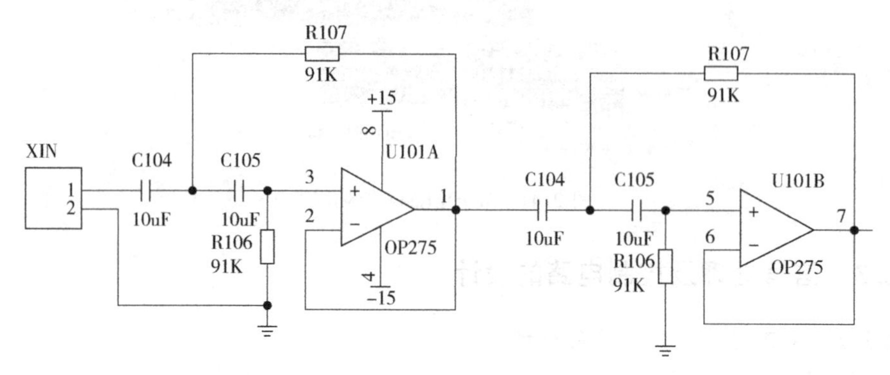

图 2.43　x 轴高通滤波电路

x 轴高通滤波电路主要由低噪声放大器 OP275 构成，OP275 的外围电路与 OP275 共同组成四阶巴特沃斯有源高通滤波电路。为了使邻井距离相同的条件下滤波器的输出信号不受钻柱转速的影响，高通滤波电路对频率在 0.4~34Hz 之间的交变信号应具有相同的增益，因此选取滤波器参数的时候，应尽量使其通频带内的幅频曲线平坦。根据图 2.43 的参数进行仿真，高通滤波电路-3db 增益点约 0.25Hz，这样可以保证 0.4Hz 以上的频率增益一致，其幅频特性如图 2.44 所示。

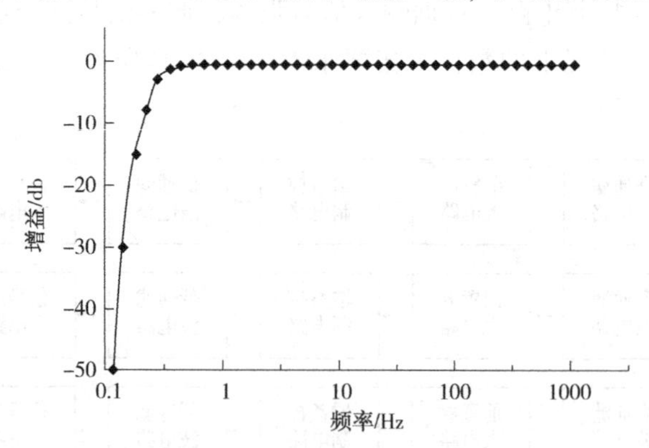

图 2.44　高通滤波电路的幅频特性曲线

通过 EWB 软件对滤波电路进行仿真，输入端注入频率为 1Hz、直流偏移为 5V、幅度为 1V 的信号，在输入端和输出端同时用虚拟示波器进行测量，可以得到如图 2.45 所示的曲线。曲线中，通道 A 为滤波器输入信号，通道 B 为滤波器输出信号，可以明显看出输入信号中的直流分量已被完全去除，只剩下交流成分，符合预期设计要求。

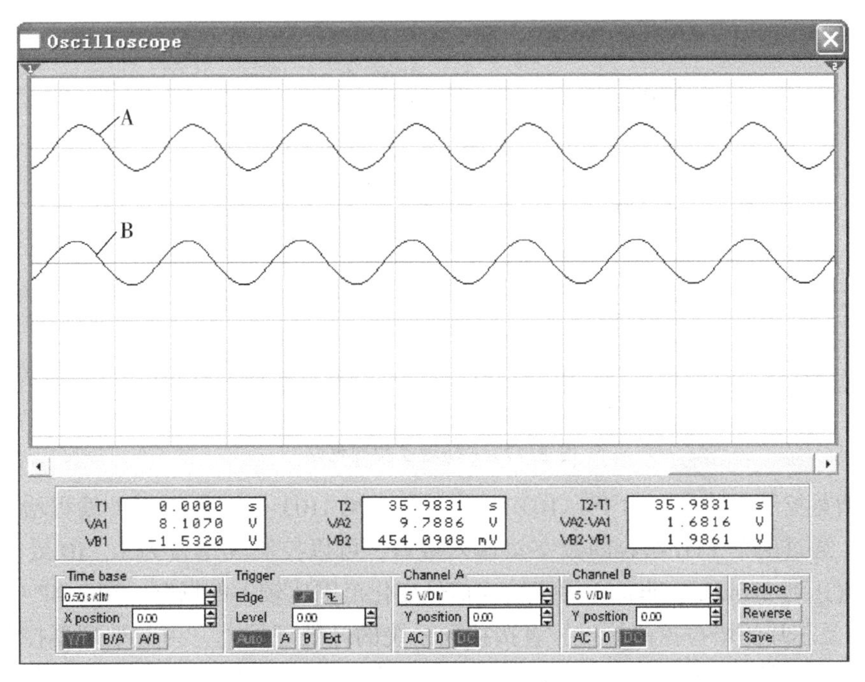

图 2.45 高通滤波电路仿真结果

高通滤波电路输出信号较弱，最低可以达到 0.01mV 级别，因此在滤波电路后面设计了一级低噪声前置放大电路。系统最大输出信号可能达到 1V 左右的级别，本级前置放大电路只做 5 倍左右的放大，其最大输出信号幅度为 5V 左右。x 轴前置放大电路如图 2.46 所示。

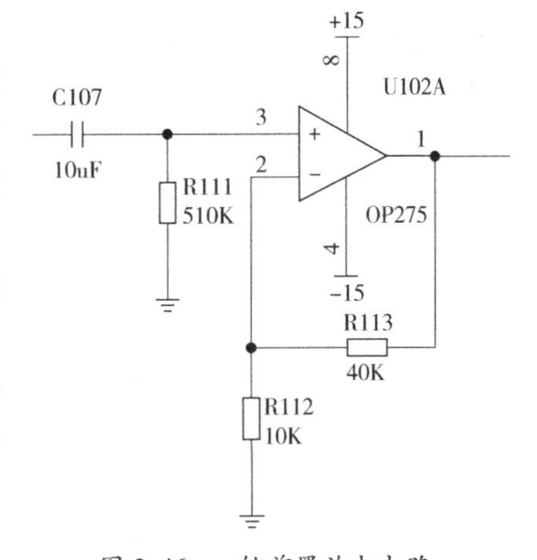

图 2.46 x 轴前置放大电路

前置放大电路同样由低噪声放大器 OP275 构成，采用同向放大器结构，其增益为

$$G=1+\frac{R113}{R112}=5 \tag{2.44}$$

前置放大电路输出的信号连接到增益控制电路的输入端，增益控制电路主要作用是控制电路的增益，以使信号处理电路输出的信号不会超过 AD 转换器的输入范围，又能保证较弱的信号也同时能采集到。微处理器通过对 AD 转换的信号进行幅度分析后，由程序决定是否需要提高或降低系统的增益。x 轴增益控制电路如图 2.47 所示。

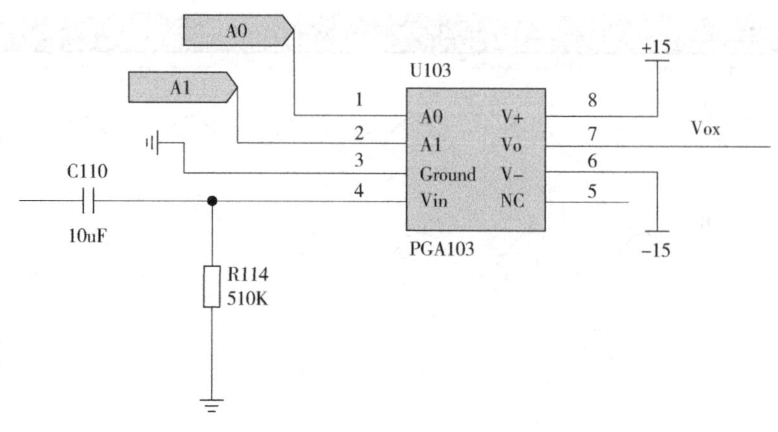

图 2.47 x 轴增益控制电路

增益控制电路主要由 PGA103 芯片组成。PGA103 是一种通用可编程增益放大器，通过两个 TTL 兼容的数字量输入接口，可以控制其增益为 1、10 或 100，其带宽达到 250kHz，非常适用于输入信号变化范围比较大的场合。图 2.47 中 A0 和 A1 是芯片的增益控制接口，直接接到系统的微处理器上，由微处理器控制系统增益。信号由 C110 和 R114 输入，经 7 脚输出到下一级电路。

增益控制电路输出信号接低通滤波电路。低通滤波电路的作用是滤除高于 34Hz 的信号，例如市电 50Hz，以及其他井下的高频振动等干扰。低通滤波电路如图 2.48 所示。

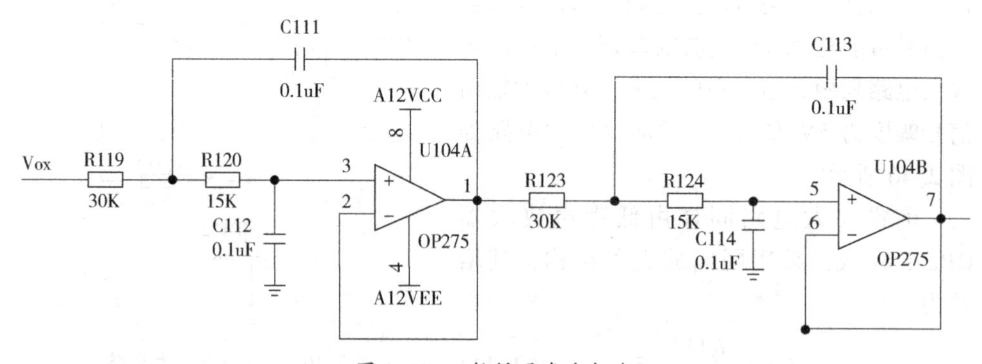

图 2.48 x 轴低通滤波电路

与高通滤波电路类似，x 轴低通滤波电路也是由低噪声放大器 OP275 构成，OP275 的外围电路与 OP275 共同组成四阶巴特沃斯有源低通滤波电路。通过仿真，低通滤波电路-3db 增益点约 40Hz，这样可以保证 34Hz 以下的频率增益一致，其幅频特性如图 2.49 所示。

低通滤波电路对信号是有一定衰减的，因此在低通滤波电路后面又安排了一级信号放大电路，这级放大电路与前面的前置放大电路相似，只是信号放大倍数降低为 1/2，防止输出信号超过 10V。设置这级放大电路另外的目的是为后面的 AD 转换器提供一个低内阻的信号，以降低 AD 转换器对前级的影响。信号放大电路如图 2.50 所示。

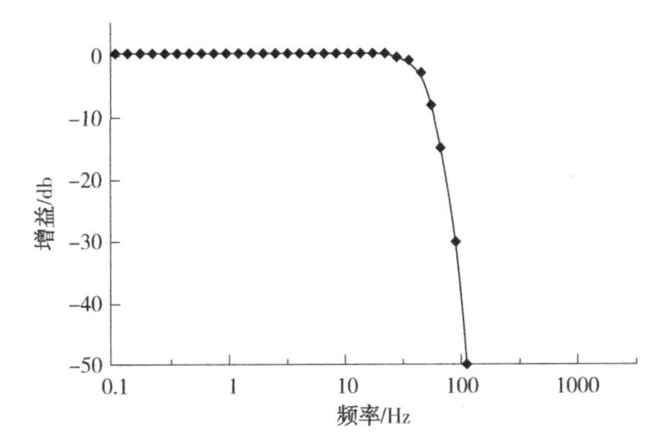

图 2.49　低通滤波电路的幅频特性曲线

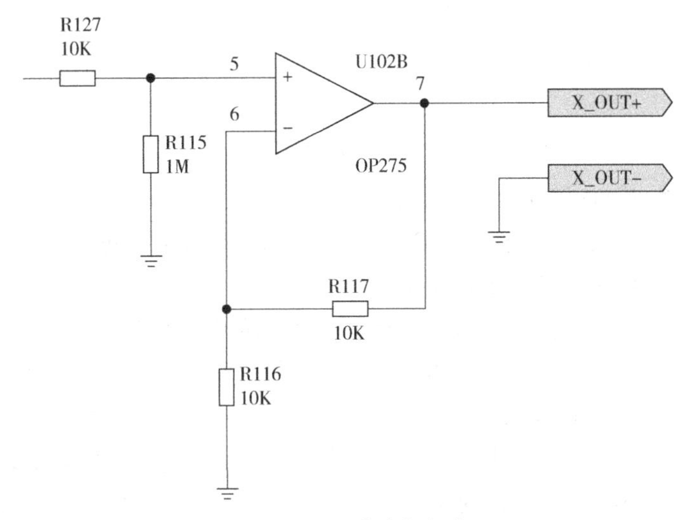

图 2.50　信号放大电路

4.2.3.2　AD 转换器电路设计

AD 转换器的作用是将三轴模拟信号转换为相应的数字量，以便微处理器对数据进行处理，AD 转换的精度直接影响系统的计算结果，因此，在满足输入电压、通道数等的前提下，应尽量选用高精度的 AD 转换器。

本章选用 Analog Device 公司的 24bit 高精度 AD 转换芯片 AD7712 对交变信号进行 AD 转换。AD7712 使用 CMOS 工艺制造，采用 Σ-Δ 技术进行 AD 转换，受环境噪声影响小，转换速度低，精度高，在250Hz的转换速率下可以达到18位无失码[94]，非常适合这种低频信号采集的应用场合。*x*轴的AD7712电路如图2.51所示。AD7712具有双极性的输入接口，内部带有放大器和内部基准电压，外围电路很简单，只需要有源晶振Y403和C409、C410、C411等几个去耦电容即可，AD7712数据输出接口采用6线制的串行通信接口，这大大节约了微处理器的IO口开销。

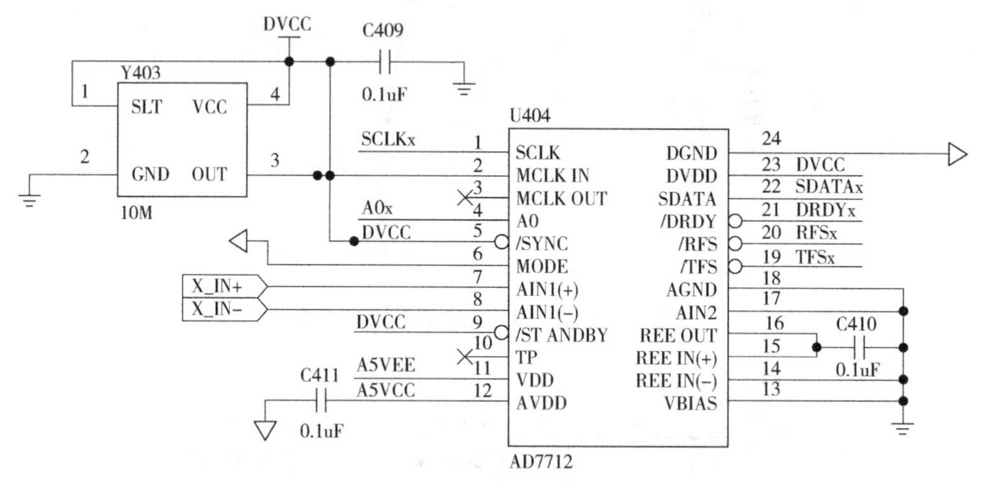

图2.51　*x*轴AD7712电路

*y*轴和*z*轴的AD转换电路与*x*轴相同，采用3个独立AD转换芯片的意义是可以做到三轴同步采集，采集时间误差可以做到微秒级别，防止采集时间不一导致的数据偏差，使采集数据更加精确。

三轴磁通门传感器的直流分量同样需要AD转换电路来采集。直流分量不同于交流分量，直流分量变化比较缓慢，三轴采集时间有小的误差也不影响采集精度，因此直流分量AD转换电路采用AD公司的24bit高精度AD转换芯片AD7734来采集。AD7734芯片具有4路模拟量输入接口，同样采用Σ-Δ技术进行AD转换，在500Hz的转换速率下可以达到18位无失码[95]。AD7734直流分量AD转换电路如图2.46所示。同AD7712类似，AD7734的外围电路也很简单，除了晶振Y401和C401、C403、C404等退耦电容以外，AD7734内部没有集成基准电压源，因此，需要外置基准电压芯片AD780。AD780提供稳定的2.5V基准电压给AD7734，噪声低至$100nV/Hz^{1/2}$，温度漂移也非常低，是一款非常优秀的基准电源芯片，为AD转换精度的提高奠定了坚实的基础。直流分量AD转换电路如图2.52所示。J2为三轴直流分量输入端，与微处理器采用5线制串行接口。

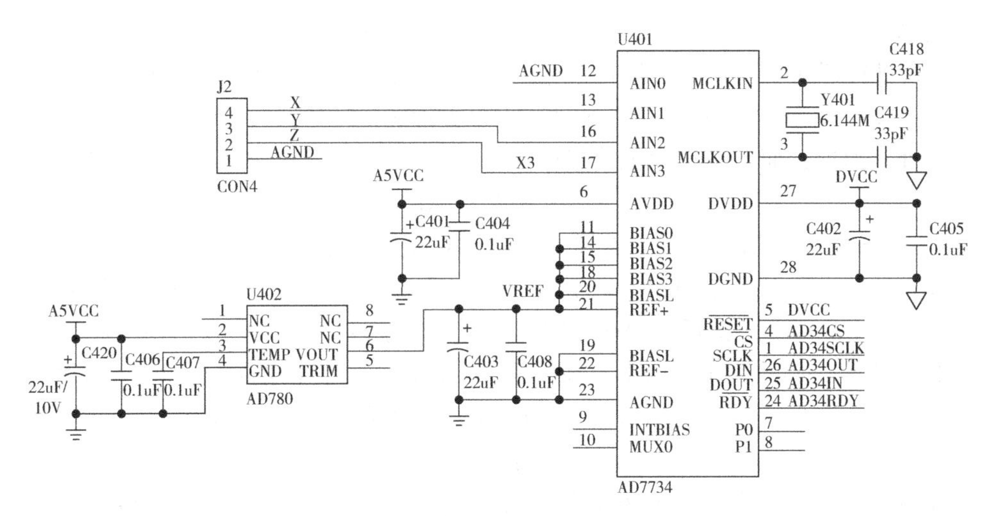

图 2.52　直流分量 AD 转换电路

4.2.3.3　微处理器电路设计

微处理器负责采集所有交变磁场数据、直流分量数据、加速度传感器数据，将采集到的数据进行计算，并通过泥浆脉冲接口，将数据传送到地面系统。微处理器还要完成将来的探管两端的电磁信号源控制。

泥浆脉冲传输速度低，一般为 0.5～2bit/s，而探管工作时采集的数据量相当大，不可能全部通过泥浆传送到地面，因此大部分计算的任务需要在井下完成。微处理器首先要有足够大的 RAM 空间来存储采集的数据，其次需要较高的运算速度，才能达到井下数据采集的速度要求[95~97]。

根据采集定理，采集频率至少要达到信号频率的 5 倍才能较好还原信号，而系统采集到的信号最高频率为 34Hz，因此 AD 转换的采集频率至少是 34×5=170Hz 才能较好地对数据进行还原。为了使采集的数据更准确，采集频率应该更高，最好达到 500Hz，这样每个周期至少有 500/34≈14 个采样点。传感器有 *xyz* 三轴，每轴 24bit 精度，占用 3B，每组数据占用 9 字节，采集 1s 数据，占用内存 9×500=4500B。为了准确计算邻井位置信息，通常采集时候要连续采集 10s 以上的数据，然后将数据分段取平均值进行运算，因此系统至少要拥有 45kB 的内存才能满足交变数据的存储要求。

除了交变数据，系统还需要同步保存直流分量数据。直流分量变化较缓慢，采集周期不需要很高，达到 50Hz 的速度即可满足现场要求。加速度传感器数据同直流分量都是用来计算探管自身姿态的，因此采用与直流分量相同的 50Hz 采集速率。通过计算，在交变数据基础上，还需要至少 4.5kB 的直流分量存储空间和 4.5kB 的加速度数据存储空间。所有数据加起来一共需要 54kB 的存储空间，加上单片机自身堆栈之类的开销，系统内存必须在 70kB 以上才能满足要求。

微处理器还负责大量的数据处理工作，需要较高的运算速度，才能在较短时间内完成所有运算。DSP 是专门的数字信号处理芯片，其优势是具有高速的数字信号处理速度，而本系统除了数据运算，还需要一定的 IO 口控制 AD 转换器等外围设备的工作，DSP 一般 IO 口较少。目前 ARM 处理器经过多年的发展，运算速度已经达到相当高的水平，高端的 ARM 处理器甚至达到 1GHz 以上的主频和多核心处理。高主频的 ARM Cortex-A 系列处理器更适用于语音、视频等实时运算非常集中的场合，接近于 DSP 的应用场合，电路复杂、功耗高；而主频相对较低的 Cortex-M 系列更适用于控制等速度要求相对较低的场合，类似于单片机应用的场合，电路简单、功耗低。相对于语音视频来说，本系统应归类于速度要求较低的类别，因此，选用 Cortex-M 系列即可满足系统的要求。本书选取意法半导体公司的 STM32F407VCT6 芯片作为系统的核心微处理器。STM32F407VCT6 是意法半导体公司近几年新推出的 Cortex-M4 内核的 ARM 处理器，其主要特性如下：

（1）内核：Cortex-M4 32-bit RISC；

（2）特性：单周期 DSP 指令；

（3）工作频率：168MHz，210 DMIPS/1.25 DMIPS/MHz；

（4）存储资源：1024kB Flash，192+4kB SRAM；

（5）资源：3×SPI，4×USART，3×I^2C；

（6）IO 端口：80 个；

（7）封装：LQFP100。

STM32F407VCT6 芯片具有内置 DSP 指令，并具有相当多的 IO 口，丰富的外围设备，非常适合做这种运算和控制都比较多的应用。

本工具中微处理器电路如图 2.53 所示。STM32F407VCT6 外围电路相对简单，由于内置了 192kB 的 SRAM，已经足够满足所有数据采集与存储的空间要求，因此无须外置 RAM 芯片，只需要晶振电路、复位电路即可工作。图 2.53 中，Y1 和 C1、C2 组成晶振电路；R4 和 C3 组成复位电路；PA0～PA4 是直流分量的 AD 转换芯片接口；PC7～PC12、PD0～PD5、PD8～PD13 分别是 X、Y、Z 交流分量的 AD 转换芯片接口；PA9、PA10 是泥浆脉冲器连接端口，通过 RS-232 芯片 U5 变换为 RS-232 标准的串口电平；PB10、PB11 是加速度传感器接口，通过插座 C544 与加速度传感器相连；PE2～PE5、PC0～PC1 是电磁信号源控制接口，用于控制电磁信号源的工作；U3 是电源变换芯片，用于将系统的 5V 电源变换为微处理器所需的 3.3V 电源；C12～C19 是微处理器的退耦电容，布线时微处理器的每个电源端口都会安放一个退耦电容，增强微处理器工作的稳定性。

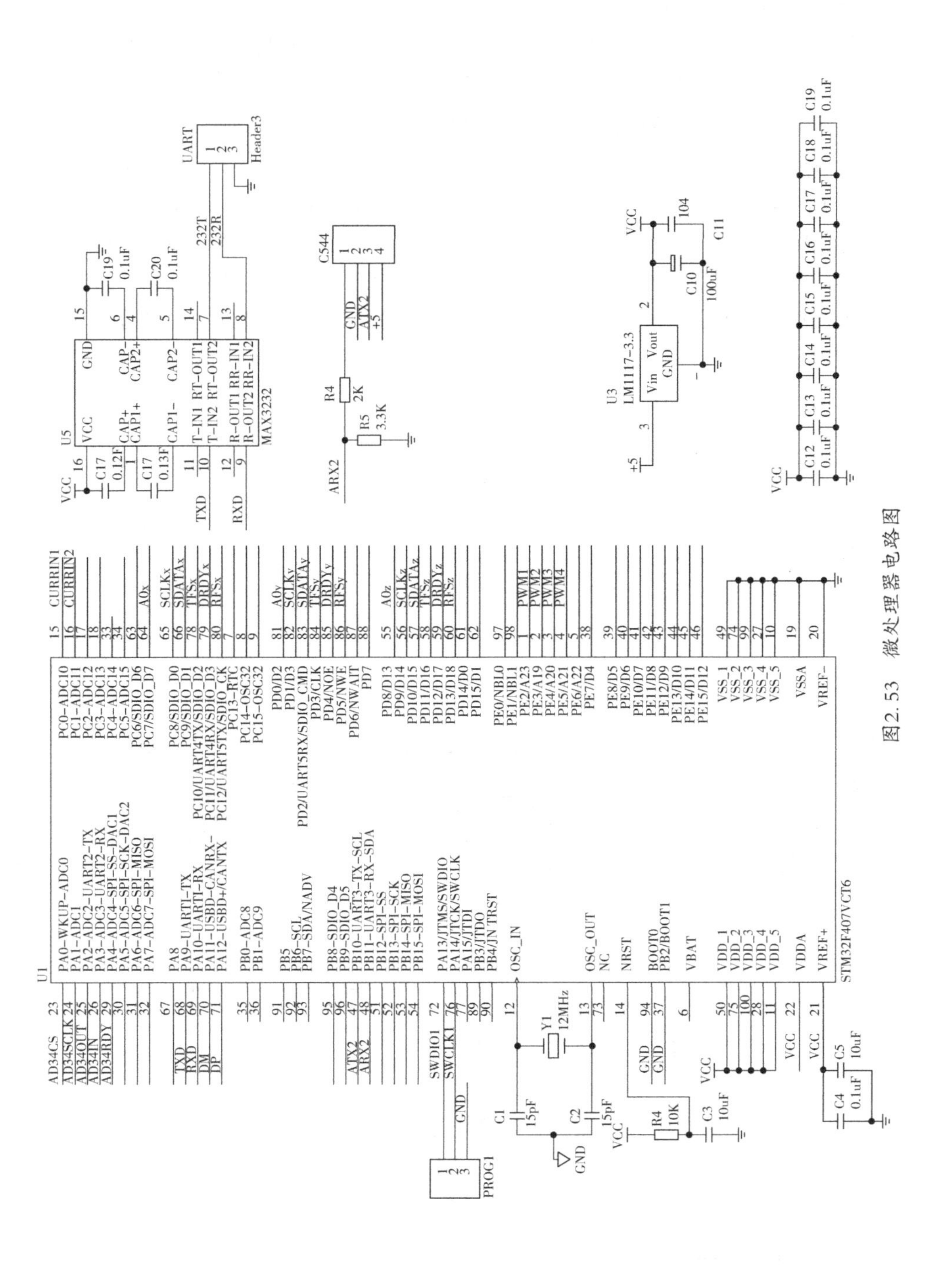

图2.53　微处理器电路图

4.2.3.4 电磁信号源驱动电路设计

探管两端的磁源除了使用永磁的磁源，还可能根据需要使用电磁信号源。电磁信号源的磁场强度是可控的，可根据实际需要进行调整，是系统未来的发展方向。本工具同时设计了电磁信号源的驱动电路，如图 2.54 所示。图中只画出了探管上方的一路电磁信号源驱动，另一路与之相同。微处理器输出的 PWM 信号经光耦 U201 和 U203 隔离后，输入半桥驱动芯片 U202 和 U204，其输出各直接推动 2 只 50A 的大功率 MOSFET，4 只 MOSFET 共同组成全桥驱动电路，直接驱动电磁信号源的电磁线圈，驱动电路最大输出电流可达到 20A。R11 是电流采样电阻，电流信号经 U205 放大 11 倍后输入微处理器的 AD 转换端口，由微处理器采集电流信号，当电流偏大或偏小时，微处理器通过调整 PWM 信号的占空比调节输出电流，实现电流的恒定。

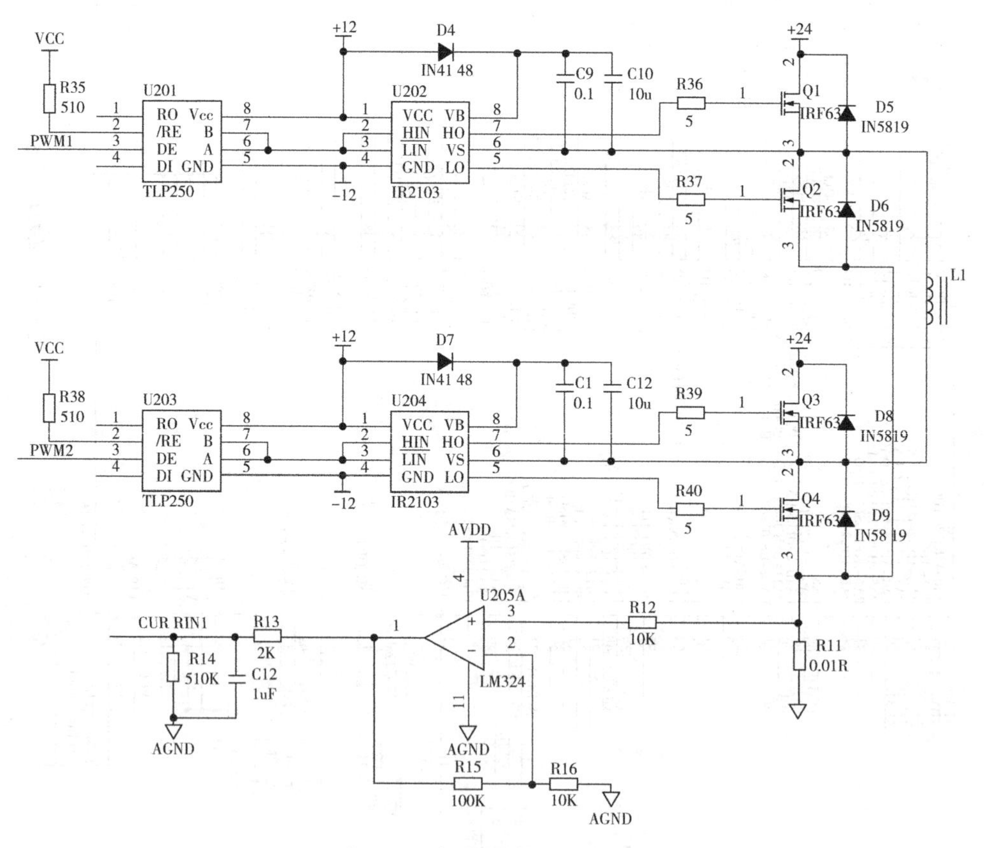

图 2.54　电磁信号源驱动电路

4.2.3.5 PCB 电路板设计

井下探测工具设计中最大的难点就是各种传感器、电路板、机械零件等的空间布置。传感器短节尺寸非常小，其内径只有35mm，加上电路板支架，实际留给电路板的宽度只有28mm左右，因此，传感器短节的电路板设计宽度不大于28mm，长度可适当加长。根据传感器短节的结构尺寸，电路板最终尺寸为28mm×350mm。实际的PCB电路板设计如图2.55所示。此PCB采用4层板设计，降低了布线难度的同时，中间的电源层和地线层更增加了系统的稳定性，同时也提高了PCB板的强度。PCB电路板实物图如图2.56所示。

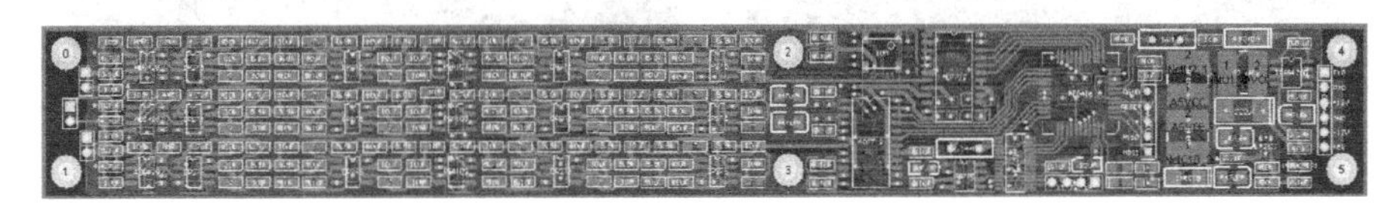

图2.55　PCB电路板设计图

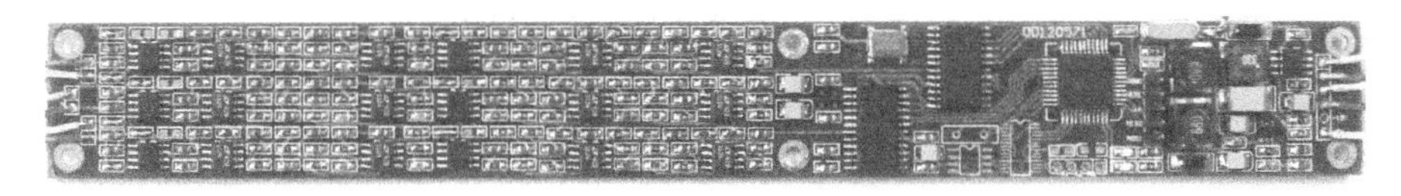

图2.56　PCB电路板实物图

4.2.4　电路板的测试与调整

在电路板制造过程中，板厚、板材、线路粗细、间距等诸多因素均会对板上信号产生一定的影响，例如过近的2条线会产生一定的电磁感应现象，而使2条线上的信号相互干扰，导致软件仿真的参数在实际电路板上面可能会有些出入。因此电路板组装完成后，需要利用仪器对模拟部分电路进行测试，如果参数不准确则需要微调某些阻容器件使电路满足设计要求。

根据传感器短节电路的结构，需要做以下几项测试：

（1）前置放大电路与后级信号放大电路放大倍数的测试；

（2）滤波电路通频带的测试；

（3）AD转换器三轴一致性的测试。

放大电路的放大倍数测试方法是在放大电路输入端注入一定幅度的信号，用数字示波器测量其输出信号幅度，通过信号幅度对比计算出放大倍数。电路板测试时，使用YDS944函数信号发生器输出频率为2Hz、幅度为100mV的正弦信号，如图2.57(a)所示，接入x轴的前置放大电路输入端，得到如图2.57(b)所示的输出信号。通过计算，可以得到x轴前置放大倍数约为5.02。

同理，通过测量得到三轴前置放大电路和后级信号放大电路的放大倍数如表2.5所示。通过数据可以看出三轴之间的一致性误差不超过0.05，在可接受范围内，基本满足设计要求。

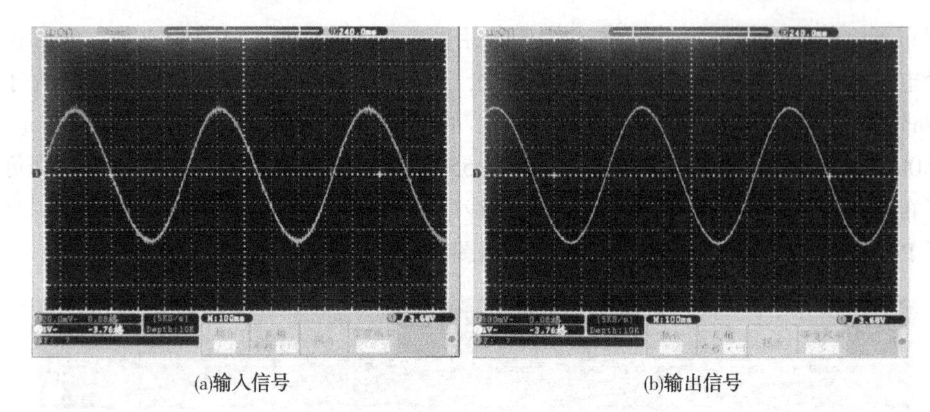
(a)输入信号　　(b)输出信号

图 2.57　x 轴前置放大电路测试结果

表 2.5　三轴放大电路的放大倍数测试结果

坐标轴	前置放大电路放大倍数	后级信号放大电路放大倍数
x	5.06	2.03
y	5.04	2.05
z	5.01	2.02

对于高通滤波电路和低通滤波电路，在两级放大电路都调试完成以后，使用数字频谱分析仪对其通频带进行测试，测试得到-3db 截止频率点，看是否满足设计要求。经过细心调试，电路板上 x 轴滤波电路测得通频带曲线如图 2.58 所示。从图中可以看出，滤波电路的截止频率分别为 0.325Hz 和 35.8Hz，中间段比较平坦，满足 0.4~34Hz 的通频带要求。

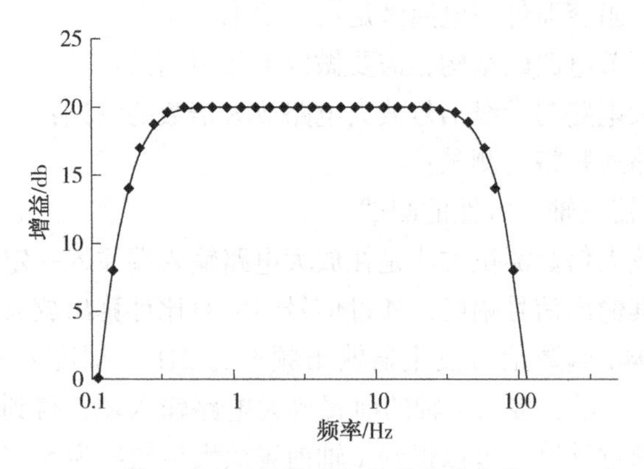

图 2.58　x 轴滤波电路通频带曲线

x 轴、y 轴和 z 轴的滤波电路通频带曲线对比如图 2.59 所示。三轴通频带非常接近，基本满足三轴一致性的设计要求。

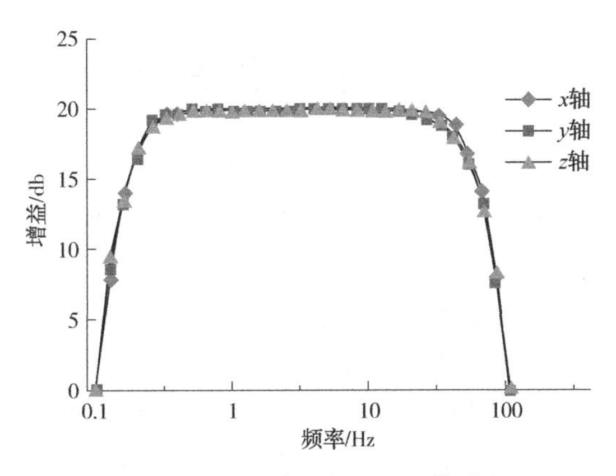

图 2.59 三轴滤波电路通频带对比

三个轴的放大电路和滤波电路都调试完成后，通过在三轴信号输入端用函数信号发生器同时注入频率为 2Hz、幅度为 100mV 的正弦信号，通过板上的 AD 转换电路转换成数字量后，不经过任何处理，通过串口发送到电脑软件上显示，这样就可以得到三轴原始信号数据。三轴的输入端输入的是相同的信号，理论上说 AD 采集到的数据应该也是相同的。通过对三轴信号幅度和相位的观察，就可以判断三轴模拟部分和 AD 转换部分整体特性是否一致。如果数据不一致还需要调整 AD 转换的零点和幅度系数，使三轴采集的数据一致。经测试和调整，电路板三轴采集的数据如图 2.60 所示。三轴信号幅度、相位都基本一致，达到了设计要求。

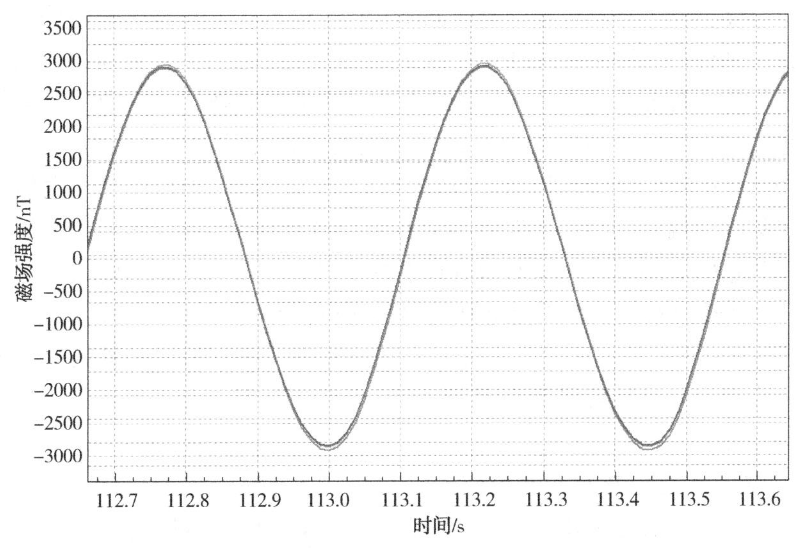

图 2.60 三轴同步采集数据曲线图

4.3 邻井随钻电磁防碰工具软件设计

邻井随钻电磁防碰工具主要采集钻柱旋转过程中的三轴交变磁场数据、三轴磁场直流分量数据和三轴加速度数据。采集过程中采集速率很高，而泥浆脉冲传输速率又较低，因此不可能将所有采集的数据上传，这就要求井下将数据做一定的处理，精简成若干必要数据后，通过泥浆脉冲传输至地面系统。

邻井随钻电磁防碰工具主要包含2个软件，分别是井下微处理器的数据处理程序和地面数据分析软件。井下微处理器的数据处理程序负责将采集数据做初步分析处理，计算出所采集信号的峰值和谷值等信息；地面数据分析软件将采集到的峰值和谷值等信息结合井身参数，计算出最终的邻井距离和方位。

4.3.1 井下微处理器数据处理程序设计

井下微处理器负担着三轴交变磁场数据、三轴磁场直流分量数据和三轴加速度数据的采集和初步处理的任务。所有采集的数据均为 x、y、z 三轴信号，在传感器中，这三轴信号存在一定的对应关系。在时间轴上，只有三轴在同一时刻的数据才是准确的，才能参与软件计算，不同时刻三轴的数据没有确定的关系，无法参与计算。微处理器进行数据采集时，必须保证同一组数据是相同时刻采集的，才能保证采集到的数据是实际感应到的数据。但在实际采集过程中，微处理器执行指令都是单线程的，即同一时刻只能执行一条指令，因此在三轴数据采集过程中，可能会发生三轴数据采集时间不在同一时刻，有一定的时间偏差。对于正弦波信号来说，三轴采集时间不一致造成的后果就是三轴采集到的数据有相位差。一般传感器精度是0.5%，为了保证计算结果的准确性，三轴数据采集的时间偏差也应小于数据最小周期的0.1%，这样三轴的相位偏差最大为0.36°，在工程应用中这样的精度已经可以满足使用要求。对于最高34Hz的交变数据，三轴间最高采集时间偏差应小于数据周期的0.1%，约30μs，这样才能有效保证三轴交变磁场数据的准确性，这就对微处理器的实时性提出了较高的要求。

由于AD转换器接口都不是标准的串行接口，都需要软件模拟其时序来读取AD转换结果，这在一定程度上降低了系统的实时性能。为了尽量减少处理器的开销，最大限度地保障数据采集的实时性，系统不使用实时操作系统，只使用裸机代码进行开发。

4.3.1.1 三轴交变磁场数据采集程序

三轴交变磁场数据采集的AD转换芯片是AD7712，芯片通过写入控制寄存器的START位来控制AD转换的开始。AD7712的写控制寄存器时序如图2.61所示。写入信号从 TFS 信号拉低开始，直到写完所有位后 TFS 拉高，此时 AD7712 开始进行 AD 转换。

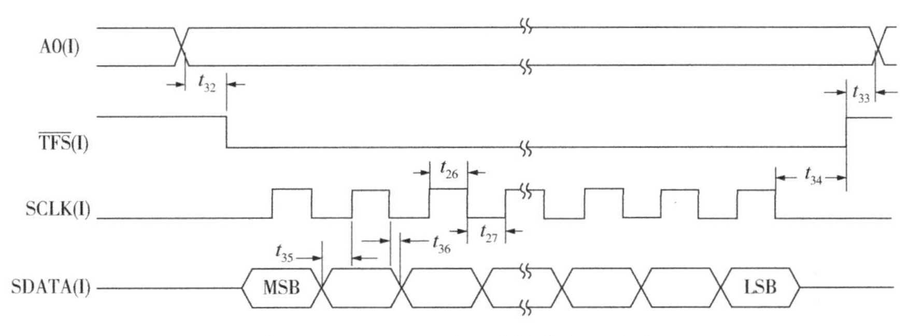

图 2.61　AD7712 的写控制寄存器时序

为了使 x、y、z 三个通道同时开始转换，程序设计时将同时操作三组控制 AD7712 芯片的 IO 口。三轴交变磁场数据采集程序流程图如图 2.62 所示。三轴的数据采集程序通过控制三轴的 TFS 引脚顺序拉低来启动转换，虽然实际指令还是一条一条执行，但这里三个芯片转换时间的差别只是两条指令的执行时间。按照微处理器使用的 48MHz 主频计算，指令周期约 21ns，两条指令执行时间为 42ns，这远远小于 30μs 的最大值，符合采集时间差的精度要求。三轴 AD 转换全部完成后，程序再按照 x、y、z 轴的顺序读取转换结果，读取转换结果程序的时间差不影响三轴的数据采集的时间差，因此可以对每个芯片的转换结果分步进行读取。

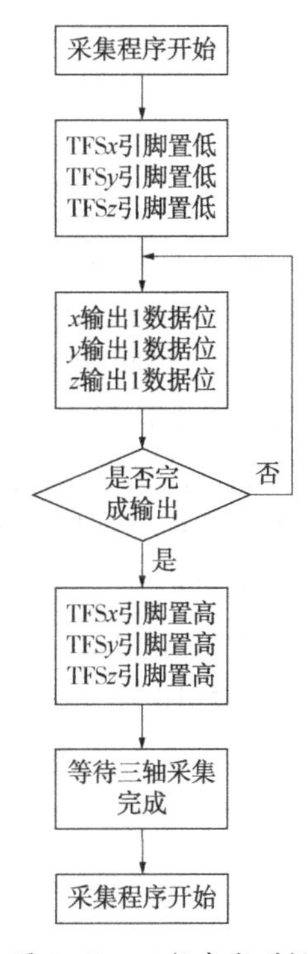

图 2.62　三轴交变磁场数据采集程序流程图

测试时，将 x、y、z 三轴信号输入端接在一起，用函数发生器注入频率为 2Hz、幅度为 1V 的正弦信号，将三轴 AD 转换数据不经处理直接传输到电脑测试软件上并绘制曲线图，测试结果如图 2.63 所示。

从图 2.63 可以看出，三条曲线的峰值的大小和相位均一致，说明三个交变信号处理通道一致性良好，有效保证了三轴交变磁场数据采集的准确性。

4.3.1.2　三轴直流分量数据采集程序

三轴直流分量数据采集的 AD 转换芯片是 AD7734。与 AD7712 不同的是，x、y、z 三轴直流分量信号接在同一个 AD7734 芯片的其中三个模拟输入端上，第四

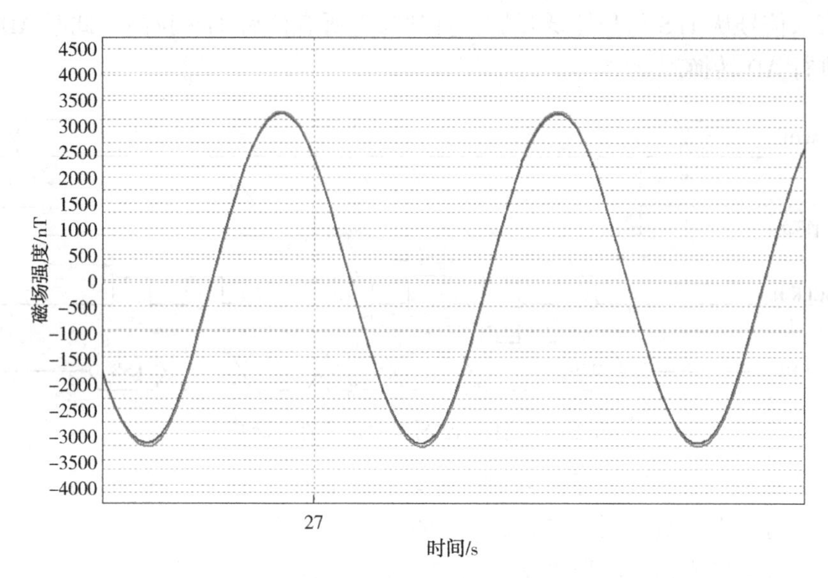

图 2.63　三轴交变磁场数据采集测试结果曲线图

个模拟输入端接地，工作时，AD7734 芯片按照 x、y、z 的顺序分别读取三路直流分量信号和接地脚的采集结果，这就造成了三轴信号采集并不同时开始。AD7734 芯片的单路采集速率设定为 1600Hz，采集周期约为 625μs，x 轴和 z 轴的采集时间偏差达到 1250μs，远大于 30μs 的最大值。

三轴直流分量数据所需的采集速率是 50Hz，而单路 AD 转换的速率为 1600Hz，这样单轴的采集平均速率为 400Hz。实际程序中，可以将每 8 组数据取平均值作为采集结果，来提高数据的准确性。平均之后的 x 轴和 z 轴的采集时间偏差依然无法降低到 30μs 的范围内，无法满足测量要求。

按照 50Hz 的采集速率，平均两次采集的间隔时间是 20ms。由于三轴直流分量的数据变化比较缓慢，可以近似认为在这 20ms 以内，三轴直流分量的数据呈线性变化。假设三轴输入完全一致的信号，如图 2.64 所示，AB 代表了三轴输入信号的变化趋势。A 点为 20ms 的采集周期的开始，输入信号电压为 V_0；B 点为 20ms 的采集周期的结束，输入信号电压为 V_1。

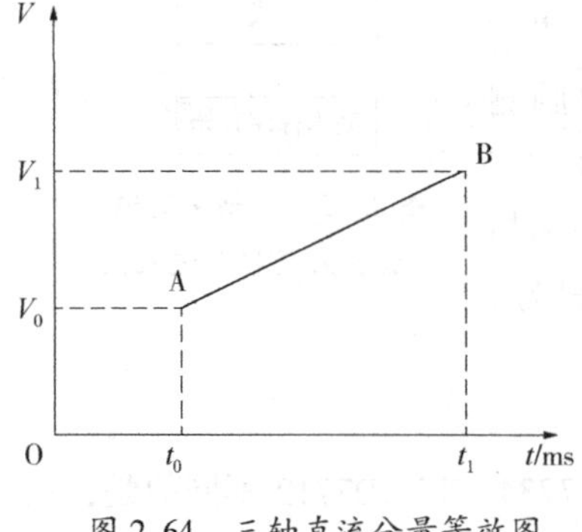

图 2.64　三轴直流分量等效图

由于采集周期为 20ms，故

$$t_1 = t_0 + 20 \tag{2.45}$$

在 20ms 的采集周期内，按 x、y、z 的顺序进行了 32 次数据采集，每轴各采集 8 次，其

采集值分别记为 V_{xn}、V_{yn}、V_{zn}($n=0$，1，2…7)。接地脚的采集数据忽略，但接地脚的采集是占用一个采集周期的，计算中要考虑到这一点。三轴采集时刻都不同，因此三轴采集到的数据也是各不相同的，采集值可以根据采集时刻的不同利用式(2.46)进行计算

$$\begin{cases} V_{xn}=V_0+\dfrac{4n}{32}(V_1-V_0) \\ V_{yn}=V_0+\dfrac{4n+1}{32}(V_1-V_0) \\ V_{zn}=V_0+\dfrac{4n+2}{48}(V_1-V_0) \end{cases} \tag{2.46}$$

采集结果的正常算法是求取 8 次采集的平均值，按照式(2.47)进行

$$\begin{cases} V_x=\dfrac{1}{8}\sum_{7}^{n=0}V_{xn}=V_0+\dfrac{14}{32}(V_1-V_0) \\ V_y=\dfrac{1}{8}\sum_{7}^{n=0}V_{yn}=V_0+\dfrac{15}{32}(V_1-V_0) \\ V_z=\dfrac{1}{8}\sum_{7}^{n=0}V_{zn}=V_0+\dfrac{16}{32}(V_1-V_0) \end{cases} \tag{2.47}$$

从式(2.47)可以看出，三轴取平均值方法得到的结果不一致，时间偏差依然为 2 个采样周期，即 1250μs，不满足数据采集要求。通过观察可以发现，x 轴最先采样，y 轴居中，z 轴最后采样，为了达到三轴采集值一致的要求，可以舍弃 x 轴第一次采集值和 z 轴最后一次采集值，再重新对平均值点选取进行计算。于是式(2.47)变为

$$\begin{cases} V_x=\dfrac{1}{2}\left(\dfrac{1}{3}\sum_{3}^{n=1}V_{xn}+\dfrac{1}{4}\sum_{7}^{n=4}V_{xn}\right)=V_0+\dfrac{15}{32}(V_1-V_0) \\ V_y=\dfrac{1}{8}\sum_{7}^{n=0}V_{yn}=V_0+\dfrac{15}{32}(V_1-V_0) \\ V_z=\dfrac{1}{2}\left(\dfrac{1}{4}\sum_{3}^{n=0}V_{xn}+\dfrac{1}{3}\sum_{6}^{n=4}V_{xn}\right)=V_0+\dfrac{15}{32}(V_1-V_0) \end{cases} \tag{2.48}$$

从式(2.48)可以看出，重新组合后的三路采集输出了相同的结果，达到了 x、y、z 三轴同步采集的目的。

AD7734 设定好相关的寄存器后，硬件上会自动对 4 个输入端口顺序进行 AD 转换，转换完成后会产生中断，通知微处理器读取相关的数据。三轴直流分量数据采集程序比较简单，只需要在外部中断中读取数据，连续采集 8 次后计算采集结果即可。三轴直流分量数据采集程序流程图如图 2.65 所示。

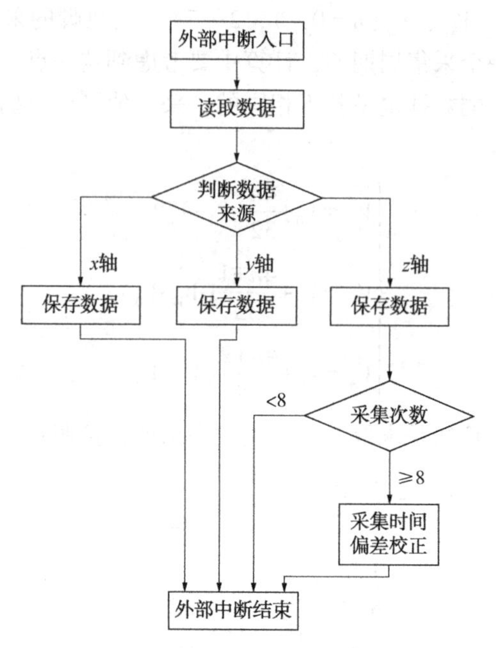

图 2.65　三轴直流分量数据采集程序流程图

测试时，与交变磁场一样，将 x、y、z 三轴信号输入端接在一起，用函数发生器注入频率为 1Hz、幅度为 5V 的正弦信号，将三轴 AD 转换数据直接传输到电脑测试软件上并绘制曲线图，测试结果如图 2.66 所示。

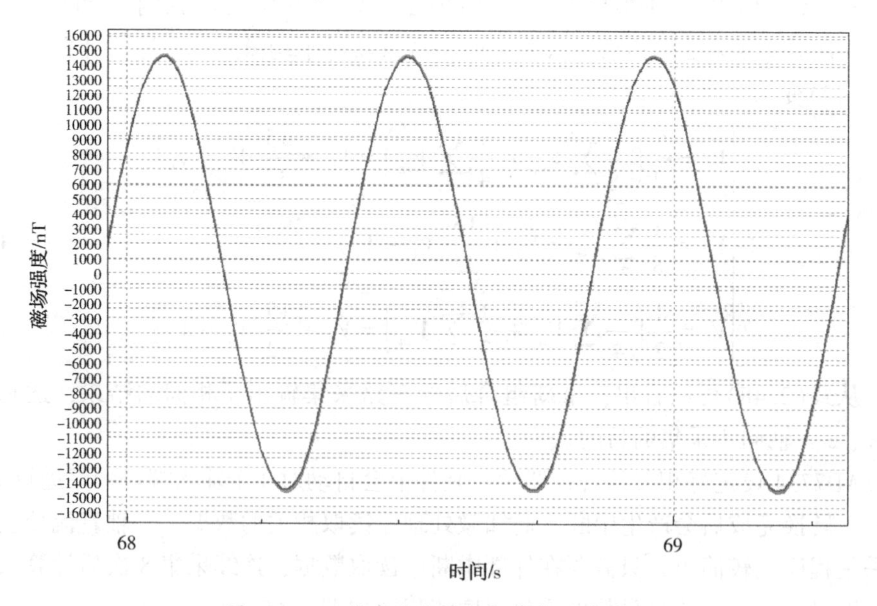

图 2.66　三轴直流分量数据采集测试结果

从图 2.66 可以看出，三条曲线峰值的大小和相位均一致，说明三轴直流信号采集部分一致性良好，有效保证了三轴直流分量数据采集的准确性。

4.3.1.3 三轴加速度传感器数据采集程序

三轴加速度传感器使用 MODEL544 微型角定位传感器，其内部有三轴磁通门传感器、三轴加速度传感器和温度传感器，接口使用 TTL 电平的串口。MODEL544 内部具有完善的数据采集程序，传感器出厂前都经过校准，只需要将其数据读出即可直接使用。

MODEL544 通信参数设置为波特率 19200，8 数据位，1 停止位，无奇偶校验。通过对 MODEL544 的通信进行设定，采用二进制模式进行输出，数据输出速度约为 75 次/s，输出数据格式如表 2.6 所示。

表 2.6 MODEL544 输出数据格式

地址偏移	数据名称	备注	地址偏移	数据名称	备注
0	起始字节	固定为 0×10	11~12	加速度 z 轴数据	高字节在前
1~2	磁场 x 轴数据	高字节在前	13~14	温度数据	高字节在前
3~4	加速度 x 轴数据	高字节在前	15~16	供电电压数据	高字节在前
5~6	磁场 y 轴数据	高字节在前	17~18	校验码	高字节在前
7~8	加速度 y 轴数据	高字节在前	19~20	结束标志	固定为 0×7FFF
9~10	磁场 z 轴数据	高字节在前			

MODEL544 的接口是标准的串口，微处理器硬件上具备此接口，可以在软件少干预的情况下由硬件 DMA 完成数据接收过程。MODEL544 数据输出的时候是一帧一帧进行的，每帧 21 字节，帧与帧之间有短暂的约 3ms 的间隔，用以区分数据帧的结束。通常的串口数据接收方法是以中断的形式进行，接收一个字节后产生中断，软件进行处理，或者设置 DMA 接收数量为 21，接收到 21 个字节后产生中断。这两种形式的程序工作过程中，需要判断每个字节是否为起始字节，接收到起始字节后再等待接收完成，完成后再判断结束标志是否正确、校验码是否正确，程序复杂，占用微处理器时间多，会影响到交变磁场 AD 转换的读取程序。

为了减少对微处理器时间的占用，本章提出一种简单的方法，即超时接收法。超时接收法利用帧与帧之间的 3ms 的数据间隔来实现，具体流程如图 2.67 所示。程序设置了 1 个 1ms 的定时器中断，1ms 定时时间到后，在定时器中断程序中判断是否有新数据接收到。如果有新数据接收到则说明一帧数据还未传输完成，清零超时时间后直接退出中断处理程序；如果没有新数据接收到则将超时时间加 1，判断超时时间达到 2ms 后，即说明有连续 2ms 没有数据接收到，一帧数据已经结束，后面对数据进行处理即可，处理完成后清零超时时间，退出中断处理程序。

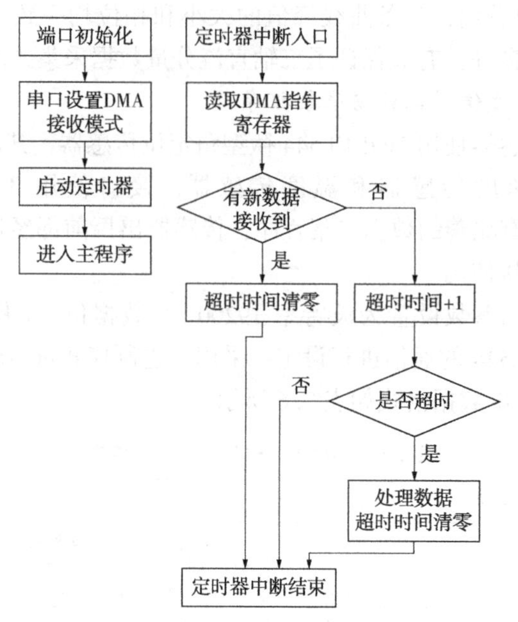

图 2.67　超时接收法程序流程图

经过实际测试，超时接收法每隔 1ms 产生一次中断，中断服务程序占用时间 1~5μs，对其他程序几乎无任何影响，解决了串口接收占用微处理器时间的问题，使微处理器主频可以降低到 48MHz，极大降低了系统的功耗，提高了系统稳定性。

4.3.1.4　井下数据处理程序

数据采集程序将所有数据采集后存储到微处理器内存中的大数组里，存储时间约 10s。当采集过程完成后，微处理器将停止采集，对数据进行处理。从第二章的公式推导可知，要计算邻井距离和相对方位，需要的参数主要是探管旋转一周过程中产生的交变磁场信号峰值的大小和产生峰值时探管相对于基准面旋转的角度。实际数据采集过程中，交变磁场信号放置于交变信号数组中，直流分量数据和加速度传感器数据都放置于直流分量数组中，两个数组依靠采集时间一一对应。直流分量数组所存储的直流分量数据和加速度传感器数据用于计算探管自身的姿态，进而确定探管相对于原点旋转的角度。直流分量数组需要先进行处理，得到各个时间点上探管的旋转角度值，再处理交变信号数组时就可以将找到的信号峰值与角度进行对应。

直流分量数组中的加速度传感器数据可以计算探管所处位置的井斜角和探管的基准面与井眼高边之间的夹角；直流分量数据可以计算探管的基准面与磁北极之间的夹角。实际的邻井位置计算是以地磁北极为基准点进行的，一般情况下，以探管的基准面与磁北极之间的夹角作为探管的旋转角度值；当正钻井的井斜角接近90°时，探管旋转一周的过程中，地磁场的水平分量在三轴磁传感器的两个径向轴上的分量很小，接近为0，探管的基准面与磁北极之间的夹角精度变得很低，这将对邻井方位的计算产生很大影响，因此当正钻井为水平井时，需要采用探管的基准面与井眼高边之间的夹角作为探管的旋转角度值。直流分量数组处理完成后的数据放在一个新的数组中，这个数组体现了时间与探管旋转角度的对应关系。直流分量数组的处理过程如图2.68所示。

交变信号数组包含了所有交变磁场数据，其中有用的数据主要是信号峰值的大小及峰值对应的时间。将探管从基准面开始到旋转360°这个过程看作一个周期，则交变信号数组中应包含多个周期的数据，数据处理时应根据直流分量数组生成的角度与时间对应关系数组，将数据分割成多个周期，舍弃掉不完整的数据周期，然后分周期计算数据的峰值和谷值，将得到多组峰值和谷值数据。这些峰值和谷值数据体现了峰值和谷值出现时探管对应的旋转角度。理论上说，对于同一组交变信号数据，短时间内钻头进尺很少，可以近似看成钻头位置不变，则探管位置也不变，这些周期性数据应该是相同的。但在实际钻进中，探管并不一定绕着井眼轴线旋转，所以各个周期中的实际数据并不相同。对于多个周期的数据，程序需要判断各数据之间的差异，并寻找差异较小的多个周期，对各个数据分别取平均值，以获得一个相对比较准确的结果，最后生成只包含一个周期的峰值和谷值数据。交变信号数组处理过程如图2.69所示。

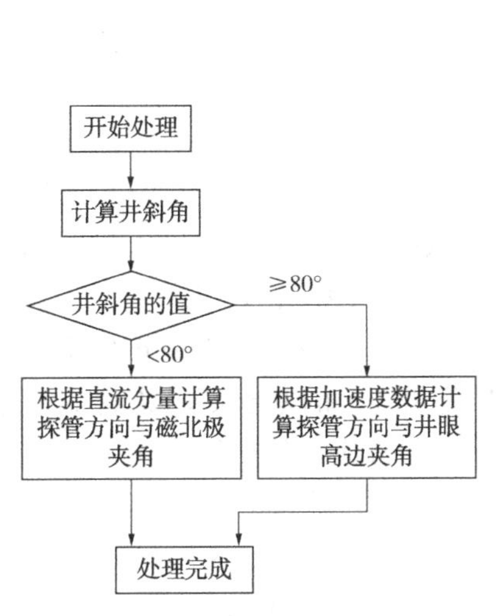

图2.68　直流分量数组处理过程

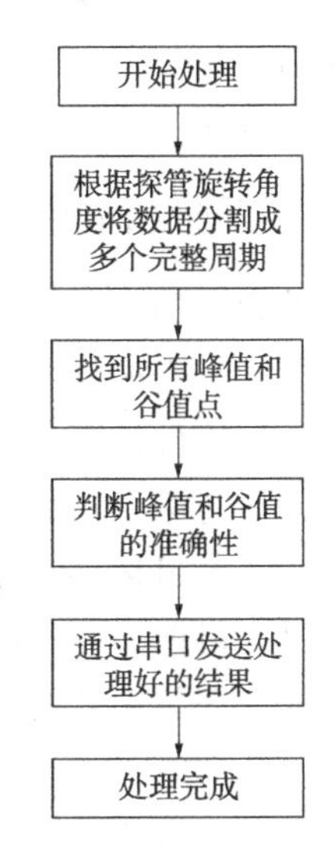

图2.69　交变信号数组处理过程

4.3.1.5　井下数据传输程序

目前现场广泛应用的泥浆脉冲传输系统传输速率较低，一般为0.5～2bit/s。

传输一个字节需要5~10s，一组MWD测斜数据大约需要60s才能传输完成，速度很低。为了尽量缩短钻井过程中的停钻时间、提高钻井速度，只能在确保地面软件能计算所有参数的前提下，尽量减少数据传输的数量。

微处理器最终处理完成的数据是一个完整周期内的峰值、谷值和对应的角度，实际传输只需要发送这几个值即可在地面系统数据分析软件里进行计算。探管向地面系统发送数据格式如表2.7所示。

表2.7 探管向地面系统发送数据格式

地址偏移	数据名称	备注
0	数据数量	n组数据时，此字节为$0\times50+n$
1~4	峰值或谷值数据1	4字节1组数据，分别是角度值高位，角度值低位，峰值或谷值数据高位，峰值或谷值数据低位
5~8	峰值或谷值数据2	
……	……	
$n\times4-3\sim n\times4$	峰值或谷值数据n	
$n\times4+1$	CRC校验码	前面所有字节的校验

当正钻井附近只有1口已钻井时，应具备1个峰值和1个谷值，则需要发送的数据一共10字节，需要传输时间为80~90s；同理，正钻井附近有2口和3口已钻井时，需要发送的数据分别有18字节和26字节，所需传输时间分别为150~160s和210~240s。实际钻井过程中，当确保正钻井周围无可能相碰的邻井时，可以不进行测量，仅当有相距较近的邻井时才需要经常测量，对于邻井相碰动辄百万元计的损失来说，多花几分钟的时间进行邻井间距测量而避免井眼相碰是值得的。

4.3.2 地面数据分析软件设计

探管采集处理完的数据经泥浆脉冲传输到地面以后，由地面接收系统进行解码，还原为与探管发送相同的一组峰值与谷值数据，将这些数据输入数据分析软件后，由数据分析软件计算出正钻井周围邻井的相对距离和方位。

邻井随钻电磁防碰工具数据分析软件基于Boland C++ Builder 6.0环境开发而成，Boland C++ Builder是Inprise(Borland)公司推出的基于C++语言的快速应用程序开发工具。目前C++ Builder已成为一个非常成熟的可视化应用程序开发工具，可以快速、高效地开发出基于Windows环境的各类程序，尤其在数据库和网络方面，C++ Builder更是一个十分理想的软件开发平台。它的最新版本C++ Builder 6.0加入了许多新功能，利用它可以实现用最小的代码开发量编写出高效率的32位Windows应用程序和Internet应用程序[98,99]。丛式井随钻电磁防碰数据分析软件主要功能是利用探管上传的信号峰值与谷值数据计算邻井距离和方位，该数据分析软件主界面如图2.70所示。

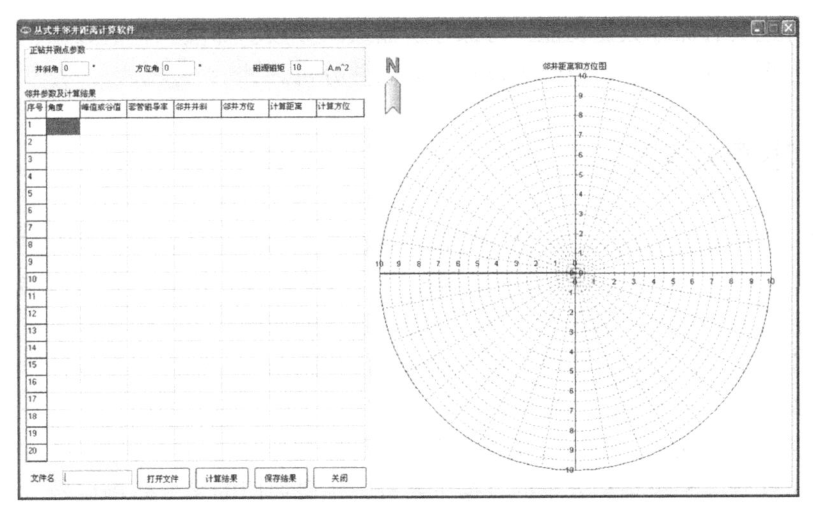

图 2.70　数据分析软件主界面

探管发送的峰值与谷值数据通常包含多组，而这些数据中，只有峰值和谷值相差180°且大小相差不多的才是真正有效数据，这也是判断数据有效性的主要依据。计算邻井距离和方位时，需要输入正钻井的测点井斜、方位、磁源的磁矩、邻井套管的磁化率、邻井该井段测斜数据中的井斜和方位等参数。不同的邻井套管、井深结构等参数不同，因此首先需要预估信号峰值点对应的邻井是哪一口已钻井，再输入该井的参数，才能进行邻井距离和方位的计算。

软件使用时，输入所需的参数后，单击“计算”按钮可以计算出邻井的相对距离和相对方位，并绘制于软件右侧的图中。软件计算界面如图 2.71 所示。

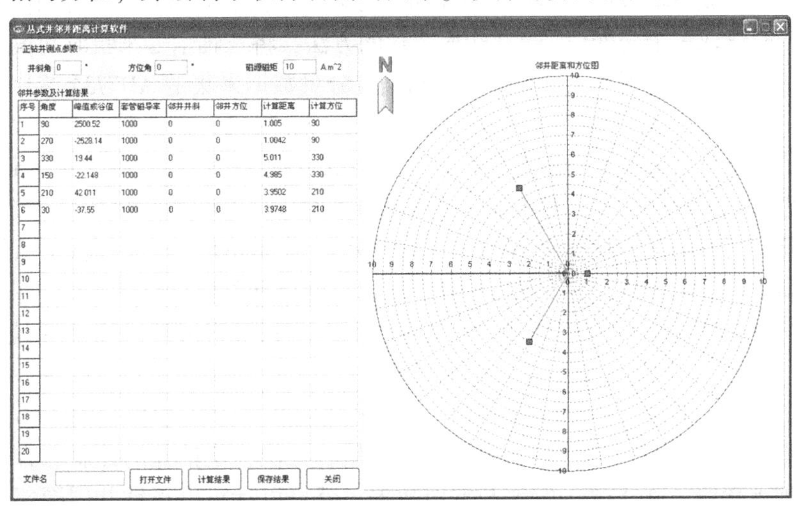

序号	角度	峰值或谷值	套管磁导率	邻井井斜	邻井方位	计算距离	计算方位
1	90	2500.52	1000	0	0	1.005	90
2	270	-2528.14	1000	0	0	1.0042	90
3	330	19.44	1000	0	0	5.011	330
4	150	-22.148	1000	0	0	4.985	330
5	210	42.011	1000	0	0	3.9502	210
6	30	-37.55	1000	0	0	3.9748	210

图 2.71　数据分析软件计算结果

软件还具有保存数据功能，可保存所输入的参数、峰值和谷值数据、计算结果等为一个工程文件，需要时可以重新调入并分析。

4.4 本章小结

(1) 邻井随钻电磁防碰工具的探管安装在井下动力钻具后面，探管主要结构包括探管外壳、2 组磁源和 1 个传感器短节。磁源安装在探管外壳的两端，沿着探管直径方向，每组磁源各有 3 个，能提高系统的探测距离；传感器短节安装在探管中空里，传感器短节主要包括三轴磁通门传感器、三轴加速度传感器和信号处理电路板，三轴磁通门传感器的测量点正好位于两组磁源的中点。钻井液从磁源与探管外壳之间的间隙，以及传感器短节与探管外壳之间的间隙流过。

(2) 探管需要采集和处理的数据主要有三轴磁通门的交变磁场信号、直流分量和三轴加速度传感器的信号。其中交变磁场信号非常微弱，可能达到 10^{-1}nT 数量级，因此需要一套低噪声放大滤波电路对其进行处理。本章选择了低噪声、高灵敏度的 MODEL536 型三轴磁通门传感器采集磁场信号，选择了 MODEL544 型微型角定位传感器作为加速度传感器采集探管姿态信号。针对两种传感器，设计了专用的交变信号低噪声放大滤波电路，配合高精度的 24bit AD 转换电路，加上微处理器精确地采集控制，最大限度地保证了数据采集的精度。本章还对组装好的 PCB 电路板的模拟电路部分进行了模拟测试，测试结果符合设计要求。

(3) 井下微处理器负担着三轴交变磁场数据、三轴磁场直流分量数据和三轴加速度数据的采集和初步处理的任务。但在实际采集过程中，微处理器执行指令都是单线程的，造成三轴数据采集时间不在同一时刻，三轴采集到的数据有相位差。本章采取同时读取三个交变信号 AD 转换芯片的方法，将三轴信号采集时间偏差降低到纳秒级，经测试达到了设计要求；三轴直流分量数据采集的 AD7734 芯片不能同时启动三个通道的 AD 转换，本章设计了一种舍弃 x 轴第一次采集值和 z 轴最后一次采集值，再重新选取平均值点进行计算的方式，使 x、y、z 三轴采集达到同步，经测试也达到了设计要求；对于加速度传感器采用超时接收法解决了串口接收占用微处理器时间的问题，使微处理器主频可以降低到 48MHz，极大降低了系统的功耗，提高了系统稳定性；井下数据处理程序通过峰值和谷值计算等过程，最终生成只包含一个周期的峰值和谷值数据，将这组数据通过泥浆脉冲传输到地面系统，一般情况下，发送一次数据在 240s 以内，缩短了钻井过程中的停钻时间，提高钻井速度。

(4) 利用 Boland C++ Builder 6.0 开发了地面数据分析软件，输入邻井套管的磁化率、磁源磁矩、邻井测斜数据中的井斜和方位、正钻井的井斜和方位等参数后，加上探管发送上来的峰值与谷值数据，就可以计算出正钻井周围邻井的相对距离和方位。

第五章　邻井随钻电磁防碰工具模拟试验

为了验证本书提出的邻井随钻电磁防碰工具原理和测距算法的准确性，以及对计算结果可信度进行评价，自主研发了邻井随钻电磁防碰工具原理样机。为了分析该样机探测精度及其影响因素，在顺义区试验场地先后进行了多次模拟试验，同时对试验结果进行了对比分析。结果表明，本书提出的丛式井随钻电磁防碰系统测距算法虽然存在一定的误差，但是可以实现丛式井邻井距离的实时监测，验证了丛式井随钻电磁防碰系统原理的可行性，为工具的后续研发和优化提供了一定的理论基础。

5.1　邻井随钻电磁防碰工具模拟试验场地

对于电磁探测工具来说，最关键的就是磁场，而磁场无论在地层中还是大气中，都衰减得非常厉害，因此电磁探测工具一般灵敏度都非常高。现实生活中，各种磁场充斥在环境中，这些都会对电磁探测工具产生一定的影响[100]。为了尽量减少周围环境的影响，使电磁探测工具测量结果更准确，就需要一个相对稳定的磁场环境。对于验证原理和算法的模拟试验来说，稳定的磁场环境更加重要。

本章选择了地处顺义区的一个农家院作为试验场地，那里周围都是农田，距离公路约 1000m，距离最近的高压电塔约 800m、最近的低压电线约 100m，地下无金属电缆和管道，环境磁场相对稳定。为了模拟邻井套管，在场地中放置了 3 根 5in 套管，总长度 28. 47m，3 根套管连接在一起，距离地面高度 0. 35m。场地如图 2. 72 所示。

利用 MODEL536 三轴磁通门传感器对套管附近的环境磁场进行监测，得到如图 2. 73 所示的曲线。

从图 2. 73 中可以看出，试验场地的环境磁场比较稳定，信号噪声约 14nT，杂散的干扰信号很少，适宜作为丛式井随钻电磁防碰系统的试验场地。

图 2.72　模拟试验场地图

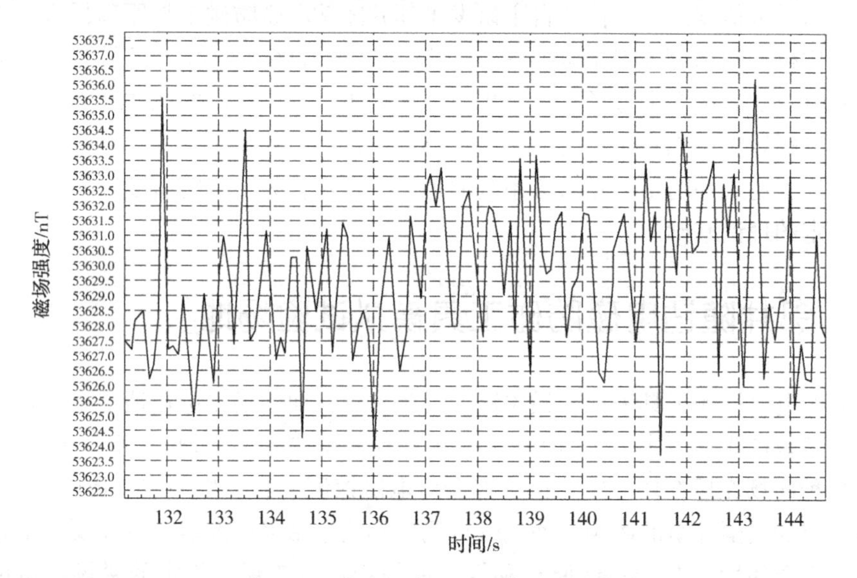

图 2.73　试验场地附近环境磁场曲线

5.2　邻井随钻电磁防碰工具模拟试验设备

本部分 4.1 章节已经对邻井随钻电磁防碰工具进行了系统结构的设计，受条件限制，目前暂时没有加工完成完整的样机，只根据样机的设计，加工了一套原理性的试验探管，如图 2.74 所示。

试验探管主要结构全部由无磁的铝合金加工而成，两端各有一个直径为 25mm、长度为 80mm 的永磁铁，材料为钕铁硼，表面磁场强度约为 5000Gs。试验探管中间为三轴磁通门传感器，三轴加速度传感器也安装在模拟探管上。由于是地面环境，无须使用泥浆脉冲传输数据，试验探管采用了电缆直接将数据发送到计算机的方案，速度达到 20kB/s，所有交变信号数据和直流分量数据均直接传输到电脑中，便于对数据进行分析和处理。试验探管的两端通过同步轮和同步带与驱动杆相连，如图 2.75 所示，手动旋转驱动杆，可带动模拟探管围绕其轴线旋转，来模拟钻柱的旋转。

图 2.74　试验探管图

图 2.75　模拟探管的驱动机构

试验探管还有一些附属设备，如图 2.76 所示。图中的接口箱用于将试验探管的信号转换为 USB 接口信号，便于电脑采集，并为模拟探管提供 48V 电源；电脑用于对数据进行采集和分析，装有数据采集软件。

图 2.76　附属设备

本书设计了一套数据采集软件，采集接收到的磁场数据，其界面如图 2.77 所示。软件可以实时显示 X、Y、Z 三轴交变信号数据采集结果，并将采集到的所有数据存储于电脑中，便于后续分析。

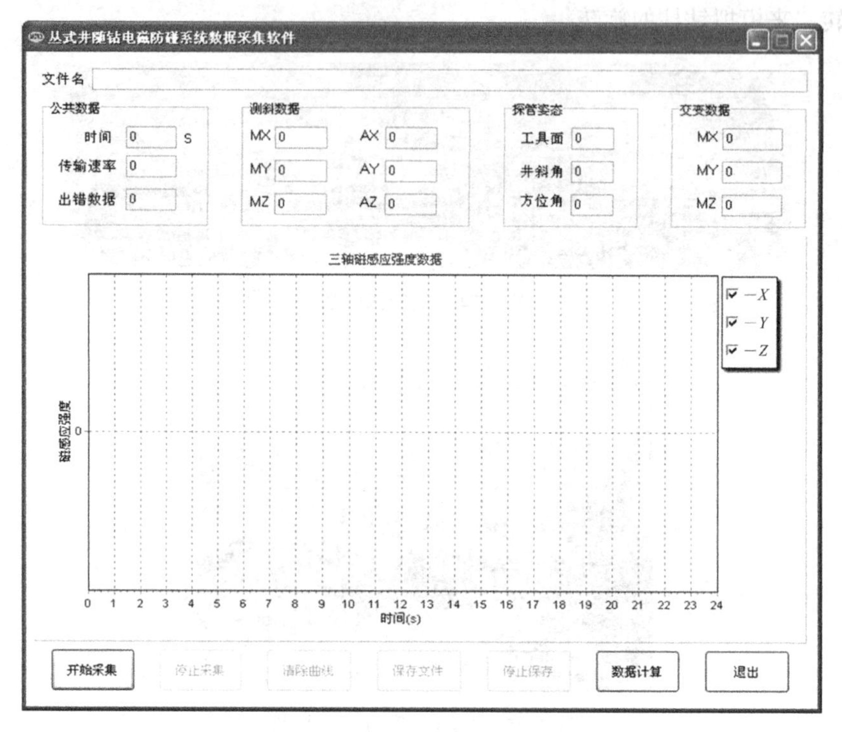

图 2.77　数据采集软件界面

5.3　邻井随钻电磁防碰系统模拟试验步骤

本试验的主要目的是验证邻井随钻电磁防碰系统原理的可行性、邻井随钻电磁防碰系统测距算法的准确性，并对计算结果可信度进行评价。试验步骤如下：

(1) 将试验探管远离套管 20m 以上来模拟正钻井周围不存在已钻井的工况，手动旋转驱动杆带动探管转动，利用数据采集和分析软件进行测量并保存数据；

(2) 将试验探管与套管平行放置，模拟正钻井周围存在已钻井的工况，改变两者间距分别为 21m 和 2m，手动旋转驱动杆带动探管转动，利用数据采集和分析软件进行测量并保存数据；

(3) 将试验探管与套管平行放置，试验探管对准套管上测点 1 的位置，改变两者间距分别为 0.5m、1m、2m、3m、4m、5m，手动旋转驱动杆带动探管转动，利用数据采集和分析软件进行测量并保存数据；

(4) 将试验探管与套管平行放置，试验探管对准套管上测点 2 的位置，重复步骤(3)；

(5) 将试验探管与套管平行放置，试验探管对准套管上测点 3 的位置，重复步骤(3)；

(6) 将试验探管与套管呈夹角放置，试验探管中间位置与套管上测点 1 的间距为 1m，改变试验探管与套管夹角分别为 10°、20°、30°、40°、50°、60°、70°、80°、90°，手动旋转驱动杆带动探管转动，利用数据采集和分析软件进行测量并保存数据；

(7) 改变试验探管中间位置与套管上测点 1 的间距为 2m，重复步骤(6)；

(8) 利用数据采集和分析软件处理试验数据。

目前暂时没有条件试验正钻井周围有多口已钻井的情况，所以暂时不做这方面的模拟试验。

5.4　模拟试验及结果分析

5.4.1　测距原理可行性验证

试验过程的照片如图 2.78 所示。试验装置放在地面上，通过电缆连接至接口箱，接口箱将数据解码后发送到电脑中显示和保存。

套管距离地面高度为 0.35m，探管轴线距离地面 0.25m，探管旋转角度为 0°时，探管两端的磁源轴线垂直于地面，如图 2.79 所示。

图 2.78　试验过程的照片

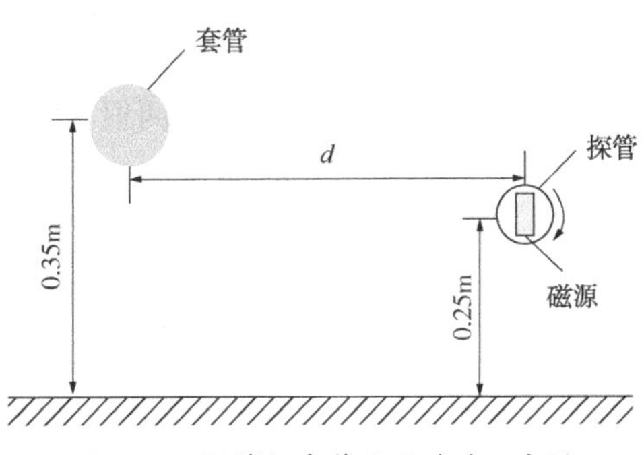

图 2.79　探管与套管位置关系示意图

通过模拟试验，当试验探管距离套管分别为 21m 和 2m 时，软件获取的数据如图 2. 80 所示。

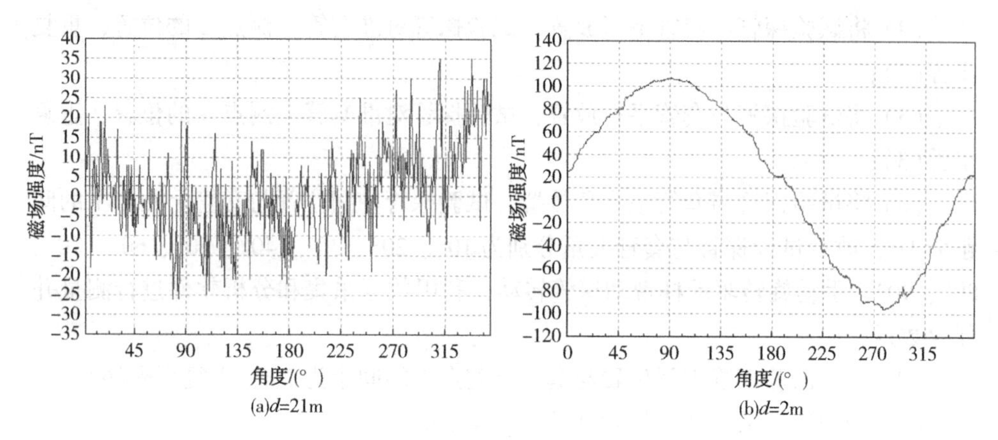

图 2. 80　试验探管距离套管 21m 和 2m 时试验数据

从图 2. 80 可以看出，当试验探管距离套管 21m 时，探管旋转一周的过程中，所采集到的磁场数据变化很小，没有明显的波峰和波谷出现；当探管距离套管 2m 时，探管旋转一周的过程中，虽然数据毛刺较多，但可以明显看出数据出现了一次波峰和一次波谷，出现的波峰位置大致在 90°~100°之间，出现的波谷位置大致在 270°~280°之间。通过图 2. 79 的探管与套管的对应关系可以计算出，当探管与套管相距 2m，探管分别旋转 96°和 276°时，磁源的轴线正好穿过套管，理论上此时应该测到波峰或波谷。实际测试中，波峰和波谷恰好出现在这两个角度对应的位置，证明了邻井随钻电磁防碰系统原理的可行性。

5. 4. 2　测距算法精度验证

5. 4. 2. 1　探管与套管平行放置

试验过程选取了套管上的 3 个点作为测点，即探管中心对应的套管点，3 个测点在套管上的位置分布如图 2. 81 所示。其中测点 1 和测点 2 选择了两根套管上的不同位置，测点 3 选择了两根套管的接箍位置。

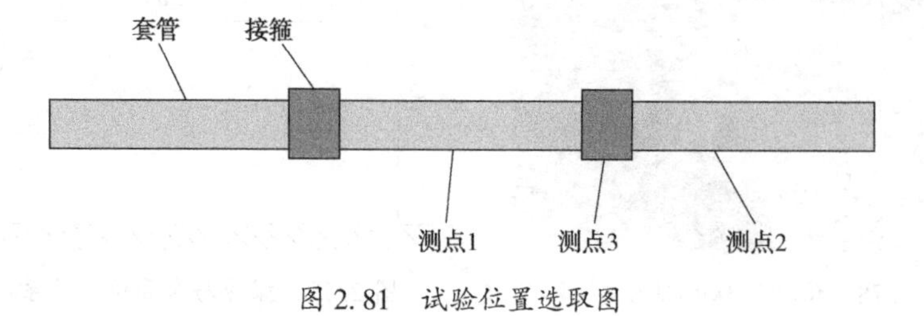

图 2. 81　试验位置选取图

选择好测点后，将探管与套管平行放置，分别距离套管 0. 5m、1m、2m、

3m、4m、5m，测量6组数据，测点1处所测得的6组数据如图2.82所示。

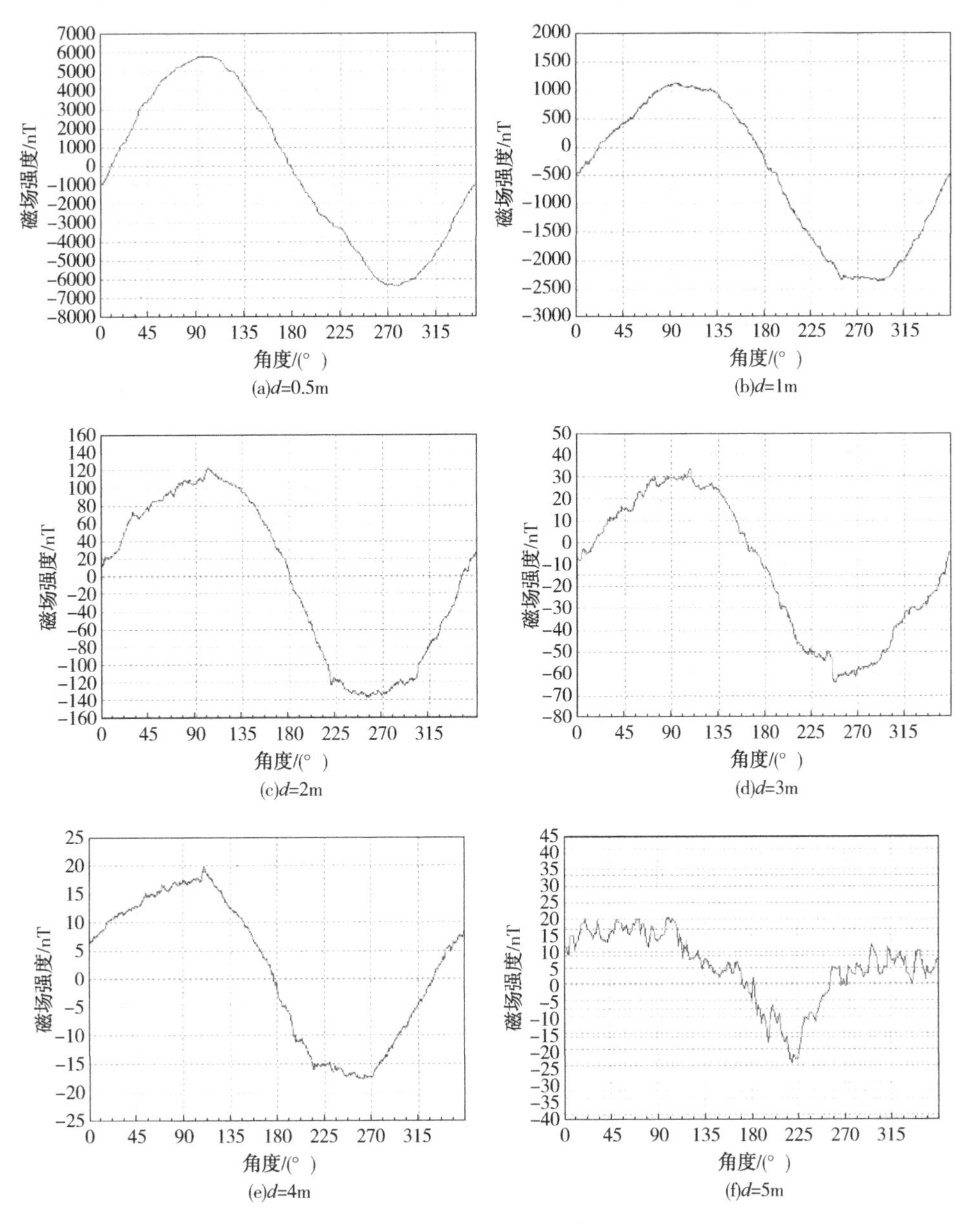

图2.82　测点1数据

分别取出测点1的6组数据的峰值、谷值以及对应的角度，输入数据分析软件进行计算，计算结果如表2.8所示。

表 2.8　测点 1 计算结果

理论距离/m	理论角度/(°)	峰值/nT	峰值角度/(°)	谷值/nT	谷值角度/(°)	计算距离/m	计算角度/(°)	距离误差/%	角度误差/(°)
0.5	101	5809.1	103.0	-6278.8	281.5	0.552	102.35	6.40	1.35
1.0	95	1224.1	99.7	-2386.5	281.2	0.955	99.10	16.50	4.10
2.0	92	121.5	98.2	-138.2	269.7	1.879	97.50	6.05	5.50
3.0	92	32.4	98.8	-63.7	265.8	3.015	98.10	7.17	6.10
4.0	91	19.8	105.1	-17.2	270.2	4.722	101.50	23.05	10.50
5.0	91	21.2	68.5	-24.9	225.4	4.441	72.70	15.18	18.30

测点 2 处所测得的 6 组数据如图 2.83 所示。

分别取出测点 2 的 6 组数据的峰值、谷值以及对应的角度，输入数据分析软件进行计算，计算结果如表 2.9 所示。

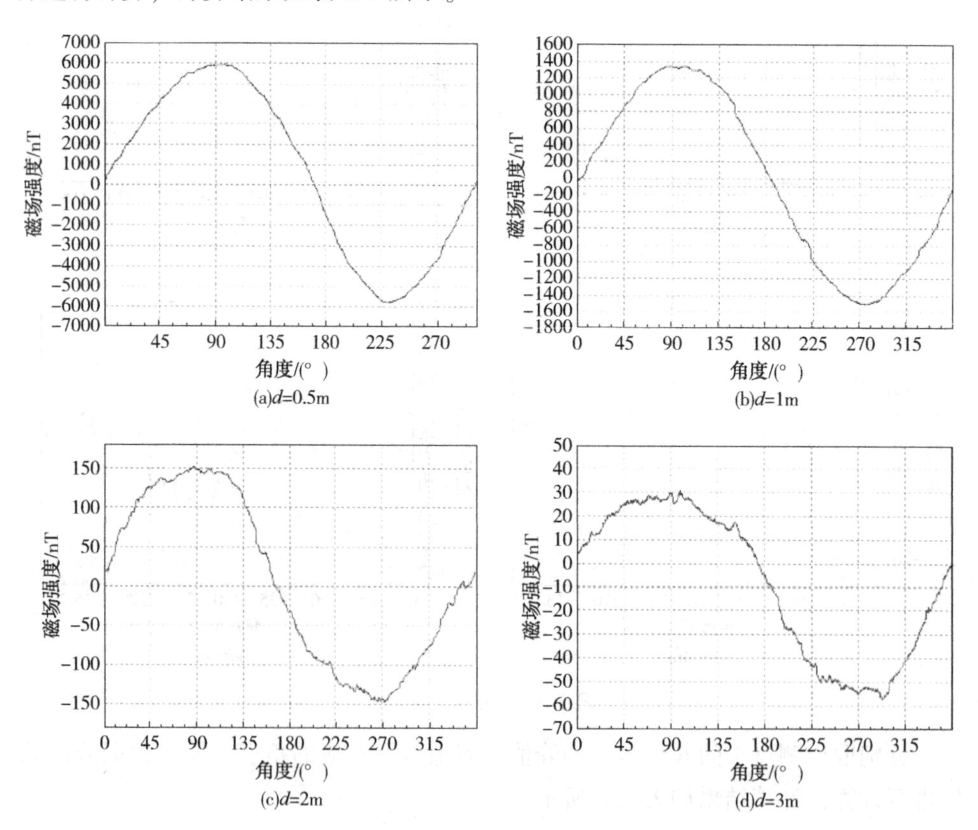

图 2.83　测点 2 数据

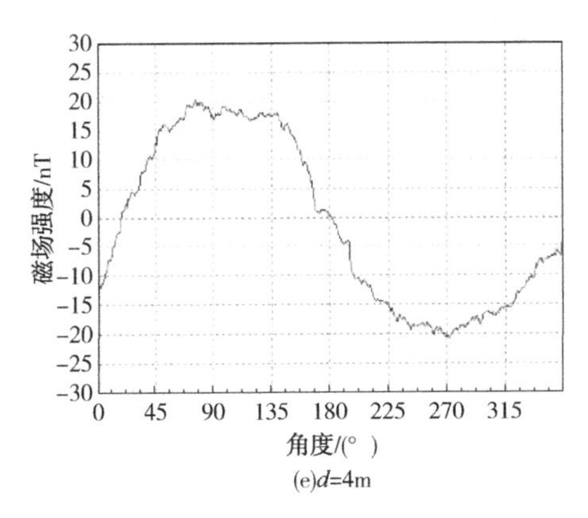

(e)d=4m

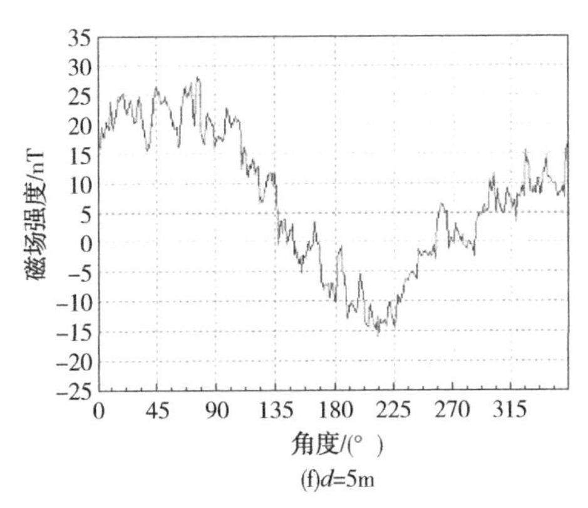

(f)d=5m

图 2.83　测点 2 数据(续)

表 2.9　测点 2 计算结果

理论距离/m	理论角度/(°)	峰值/nT	峰值角度/(°)	谷值/nT	谷值角度/(°)	计算距离/m	计算角度/(°)	距离误差/%	角度误差/(°)
0.5	101	5912.7	101.5	−5834.1	231.7	0.552	102.7	10.40	1.7
1.0	95	1357.0	95.6	−1510.5	275.7	0.807	97.2	19.30	2.2
2.0	92	151.2	96.4	−148.3	271.2	1.928	96.1	3.60	4.1
3.0	92	30.1	90.8	−58.2	282.7	3.102	91.3	3.40	0.7
4.0	91	20.4	88.2	−21.1	270.1	4.987	88.9	24.67	2.1
5.0	91	27.1	82.9	−16.3	216.9	4.219	82.1	15.62	8.9

测点 3 处所测得的 6 组数据如图 2.84 所示。

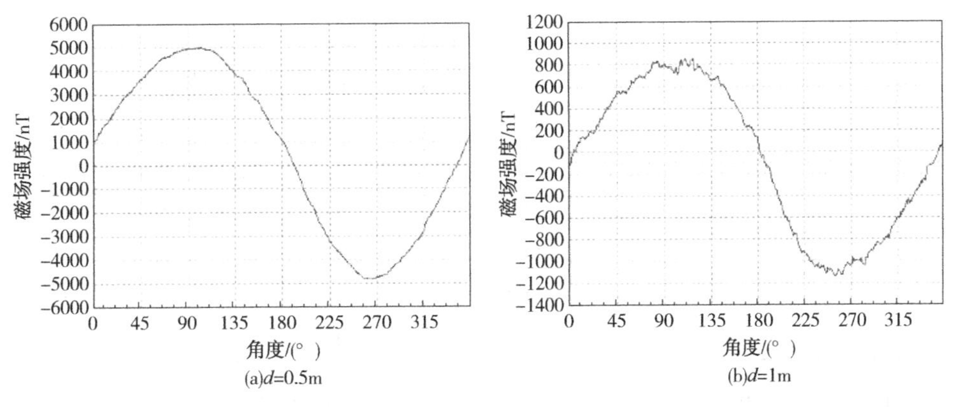

图 2.84　测点 3 数据

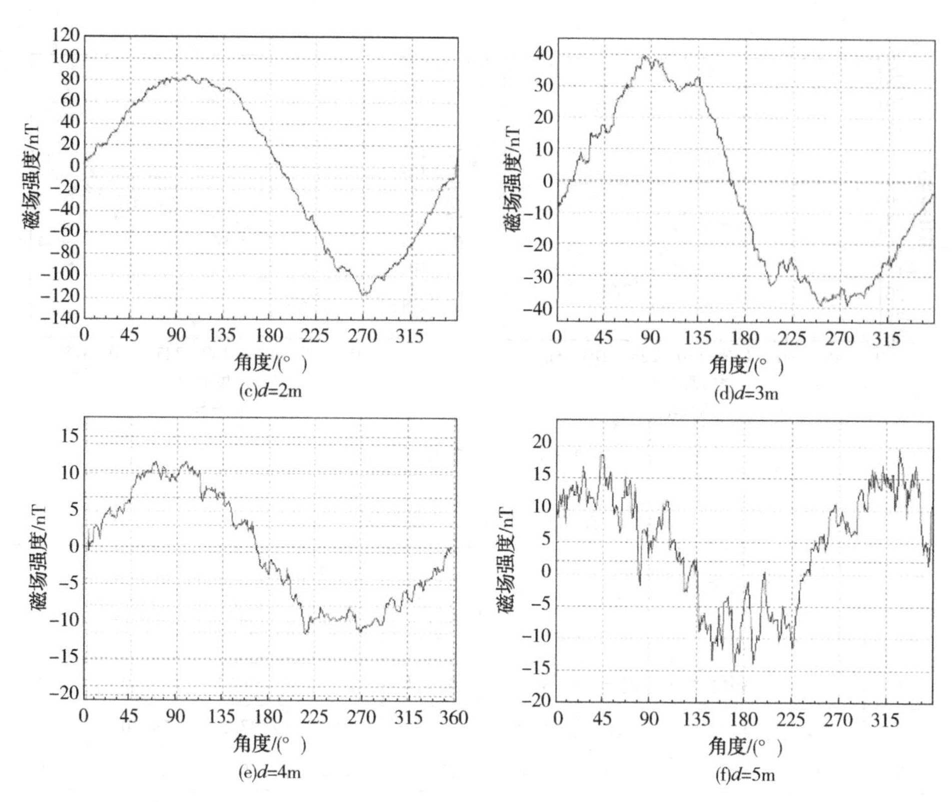

图 2.84 测点 3 数据(续)

分别取出测点 3 的 6 组数据的峰值、谷值以及对应的角度，输入数据分析软件进行计算，计算结果如表 2.10 所示。

表 2.10 测点 3 计算结果

理论距离/m	理论角度/(°)	峰值/nT	峰值角度/(°)	谷值/nT	谷值角度/(°)	计算距离/m	计算角度/(°)	距离误差/%	角度误差/(°)
0.5	101	4988.1	102.3	−4837.2	266.2	0.511	103.7	2.20	2.7
1.0	95	824.4	102.5	−1131.7	261.8	0.755	102.1	2.45	7.1
2.0	92	84.5	102.0	−117.4	270.2	1.541	101.5	22.96	9.5
3.0	92	39.4	90.4	−39.6	268.7	2.724	90.1	11.47	1.9
4.0	91	12.8	85.1	−12.2	271.9	4.310	85.9	7.75	5.1
5.0	91	17.9	45.7	−15.1	180.5	4.401	48.1	11.98	42.9

从表 2.10 可以看出，探管与套管平行放置，探管与套管距离 0.5～3m 时，计算结果较准确，距离误差在 20%以内，角度精度也在 10°以内；但当距离超过

3m 时，误差变大，到 5m 时数据变化趋势已经不准确，信号也变得杂乱。产生这种情况主要原因是目前的磁源只有 2 个，磁场强度较弱，造成距离较远时，信号偏弱，加上电路板的本底噪声的影响、信噪比较低，噪声信号影响了峰值数据，造成计算结果误差变大。

对比表 2.8～表 2.10 可以发现，软件计算利用的是交变磁场的信号，屏蔽了地磁场以及套管自身剩磁的影响，因此不同的探测位置对探管的测量结果影响不是很大。但在套管接箍位置，由于那里不是光滑的管状体，接箍和套管直径不同，有台阶的存在，对磁场数据产生了一定的影响，可能造成计算结果偏差较大。因此实际测量时应尽量避开套管接箍位置测量。

对比图 2.85、图 2.86 可知，数据采集和分析软件采用的是交变磁场信号，屏蔽了地磁场以及套管自身剩磁的影响，因此不同的探测位置对探管的磁场强度测量结果影响相对较小。但在套管接箍位置，接箍和套管直径不同导致台阶的存在，造成计算结果偏差较大。因此实际测量时应充分考虑套管接箍位置对磁场强度测量精度的影响。

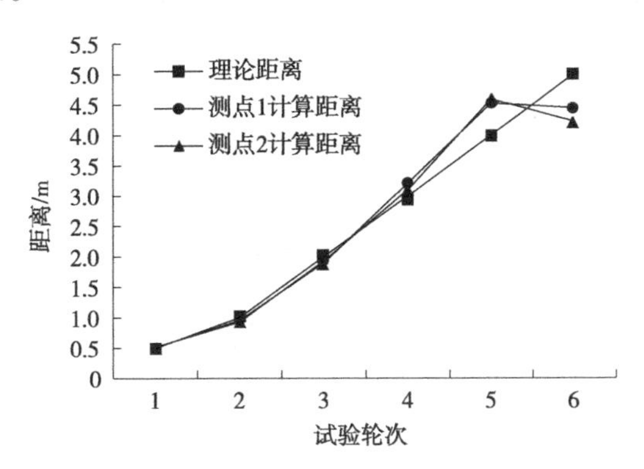

图 2.85　测点 1 与测点 2 计算距离误差对比

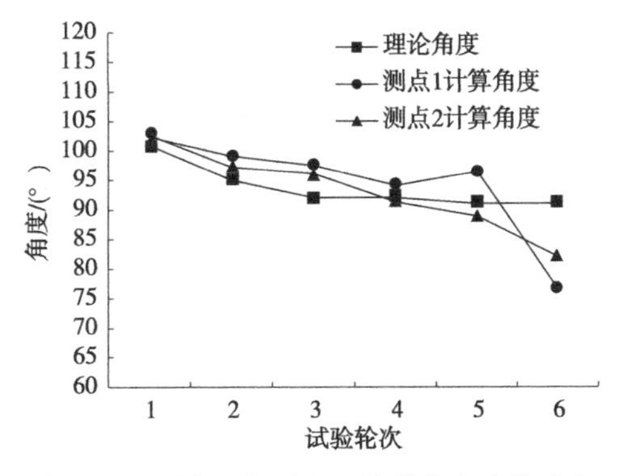

图 2.86　测点 1 与测点 2 计算角度误差对比

5.4.2.2 探管与套管呈一定夹角放置

探管与套管呈一定夹角放置，选取了测点1的位置进行试验，当探管与套管距离为1m时，二者夹角从10°~90°变化的试验数据如图2.87所示。

试验探管中间位置与套管上测点1的间距为1m，改变试验探管与套管夹角分别为10°~90°，分别记录测点1探管与套管不同夹角下磁场强度信号的波峰、波谷处的磁场强度以及对应的角度，计算结果如表2.11所示。

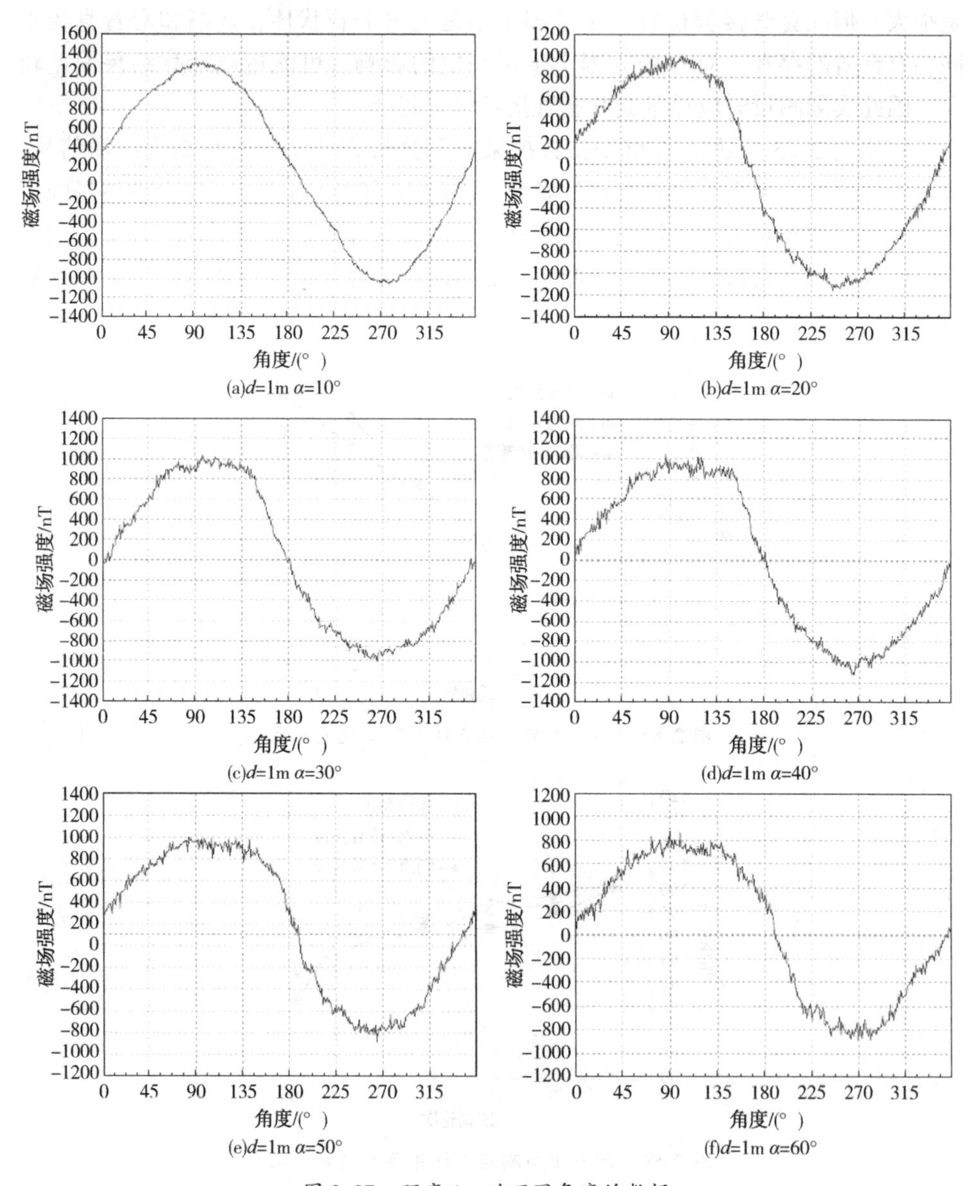

图2.87 距离1m时不同角度的数据

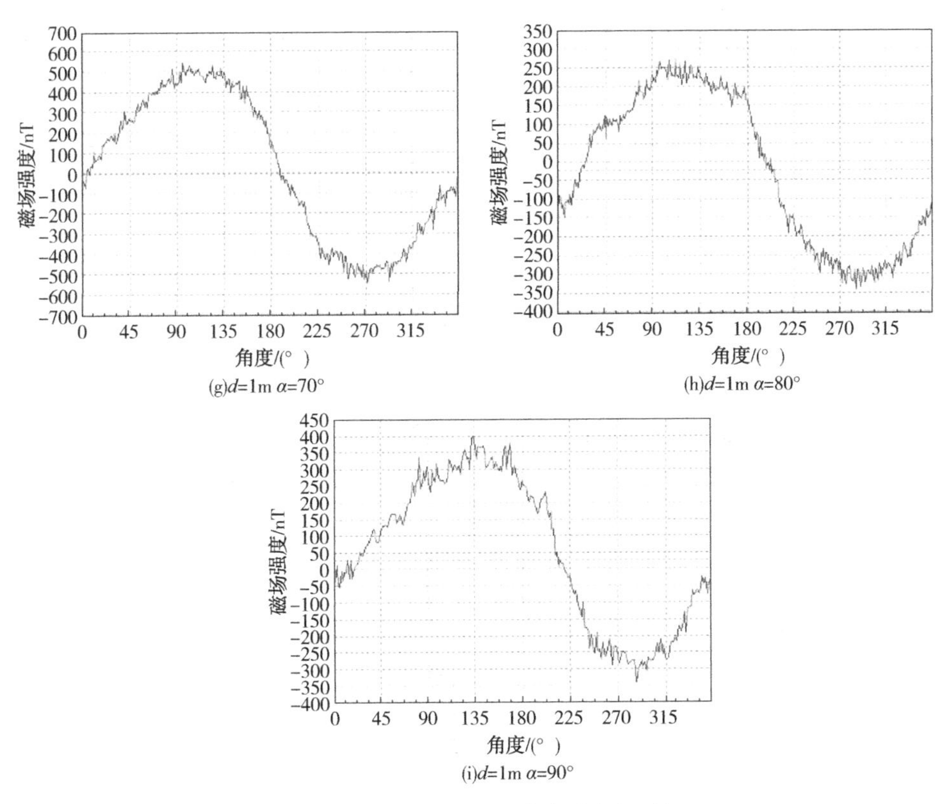

图 2.87　距离 1m 时不同角度的数据(续)

表 2.11　试验探管与套管距离 1m 时不同夹角的计算结果

夹角/(°)	理论角度/(°)	峰值/nT	峰值角度/(°)	谷值/nT	谷值角度/(°)	计算距离/m	计算角度/(°)	距离误差/%	角度误差/(°)
10	95	1292.1	97.3	-1033.4	271.2	0.920	97.5	8.0	2.5
20	95	1000.5	103.5	-1102.0	262.0	1.182	102.7	18.2	7.7
30	95	1025.2	103.7	-988.2	268.4	1.048	103.5	4.8	8.5
40	95	1005.4	104.8	-1010.2	270.5	0.958	103.2	4.2	8.2
50	95	998.0	104.2	-792.2	268.4	0.931	104.3	6.9	9.3
60	95	805.4	92.8	-810.1	273.9	0.822	92.9	17.8	2.1
70	95	538.2	110.4	-508.4	270.5	0.735	109.8	26.5	14.8
80	95	263.4	112.5	-336.2	281.3	0.385	110.2	61.5	15.2
90	95	383.5	134.2	-321.3	287.8	0.811	129.2	18.9	34.2

当探管与套管距离为2m时，二者夹角从10°~90°变化的试验数据如图2.88所示。

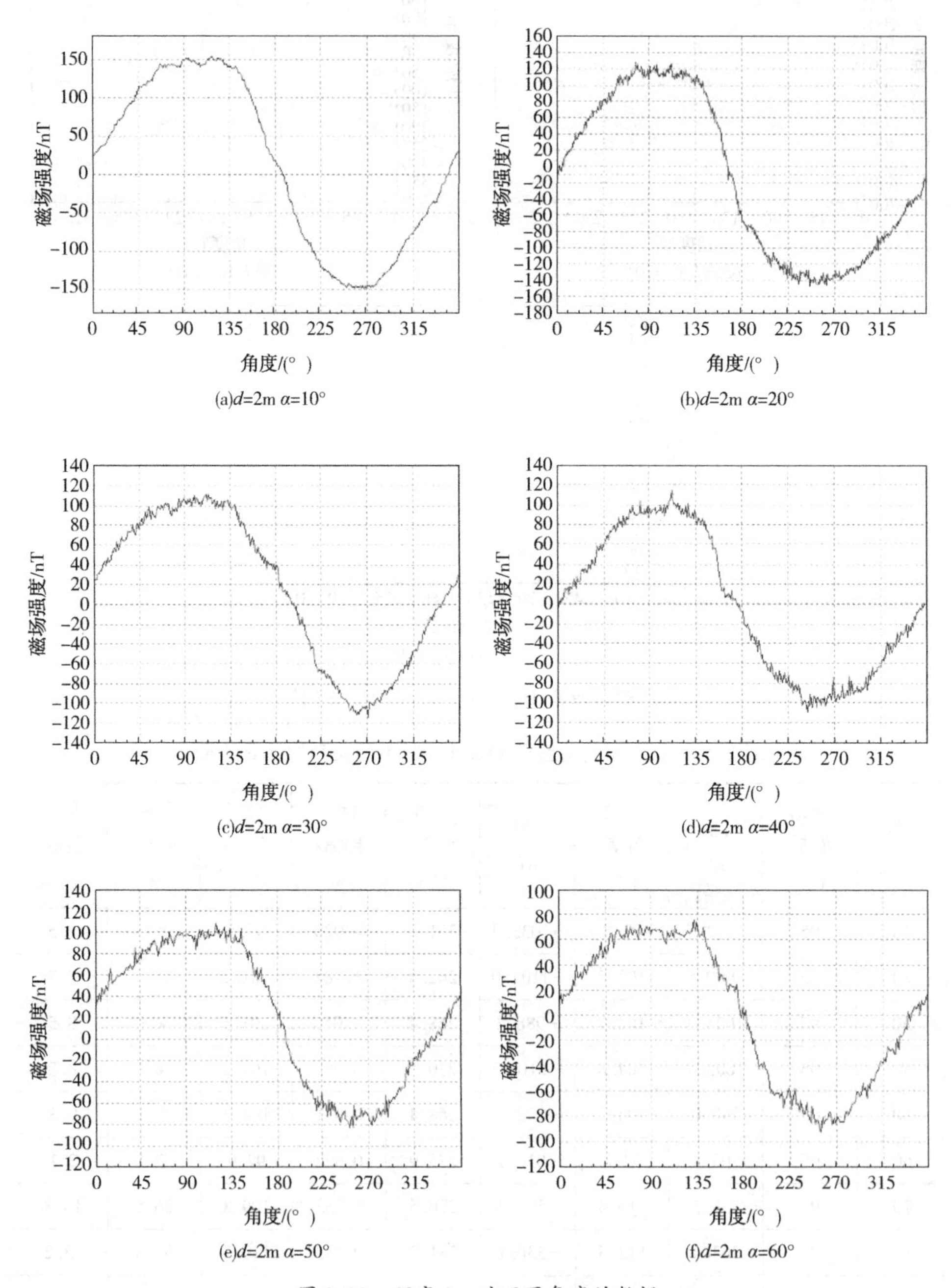

图2.88 距离2m时不同角度的数据

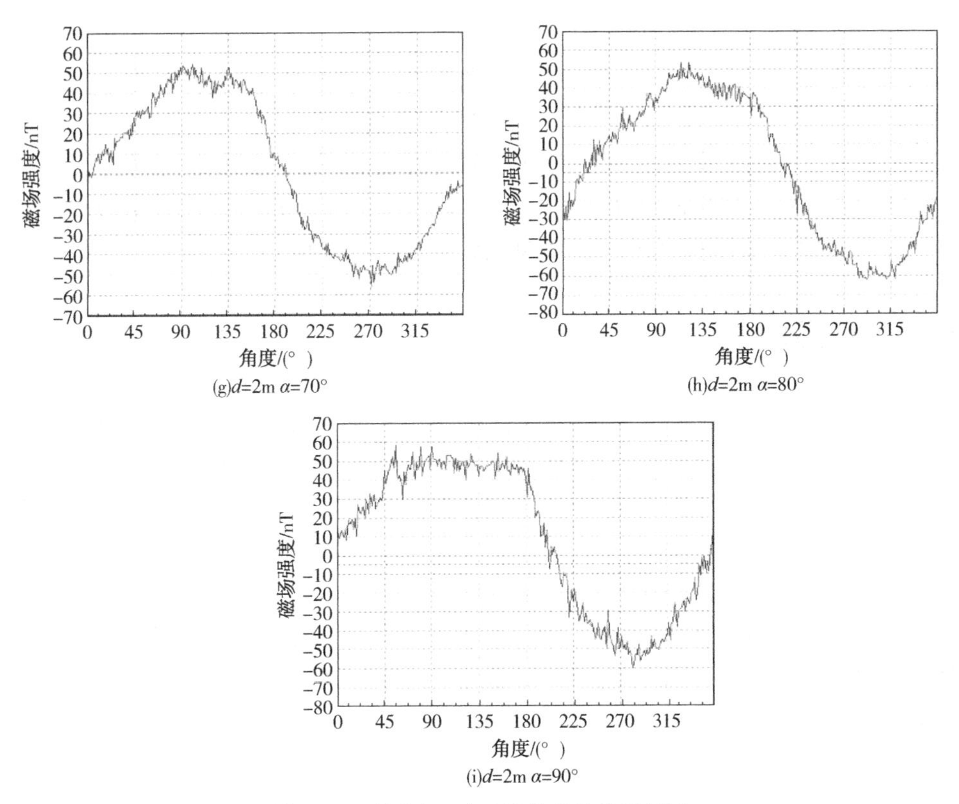

图 2.88 距离 2m 时不同角度的数据(续)

分别取出探管与套管距离为 2m 时 9 组数据的峰值、谷值以及对应的角度，输入数据分析软件进行计算，计算结果如表 2.12 所示。

表 2.12 试验探管与套管距离 2m 时不同夹角的计算结果

夹角/(°)	理论角度/(°)	峰值/nT	峰值角度/(°)	谷值/nT	谷值角度/(°)	计算距离/m	计算角度/(°)	距离误差/%	角度误差/(°)
10	92	150.1	98.2	−146.8	268.1	2.151	98.8	15.1	6.8
20	92	120.5	101.4	−142.4	265.7	1.834	101.1	16.6	9.1
30	92	108.9	100.2	−108.7	264.2	1.910	99.5	9.0	7.5
40	92	101.5	99.6	−105.4	262.7	1.935	97.7	6.5	5.7
50	92	100.1	101.7	−78.9	269.1	1.822	101.2	17.8	9.2
60	92	72.7	85.7	−86.4	264.8	1.954	84.8	4.6	7.2
70	92	52.7	103.5	−50.1	271.3	1.809	102.8	19.1	10.8
80	92	48.9	105.8	−61.1	258.5	2.571	112.5	57.1	20.5
90	92	50.4	112.1	−55.6	281.0	1.929	111.2	7.1	19.2

从表2.11和表2.12可以看出，在探管与套管之间的夹角在50°以内时，计算结果较准确，距离误差在20%以内，角度精度也在10°以内；但当距离超过50°时，误差变大，超过70°时数据已经完全不准确。产生这种情况主要是因为当探管与套管之间的夹角过大时，两个磁源在探管上产生的磁化磁场分布发生变化，不再符合前面的理论推导结果。所以本系统适用于两井夹角在50°以内的井段，夹角超过50°时需要利用其他类型的防碰工具进行测量。

5.5 本章小结

（1）本章为了验证邻井随钻电磁防碰工具工作原理和测距算法的准确性，以及对计算结果可信度进行评价，自主研发了一套模拟试验用探管、接口箱和数据采集软件，选取了一个环境磁场相对稳定的农家院作为试验场地，放置了3根5in套管来模拟已钻井的套管，进行了多次试验，为进一步完善邻井随钻电磁防碰系统及工具提供了理论支持。

（2）当探管周围没有套管时，所采集到的磁场数据变化很小，没有明显的波峰和波谷出现；当探管周围有套管时，数据出现一次波峰和一次波谷，波峰、波谷的位置正好出现在探管上的磁源轴线正对套管的时刻，证明了邻井随钻电磁防碰系统原理的准确性。

（3）探管与套管平行放置时，探管与套管距离0.5~3m内，系统可以较准确地计算出邻井距离和方位信息；但由于目前的磁源磁场强度较弱，距离超过3m时计算结果误差变大。

（4）软件计算利用的是交变磁场的信号，屏蔽了地磁场以及套管自身剩磁的影响，因此不同的探测位置对探管的测量结果影响不是很大。但套管接箍会对磁场数据产生一定的影响，造成计算结果偏差较大，实际测量时应尽量避开套管接箍位置。

（5）探管与套管之间的夹角在50°以内时，系统计算结果较准确；当类角超过50°时，两个磁源在探管上产生的磁化磁场分布发生变化，导致计算结果误差变大或完全不正确，此时需要利用其他类型的防碰工具进行测量。

参考文献

[1] 高德利，刁斌斌. 复杂结构井磁导向钻井技术进展[J]. 石油钻探技术，2016，44(5)：1-9.

[2] Wu Z Y，Gao D L，Diao B B. An investigation of electromagnetic anti-collision real-time measurement for drilling cluster wells[J]. Journal of Natural Gas Science & Engineering，2015，(23)：346-355.

[3] 苏义脑. 地质导向钻井技术概况及其在我国的研究进展[J]. 石油勘探与开发，2005，32(1)：92-95.

[4] 高德利. 创建大型"井工厂"，推进我国"页岩革命"[J]. 中国科学院学部通讯，2020(5)：2-9.

[5] Benny P，Goke A，Greg C. Well-collision risk in congested environments[R]. SPE 101719，2006.

[6] Diao B B，Gao D L. Development of static magnetic detection anti-collision system while drilling[C]. International Conference on Artificial Intelligence and Engineering Applications (AIEA 2016)，Hong Kong，China，2016. 11.

[7] Yin B T，Liu G，Liu C. Directional wells anti-collision technology based on detecting the drill bit vibration signal and its application in field[R]. SPE 177559，2015.

[8] Grills T L. Magnetic ranging technologies for drilling steam assisted gravity drainage well pairs and unique well geometries-a comparison of technologies[R]. SPE 79005，2002.

[9] Benny P，Greg C，Goke A. Minimizing the risk of well collisions in land and offshore drilling[R]. SPE/IADC 108279，2007.

[10] Poedjono B，Isevcan E，Lombardo G. Anti-collision and risk management offshore Qatar：a successful collaboration[J]. IPTC 13142，2009.

[11] Prange M D，Tilke P G，Kaufman P S. Assessing borehole-position uncertainty from real-time measurements in an earth model[C]. SPE Annual Technical Conference and Exhibition，26-29September 2004，Houston Texas，USA. New York：SPE，2009.

[12] 刘修善. 考虑磁偏角时空变化的实钻轨迹精准定位[J]. 石油学报，2017，38(6)：705-709.

[13] Poedjono B，Phillips J W，Lombardo G. Anti-collision risk management standard for well placement[R]. SPE 121040，2009.

[14] 刘修善. 基于地球椭球的真三维井眼定位方法[J]. 石油勘探与开发，2017，44(2)：275-280.

[15] 刘修善，祁尚义，刘子恒. 法面扫描井间距离的解析算法[J]. 石油钻探技术，2015，43(2)：8-13.

[16] 唐宁，王少萍，洪迪峰. 井眼测量误差椭球最小间距计算方法[J]. 石油学报，2017，38(11)：1320-1325.

[17] 鲁港，常汉章，邢玉德，等. 邻井间最近距离扫描的快速算法[J]. 石油钻探技术，2007，35(3)：23-26.

[18] 管志川，张苏，王建云，等. 油井套管对地磁场的影响实验[J]. 石油学报，2013，34(3)：540-544.

[19] Wilson H，Brooks A G. Wellbore position errors caused by drilling fluid contamination[R]. SPE 71400，2001.

[20] Torgeir T，Havardstein T S，Weston L J. Prediction of wellbore position accuracy when surveyed with gyroscopic tools[J]. SPE Drilling & Completion，2008，23(1)：5-12.

[21] 高德利. 复杂结构井优化设计与钻完井控制技术[M]. 青岛：中国石油大学出版社，2011.

[22] 顾岳，高德利，杨进，等. 页岩气田压裂区加密调整井绕障轨道优化设计方法[J]. 天然气工业，2020，40(9)：87-96.

[23] Benny P，Manuel A，Chinh P. Case studies in the application of an effective anti-collision risk management standard[R]. SPE 126722，2010.

[24] William L，Towle J N. LWD/MWD proximity techniques for relief well projects[J]. Word Oil，2003(1)：27-31.

[25] Kylingstad A，Halsey G W. Magnetic ranging tool accurately guides replacement well[J]. Oil & Gas Journal，1992，90(51)：96-99.

[26] 刁斌斌，高德利，岑兵，等. 双水平井随钻磁导向系统井下磁源设计[J]. 石油机械，2016，44(4)：106-111.

[27] 陈若铭，陈勇，罗维，等. MGT 导向技术在 SAGD 双水平中的应用及研制[J]. 新疆石油天然气，2011，7(3)：25-28.

[28] Sawaryn S J，Wilson H，Bang J，et al. Well collision avoidance-separation rule[R]. SPE 187073，2017.

[29] 胡汉月，向军文，刘海翔，等. SmartMag 定向中靶系统工业试验研究[J]. 探矿工程(岩土钻掘工程)，2010，37(4)：6-10.

[30] 陈剑垚，胡汉月. SmartMag 定向钻进高精度中靶系统及其应用[J]. 探矿工程(岩土钻掘工程)，2011，38(4)：10-12.

[31] Tommy R O，Wayne J W，David W. Rotating magnetic ranging service and single wire guidance tool facilitates in efficient down-hole well connections[R]. SPE 119420，2009.

[32] Mallary C R，Williamson H S，Pitzer R. Collision avoidance using a single wire magnetic ranging technique at Milne point，Alaska[R]. SPE 39389，1998.

[33] Fisher L M，Kalinov A V，Voloshin I F. Simple calibration free method to measure ac magnetic moment and losses[J]. Journal of Physics，2007，(97)：1-5.

[34] Brooks A G，Wilson H. An Improved Method for Computing Wellbore Position Uncertainty and its Application to Collision and Target Intersection Probability Analysis[R]. SPE 36863，1996.

[35] Kuckes A F，Hay R T，Mcmahon J. New Electromagnetic Surveying/ranging Method for

Drilling Parallel Horizontal Twin Wells[R]. SPE 27466, 1996.
[36] Diao B B, Gao D L. Electromagnetic Detection Method of Parallel Distance Between Adjacent Wells While Drilling[J]. Petroleum Science and Technology, 2013, 31: 2643-2651.
[37] Kuckes A F, Ithaca N Y. Method for Determining the Location of a Deep-well Casing by Magnetic Field Sensing[P]. United States, US4700142. 1987.
[38] 高德利，吴志永. 一种用于邻井距离随钻电磁探测的测量仪：200910210078. 5[P]. 2012-10-31.
[39] 丁鸿佳，隋厚堂. 磁通门磁力仪和探头研制的最新进展[J]. 地球物理学进展，2004(4)：743-745.
[40] 刁斌斌，高德利，吴志永. 双水平井导向钻井磁测距计算方法[J]. 中国石油大学学报(自然科学版)，2011，35(6)：71-75.
[41] 刁斌斌，高德利，胡德高，等. 防碰分离系数算法优选与邻井相对位置测量误差计算[J]. 钻采工艺，2020，43(5)：1-5.
[42] 史玉才，张晨，薛磊，等. 井眼分离系数计算新方法[J]. 石油学报，2015，36(12)：1580-1585.
[43] 余勇，梁华庆，高德利，等. 邻井距离随钻电磁探测系统的设计与实现[J]. 计算机测量与控制，2016，24(4)：36-38.
[44] 朱昱，高德利. 井下电磁源磁场在铁磁环境下的衰变机理研究[J]. 石油矿场机械，2014，43(8)：1-7.
[45] 朱昱. 井下电磁信号源及其分布规律研究[D]. 北京：中国石油大学(北京)，2015.
[46] 杨全枝. 基于钻头振动信号分析的井间距离识别方法研究[D]. 青岛：中国石油大学(华东)，2013.
[47] 刘修善. 邻井距离解算及防碰评价[J]. 石油学报，2019，40(8)：983-989.
[48] Sawaryn S J. Well collision avoidance management and principles[R]. SPE 184730, 2017.
[49] 董照显. 用于丛式井防碰监测的井下震源设计[D]. 青岛：中国石油大学(华东)，2013.
[50] 李峰飞，叶吉华，阳文学. 电磁探测定位系统及其在救援井设计中的应用[J]. 石油钻采工艺，2015，37(1)：154-159.
[51] 吴志永，高德利，刁斌斌. SAGD 双水平井随钻磁导向系统的研制及应用[J]. 电子测试，2014(21)：107-109.
[52] 刘书杰，李相方，何英明，等. 海洋深水救援井钻井关键技术[J]. 石油钻采工艺，2015，37(3)：15-18.
[53] 吕伟，孙成志，刘宝生，王晋麟. 光纤随钻陀螺仪在丛式井网防碰中的应用[J]. 钻采工艺，2014，37(4)：23-25.
[54] 宗艳波，张军，史晓锋，等. 基于旋转磁偶极子的钻井轨迹高精度导向定位方法[J]. 石油学报，2011，32(2)：335-339.
[55] 肖胜红，肖振坤，边少锋，等. 弱磁场检测方法与仪器研究[J]. 舰船电子工程，2006(4)：158-161.

[56] Alaekwe E O, Ex - Baker H. Applying Gyro while drilling technology to enhance tophole drilling: Niger Delta experience[R]. SPE 178289, 2015.

[57] Grills, Tracy L. Magnetic ranging technologies for drilling steam assisted gravity drainage well pairs and unique well geometries-a comparison of technologies[C]. SPE 79005, 2002.

[58] Kylingstad A, Halsey G W. Magnetic ranging tool accurately guides replacement well[J]. Oil & Gas Journal, 1992, 90(51): 96-99.

[59] Voisin J A, Quiroz G A, Pounds R, et al. Relief well planning and drilling for SLB-5-4X blowout, lake maracaibo, venezuela[C]. SPE 16677, 1987.

[60] Tommy R O, Wayne J W, David W, et al. Rotating magnetic ranging service and single wire guidance tool facilitates in efficient downhole well connections[C]. SPE 119420, 2009.

[61] Olberg T, Gilhuus T, Leraand F, et al. Re-entry and relief well drilling to kill an underground blowout in a subsea well: a case history of well 2/4-14[C]. SPE 21991, 1991.

[62] Roes V C, Hartmann R A, Wright J W. Makarem-l relief well planning and drilling[C]. SPE 49059, 1998.

[63] Vandal B, Grills T, Wilson G. A comprehensive comparison between the magnetic guidance tool and the rotating magnet ranging service[C]. Canadian International Petroleum Conference, Calgary, Alberta, Canada, 2004.

[64] Lee D, Fernando B. U-tube wells-connecting horizontal wells end to end case study: installation and well construction of the world's first U-tube well[C]. SPE 92685, 2005.

[65] Benny P, Goke A, Greg C, et al. Well-collision risk in congested environments[C]. SPE 101719, 2006.

[66] Benny P, Greg C, Goke A, et al. Minimizing the risk of well collisions in land and offshore drilling[C]. SPE 108279, 2007.

[67] Poedjono B, Chinh P, Phillips J W, et al. Anti-collision risk management for real-world well placement[C]. SPE 121094, 2009.

[68] 姜伟. 海上密集丛式井组再加密调整井网钻井技术探索与实践[J]. 天然气工业, 2011, 31(1): 69-72.

[69] 张凤久, 罗宪波, 刘英宪, 等. 海上油田丛式井网整体加密调整技术研究[J]. 中国工程科学, 2011, 13(5): 34-40.

[70] 王万庆, 田逢军. 长庆马岭油田水平井钻井防碰绕障技术[J]. 石油钻采工艺, 2009, 31(2): 35-38.

[71] 刘永旺, 管志川, 史玉才, 等. 井眼防碰技术存在的问题及主动防御方法探讨[J]. 石油钻采工艺, 2011, 33(6): 14-18.

[72] 何树山, 刘修善. 修正轨道设计的自然曲线法[J]. 天然气工业, 2001, 21(5): 55-57.

[73] 刘军, 鲁港, 王刚. 自然参数法测斜计算的精度分析[J]. 江汉石油职工大学学报, 2007(4): 28-31.

[74] 鲁港，齐兆斌. 实钻井眼轨迹监控的自然曲线模型[J]. 石油地质与工程，2008(4)：78-81.

[75] 鲁港，鲍继红. 自然曲线法测斜计算中的数值方法[J]. 石油地质与工程，2008(1)：72-74.

[76] 卢毓周，窦同伟，鲁港. 自然曲线型三维井眼轨道设计的数值算法[J]. 石油地质与工程，2009，23(1)：101-104.

[77] Williamson H S. Accuracy prediction for directional measurement while drilling[J]. SPE Drilling & Completion，2000，15(4)：221-233.

[78] Torgeir T，Havardstein T S，Weston L J，et al. Prediction of wellbore position accuracy when surveyed with gyroscopic tools[J]. SPE Drilling & Completion，2008，23(1)：5-12.

[79] 张玉华，罗飞路，白奉天. 交变磁场测量系统中磁传感器的设计[J]. 传感器世界，2003(12)：6-8.

[80] 涂疑，郭文生，曹大平. 磁通门传感器的应用与发展[J]. 水雷战与舰船防护，2002(1)：36-38.

[81] 石志勇，王怀光，吕游. 一种三探头磁通门传感器的设计[J]. 传感器技术学报，2005(2)：433-435.

[82] 丁鸿佳，隋厚堂. 磁通门磁力仪和探头研制的最新进展[J]. 地球物理学进展，2004(4)：743-745.

[83] 曾自强，王玉菡，高建华. 基于重力加速度传感器与磁通门的测井测斜仪[J]. 石油仪器，2011，25(4)：38-40.

[84] 康中尉，罗飞路，陈棣湘. 利用正交型锁相放大器实现三维磁场微弱信号检测[J]. 传感器技术，2004(12)：69-72.

[85] 高晋占. 微弱信号检测[M]. 2版. 北京：清华大学出版社，2011.

[86] 曹茂永，王霞，孙农亮. 仪用放大器 AD620 及其应用[J]. 电测与仪表，2000(10)：49-52.

[87] 高宏亮，李凤莲. 测井仪器中低通有源滤波器的设计[J]. 国外测井技术，2006，21(2)：45-47.

[88] 吴志永，高德利，刁斌斌. SAGD 双水平井随钻磁导向系统的研制及应用[J]. 电子测试，2014(21)：107-109.

[89] Fisher L M，Kalinov A V，Voloshin I F. Simple calibration free method to measure ac magnetic moment and losses[J]. Journal of Physics，2007(97)：1-5.

[90] 魏高尧，隋成华. 感应法测交变磁场实验组合仪的研制[J]. 浙江工业大学学报，2003(1)：103-106.

[91] 柳贡慧，董本京，高德利. 误差椭球(圆)及井眼交碰概率分析[J]. 钻采工艺，2000，23(3)：5-12.

[92] 董本京，高德利. 现代井眼轨迹测量误差分析理论探索[J]. 钻采工艺，1999(3)：1-6.

[93] 何辛. 用 WdW 模式估算定向井轨迹误差[J]. 钻采工艺，1989，12(2)：23-28.
[94] 陈炜卿，管志川. 井眼轨迹测斜计算方法误差分析[J]. 中国石油大学学报(自然科学版)，2006(6)：42-45.
[95] 陈炜卿，管志川，赵丽. 井眼轨迹随钻测量中的测斜仪器不对中随机误差分析[J]. 中国石油大学学报(自然科学版)，2006(2)：41-44.
[96] 管志川，陈炜卿，都振川. 考虑测地数据影响的定向井测斜计算修正方法[J]. 天然气工业，2006，26(10)：86-88.
[97] 张地平. 地下电磁定位测距方法研究[D]. 成都：电子科技大学，2018：20-24.
[98] 杨沁润，谭茂金，张福莱. 井地电法三维数值模拟研究及应用实例分析[M]. 北京：北京伯通电子出版社，2021：2.
[99] 邻井随钻磁测距防碰系统的研制和应用[J]. 石油机械，2022，50(10)：14-19.
[100] 颜肖平. 基于电流激励的邻井距离随钻测量方法研究[D]. 北京：中国石油大学(北京)，2022.